高分子材料3D打印
成形原理与实验

GAOFENZI CAILIAO 3D DAYIN CHENGXING YUANLI YU SHIYAN

主 编 / 闫春泽 文世峰 伍宏志
主 审 / 史玉升

U0303346

华中科技大学出版社
http://www.hustp.com
中国·武汉

内容简介

材料作为3D打印行业发展的重要物质基础,其发展情况将决定3D打印技术能否广泛应用。高分子材料具有密度小、质量小、成形温度低等优点,因此成为了3D打印中应用规模、实际产量最大,应用领域最广的材料体系。本书主要以三种典型的高分子材料3D打印工艺——光固化成形(SLA)、熔融沉积成形(FDM)、激光选区烧结(SLS)为主线,聚焦于成形原理的论述和成形实验的设计。在成形原理部分着重阐述不同工艺的成形特点,在实验部分设计系列实验,与成形原理部分呼应并形成有机整体,实现基础原理与实际应用相结合。其中:第1章为绪论,对3D打印进行了基本阐述;第2~4章分别介绍了光固化成形、熔融沉积成形以及激光选区烧结的成形原理;第5~14章设计了10个实验,可作为实践教学的参考。

图书在版编目(CIP)数据

高分子材料3D打印成形原理与实验/闫春泽,文世峰,伍宏志主编. —武汉:华中科技大学出版社,2019.5(2022.7重印)

交叉学科研究生高水平课程系列教材

ISBN 978-7-5680-5211-5

Ⅰ.①高… Ⅱ.①闫… ②文… ③伍… Ⅲ.①高分子材料-立体印刷-印刷术-研究生-教材 Ⅳ.①TS853

中国版本图书馆CIP数据核字(2019)第095981号

高分子材料3D打印成形原理与实验　　　　　　　　　　　闫春泽　文世峰　伍宏志　主编
Gaofenzi Cailiao 3D Dayin Chengxing Yuanli yu Shiyan

策划编辑:张少奇

责任编辑:罗　雪

封面设计:杨玉凡

责任监印:徐　露

出版发行:华中科技大学出版社(中国·武汉)　　　电话:(027)81321913
　　　　　武汉市东湖新技术开发区华工科技园　　　邮编:430223

录　　排:华中科技大学惠友文印中心

印　　刷:武汉邮科印务有限公司

开　　本:787mm×1092mm　1/16

印　　张:13.5

字　　数:329千字

版　　次:2022年7月第1版第5次印刷

定　　价:39.80元

交叉学科研究生高水平课程系列教材
编委会

总序

    2015 年 10 月,国务院印发《统筹推进世界一流大学和一流学科建设总体方案》;2017 年 1 月,教育部、财政部、国家发展改革委印发《统筹推进世界一流大学和一流学科建设实施办法(暂行)》。此后,坚持中国特色、世界一流,以立德树人为根本,建设世界一流大学和一流学科成为大学发展的重要途径。

    当代科技的发展呈现出多学科相互交叉、相互渗透、高度综合以及系统化、整体化的趋势,构建多学科交叉的培养环境,培养复合创新型人才已经成为研究生教育发展的共识和趋势,也是研究生培养模式改革的重要课题。华中科技大学"交叉学科研究生高水平课程"建设项目是华中科技大学"双一流"建设项目"拔尖创新人才培养计划"中的子项目,用于支持跨院(系)、跨一级学科的研究生高水平课程建设,这些课程作为选修课对学术型硕士生和博士生开放。与之配套,华中科技大学与华中科技大学出版社组织撰写了本套交叉学科研究生高水平课程系列教材。

    研究生掌握知识从教材的感知开始,感知越丰富,观念越清晰,优秀教材使学生在学习过程中获得的知识更加系统化、规范化。本套丛书是华中科技大学交叉学科研究生高水平课程建设的重要探索。不同学科交叉融合有不同特点,教学规律不尽相同,因此每本教材各有侧重,如:《学习记忆与机器学习》旨在提高学生在课程教学中的实践能力和自主创新能力;《代谢与疾病基础研究实验技术》旨在将基础研究与临床应用紧密结合,使研究生的培养模式更符合未来转化医学的模式;《高分子材料 3D 打印成形原理与实验》旨在将实验与成形原理呼应并形成有机整体,实现基础原理和实际应用的具体结合,有助于提升教学质量。本套丛书凝聚着编者的心血,熠熠生辉,此处不一一列举。

    本套丛书的编撰得到了各方的支持和帮助,我校 100 余位师生参与其中,涉及基础医学院、机械科学与工程学院、环境科学与工程学院、化学与化工学院、药学院、生命科学与技术学院、同济医院、人工智能与自动化学院、计算机科学与技术学院、光学与电子信息学院、船舶与海洋工程学院以及材料科学与工程学院 12 个单位的 24 个一级学科,华中科技大学出版社承担了编校出版任务,在此一并向所有辛勤付出的老师、同学和编辑们表示感谢! 衷心期望本套丛书能为提高我校交叉学科研究生的培养质量发挥重要作用,诚恳期待兄弟高校师生的关注和指正。

解孝林

2019 年 3 月于喻园

前言
▬▬ Qianyan

材料作为 3D 打印行业发展的重要物质基础,在该行业发展中始终扮演着举足轻重的角色,从某种程度上讲,材料的发展将成为 3D 打印技术未来能否实现广泛应用的决定性因素。目前,材料种类少、性能低是制约 3D 打印技术发展的关键瓶颈之一。高分子材料具有密度小、质量小、成形温度低等优点,成为目前 3D 打印中应用规模、实际产量最大,应用领域最广的材料体系。高分子材料 3D 打印技术正在蓬勃发展,日新月异,新工艺、新材料、新装备不断涌现,然而在高分子材料 3D 打印领域,国内至今还没有一本专业、系统、全面的大中专教学用教材。为此,华中科技大学组织了一批在国内长期从事高分子材料 3D 打印技术教学与研究的科研人员,综合国内外相关研究成果,在多年的教学经验和科研基础上编写了本教材。

本书的编写思路及特点:以三种典型的高分子材料 3D 打印工艺——光固化成形(SLA)、熔融沉积成形(FDM)、激光选区烧结(SLS)为主线,聚焦于成形原理的论述和成形实验的设计。在成形原理部分着重阐述不同工艺的成形特点,在实验部分设计系列实验,与成形原理部分呼应并形成有机整体,实现基础原理和实际应用相结合,有利于达到由浅入深、学以致用的教学目的。

全书共分为 14 章。第 1 章为绪论,简述了 3D 打印的概念、3D 打印中应用的高分子材料,以及高分子材料 3D 打印技术的优势和发展历程。第 2 章、第 3章、第 4 章分别介绍了光固化成形、熔融沉积成形、激光选区烧结三种工艺的成形原理,重点介绍了工艺原理、材料与工艺特点、关键技术及成形性能等内容。第 5~14 章按照上述三种工艺分类并选用典型的材料设计了 10 个实验,其中,第 5 章、第 6 章为光固化成形实验,第 7~10 章为熔融沉积成形实验,第 11~14章为激光选区烧结实验,可作为实践教学的参考。

本书由华中科技大学闫春泽、文世峰、伍宏志主编。具体写作分工如下:第 1 章、第 4 章、第 11~14 章由闫春泽编写;第 3 章、第 7~10 章由文世峰编写;第 2 章、第 5 章、第 6 章由伍宏志编写。另外,研究生季宪泰、吴雪良、胡辉、王冲、陈柯宇、许博安、黄耀东、刘主峰等参与了编写工作。本书最后由华中科技大学史玉升教授主审。

　　由于编者的水平有限，本书的内容有很多值得商讨的地方，同时难免有疏漏之处，恳请广大读者批评指正。

编　者

2019 年 3 月

目录

Mulu

第1章
绪　论

1.1　3D打印技术概述

1.1.1　3D打印的概念

3D打印,亦称增材制造,是依据零件的三维CAD模型数据,全程由计算机控制,将离散材料(丝材、粉末、液体等)逐层累加制造实体零件的技术。相对于传统的材料去除(切削加工)技术,3D打印是一种"自下而上"进行材料累加的制造过程。

自20世纪80年代末以来,3D打印技术逐步发展,这期间也被称为材料累加制造(material increase manufacturing)、快速原型(rapid prototyping)、分层制造(layered manufacturing)、实体自由制造(solid free-form fabrication)、3D打印(3D printing)技术等。名称各异的叫法分别从不同侧面表现了该制造技术的特点。

3D打印是数字化技术、新材料技术、光学技术等多学科技术发展的产物。其工作原理可以分为如下两个阶段。

(1) 数据处理过程:利用计算机辅助设计三维CAD图形,将三维CAD图形切割成薄层,完成将三维数据分解为二维数据的过程。

(2) 逐层累加制造过程:依据分层的二维数据,采用所选定的制造方法制作与分层厚度相同的薄片,每层薄片按照顺序叠加起来,就构成了三维实体,实现了从二维薄层到三维实体的制造过程。

根据这种原理,3D打印技术不需要传统的刀具、夹具及多道加工工序,利用三维设计数据,在一台设备上可快速而精确地制造出任意复杂形状的零件,从而实现"自由制造",解决了许多过去难以制造的复杂结构零件的成形问题,并大大减少了加工工序,缩短了加工周期。而且结构越是复杂的产品,其制造的速度提升越显著。近二十年来,3D打印技术取得了快速的发展。3D打印原理与不同的材料和工艺结合形成了许多3D打印设备,目前已有的设备种类达到20多种。这一技术一出现就取得了快速的发展,在各个领域,如消费电子产品、汽车、航空航天、医疗、军工、地理信息、艺术设计等领域都取得了广泛的应用。3D打印的特点是单件或小批量快速制造,这一技术特点决定了3D打印在产品创新中具有显著的作用。

1.1.2　3D 打印材料简介

3D 打印是一项新兴的快速成形技术,具有制造成本低、生产周期短等明显优势,被誉为"第三次工业革命最具标志性的生产工具"。经过多年发展,3D 打印技术已广泛应用于科研、教育、医疗及航空航天等领域。3D 打印技术由硬件、软件、材料及成形工艺四大关键技术高度集成,各技术之间存在着既相互促进又相互制约的关系。随着 3D 打印设备及工艺的不断发展和逐步成熟,3D 打印材料的种类和性能已成为制约 3D 打印技术发展的重要因素,因此,新型 3D 打印材料的研发成为 3D 打印技术取得突破性进展的关键,同时也是拓展 3D 打印技术应用领域的必经之路。

尽管目前可用于 3D 打印的材料已经超过了 200 种,但是由于现实中产品非常多,生产材料及其组合纷繁复杂,200 多种材料仍然非常有限,3D 打印材料仍在不断丰富中。3D 打印材料主要包括高分子材料、金属材料、陶瓷材料和其他材料(如覆膜砂)。高分子材料根据其适用的 3D 打印技术不同,主要分为以下几种:适用于光固化成形技术的光敏树脂、适用于熔融沉积成形技术的丝状材料、适用于激光选区烧结技术的粉状材料和适用于其他 3D 打印技术的高分子材料(天然/合成材料)、弹性体材料、凝胶材料等。

1.1.3　高分子材料在 3D 打印中的优势

1) 种类繁多、性质各异

3D 打印是一种新兴的加工技术,其个性化的生产思路带来了加工手段的多样化,所制备的产品的种类、性质各具特色。因此,其对材料的物理、化学性能的要求也千差万别。3D 打印技术的发展使得各种满足打印专一性需求的不同物理、化学性能的材料不断出现。高分子材料本身具有种类繁多、性质各异、可塑性强的特点。通过对不同的高分子单元结构、单元种类的选择和数量的调节,不同结构单元的共聚及配比,可以轻松获得不同物理、化学性能的液态化、丝状化、粉末化的新型高分子材料,从而实现 3D 打印材料的功能多样性。

2) 质轻、强度高

高分子材料具有质轻、强度高的优点,尤其是部分工程塑料,其力学强度可以接近金属材料,而密度只略大于 1 g/cm^3。其较小的自重和高支撑力为打印镂空的零件提供了便利。不仅如此,质轻、强度高的特点也使其成为打印汽车零件和运动器材零件的首选。

3) 熔融温度低

高分子材料具有熔融温度低的优点,且大多数分子熔体属于非牛顿流体,触变性能好,从而极大地满足了 3D 打印中熔融沉积成形工艺的需要。熔融沉积成形工艺由于不使用激光,成形速度快,后处理简单,并且设备成本低,维护简单,一直是 3D 打印技术推广应用的主力。高分子粉末材料由于烧结温度较低,在激光选区烧结工艺中也具有加工能耗小、对设备的要求低的优势。

上述优势使高分子材料在 3D 打印领域成为使用最广泛、研究最深入、市场化最便利的一类材料。

1.2 高分子材料 3D 打印技术

1.2.1 高分子材料 3D 打印技术简介

自 20 世纪 80 年代美国出现第一台商用光固化成形机后,高分子材料 3D 打印技术在至今近 40 年时间内得到了快速发展,较成熟的技术主要有以下几种:光固化成形(stereo lithography apparatus,SLA)、熔融沉积成形(fused deposition modeling,FDM)、激光选区烧结(selective laser melting,SLS)、叠层实体制造(laminated object manufacturing,LOM)。其中,叠层实体制造技术应用较少,其他几种方法得到广泛应用,并逐渐向低成本、高精度、多材料方向发展。下面简要介绍 SLA、FDM、SLS 这三种加工工艺。

1. 光固化成形

光固化成形(SLA)利用紫外激光使对紫外光非常敏感的液态树脂材料(性能类似于塑料)固化以成形。树脂槽中盛满液态光敏树脂,在计算机控制下经过聚焦的紫外激光束按照事先分层的截面信息,对液态树脂表面进行逐点逐线扫描。被扫描区域的树脂发生光聚合反应瞬间固化,形成制件的一个薄层;当一层固化后,工作台下移一个层厚的高度,液态光敏树脂自动覆盖在已固化的薄层表面,紧接着进行下一层扫描固化,新的固化层与前面的已固化层黏结为一体;如此反复直至整个制件制作完成。光固化成形能制造特别精细的零件(如戒指、需配合的上下手机盖等),且表面质量好;原材料利用率接近 100%,且不产生环境污染。其最大的不足是设备和材料较昂贵,复杂制件往往需要添加辅助结构(称为支撑),加工完后需去除。光固化成形可应用于航空航天、工业制造、生物医学、大众消费、艺术等领域的精密复杂结构零件的快速制作,精度可达 ±0.05 mm,较机加工略低,但接近传统模具的工艺水平。

2. 熔融沉积成形

熔融沉积成形(FDM)利用电加热法等熔化丝状材料,由三轴控制系统移动丝状材料,逐层堆积成形三维实体。材料(通常为低熔点塑料,如 ABS 等)先制成丝状,通过送丝机构送进喷头,在喷头内受热熔化;喷头在计算机控制下沿零件界面轮廓和填充轨迹运动,将熔化的材料挤出,材料挤出后迅速固化,并与周围材料黏结;通过层层堆积成形,最终完成制件制造。其初始制件表面较为粗糙,需配合后续抛光等处理。熔融沉积成形的优点如下:原料要求是丝状的塑料,可将零件壁内做成网状结构或者实体结构,当零件壁内是网状结构时可以节省大量材料;由于原材料为 ABS 等塑料,其密度小,1 kg 材料可以制作较大体积的模型;熔融成形,制件强度高,可作为功能零件使用,在产品设计、测试与评估等方面得到广泛应用,涉及汽车、工艺品、仿古、建筑、医学和教育等领域;无须使用激光器等贵重元器件,系统成本低。其最大不足是成形材料种类少,且成形精度略低,约为 0.2 mm。

3. 激光选区烧结

激光选区烧结(SLS)利用高能激光束的热效应使粉末材料软化或熔化,黏结成形一系列薄层,并逐层叠加获得三维实体。首先,在工作台上铺一薄层粉末材料,高能激光束在计算机控制下根据制件各层截面的 CAD 数据,有选择地(选区)对粉末层进行扫描,被扫描区域的粉末材料由于烧结或熔化黏结在一起,而未被扫描的区域粉末仍呈松散状,可重复利用。一层加工完后,工作台下降一个层厚的高度,再进行下一层铺粉和扫描,新加工层与前一层黏结为一体,重复上述过程直到整个制件加工完为止。最后,将初始制件从工作台上取出,进行适当后处理(如清粉和打磨等)即可。如需进一步提高制件强度,可采取后烧结或浸渗树脂等强化工艺。激光选区烧结成形材料广泛,包括高分子、金属、陶瓷、砂等多种粉末材料;应用范围广,涉及航空航天、汽车、生物医疗等领域;材料利用率高,粉末可重复使用;成形过程中无须添加支撑等辅助结构。其最大的不足是无法直接成形高性能的金属和陶瓷零件,成形大尺寸零件时容易发生翘曲变形,精度较难控制。成形材料的多样性,决定了SLS工艺可成形不同特性、满足不同用途的多类型零件。例如,成形塑料手机外壳,可用于结构验证和功能测试,也可直接作为功能零件使用;制作复杂铸造用熔模或砂型(芯),辅助复杂铸件的快速制造;制造复杂结构的金属和陶瓷零件,作为功能零件使用。其成形精度可达±0.2 mm,较机加工和模具精度低,与精密铸造工艺相当。

1.2.2 高分子3D打印技术的发展历程

3D打印技术的核心制造思想最早起源于美国。早在1892年,Blanther在其专利中,曾建议用分层制造法构成立体地形图。随着计算机技术、激光技术和新材料技术的发展,出现了五种经典的3D打印工艺:1986年美国的Hull发明了光固化成形技术,1988年Feygin发明了叠层实体制造技术,1989年Deckard发明了激光选区烧结技术,1992年Crump发明了熔融沉积成形技术,1993年麻省理工大学的Sachs发明了喷头打印(3D printing,3DP)技术。

1988年美国的3D Systems公司根据Hull的专利,生产出了第一台3D打印装备SLA250,开创了3D打印技术发展的新纪元。在此后的十年中,3D打印技术蓬勃发展,涌现了十余种新工艺和相应的3D打印装备。1991年,美国Stratasys的FDM装备、Cubital的实体平面固化装备和Helisys的叠层实体制造装备都实现了商业化。1992年,美国DTM公司(现属于3D Systems公司)的SLS装备研发成功。1994年,德国EOS公司推出了EOSINT型SLS装备。1996年,3D Systems公司使用喷墨打印技术,制造出其第一台3D打印装备Actua2100;同年,美国Zcorp公司也发布了Z402型三维装备。2000年,Z Corp公司推出了世界上第一台商业多色3D打印机Z402C。同年,以色列的Object Geometries公司推出了一款名为Quadra的3D喷墨打印机,该款打印机利用1536个喷嘴和紫外线光源来喷涂硬化光敏树脂高分子;美国精密光学制造公司发明了一种激光直接金属沉积(direct metal deposition,DMD)技术,该技术可以使用金属粉末生产和修复金属零件。

近年来,3D打印市场始终保持良好的发展形势,不断有新材料和新设备涌现。Objet公司发布了一种类ABS的数字材料以及一种名为VeroClear的清晰透明材料。3D Systems公司也发布了一种名为Accura CastPro的新材料,该材料可用于制作熔模铸造模型。同期,Solidscape公司也发布了一种可使蜡模铸造的铸模更耐用的新型材料——plusCAST。2011年,Optomec公司发布了一种可用于3D打印及保形电子的新型大面积气溶胶喷射打印头。同年,Objet公司发布了一种新型打印机——Objet260 Connex,该打印机可以构建更小体积的多材料模型;3D Systems公司发布了一种基于覆膜传输成像的打印机——PROJET1500,同时也发布了一种从二进制信息到字节的三维触摸产品。2012年,法国的EasyClad公司发布了 MAGIC LF600 大框架 3D 打印装备,可构建大体积模型,并具有两个独立的 5 轴控制沉积头,具有图案压印、修复及功能梯度材料沉积的功能。

随着工艺、材料和装备的日益成熟,3D 打印技术的应用范围由模型和原型制造进入产品快速制造阶段。早期 3D 打印技术受限于材料种类少及工艺水平低,主要应用于模型和原型制造,如制造新型手机外壳模型等,因而统称为快速原型技术。目前,"3D 打印"这一更加亲民的概念被越来越多的人熟知。如今,由于诸多快速原型和快速制造装备均以 3D 打印机面貌示人,最早的 3D 打印已可被称为"经典 3D 打印技术"。"新兴 3D 打印技术"可以直接制造为人所用的功能部件、零件和传统工艺使用的工具,包括电子产品绝缘外壳、金属结构件、高强度塑料零件、劳动工具、橡胶缓振制件、汽车和航空应用的高温陶瓷部件及各类金属模具等。

目前,美国在 3D 打印的装备研制、生产销售方面占全球的主导地位,其发展水平及趋势基本代表了世界 3D 打印技术的发展历程。欧洲各国和日本也不甘落后,纷纷进行相关技术研究和装备研发。我国香港和台湾地区对 3D 打印技术的研究起步较内地(大陆)早,台湾大学研制了 LOM 装备,台湾各单位安装了多台进口 SLA 装备,香港生产力促进局和香港科技大学、香港理工大学、香港城市大学等机构拥有 3D 打印装备,重点进行技术研究与应用推广;内地(大陆)自 20 世纪 90 年代初开始 3D 打印技术研发,以华中科技大学、西安交通大学、清华大学为代表的研究机构开始自主研制 3D 打印装备并在国内开展广泛应用,在典型的成形设备、软件、材料等方面的研究和产业化获得了重大进展,接近国外产品水平。

1.3 思 考 题

1. 请简述 3D 打印的工作原理以及其与传统切削加工的本质不同。
2. 高分子 3D 打印材料根据适用 3D 打印技术的不同,主要分为几种?并简要说明之。
3. 请简述现今广泛应用于高分子材料的几种 3D 打印加工工艺。

(扫描二维码可查看参考答案)

第 2 章
光固化光敏树脂
成形原理

2.1 光固化反应机理与成形原理

2.1.1 光固化反应机理

光固化快速成形技术是利用液态光敏树脂能在紫外光的照射下发生化学反应而快速固化这一特性发展起来的。液态光敏树脂盛放在树脂槽中,在光的照射下,光引发剂由基态跃迁到激发态,然后分解成为自由基或阳离子活性种,引发体系中的单体或低聚物发生化学反应,迅速固化,层层堆积得到制件。

光聚合反应指光固化单体或低聚物在紫外光或可见光的激发下发生的化学反应。光固化可定义成自由流动的液体通过接收紫外辐射能量发生化学聚合反应而转变为不黏性固体的相转变过程。3D打印光敏树脂的光固化过程实际上就是光敏树脂在光固化3D打印快速成形设备光源的照射下发生这样的光聚合反应。

紫外光固化体系主要由两部分组成:光引发体系和光固化反应物(单体或低聚物)。另外根据实际需要,可添加各种助剂,如颜料、填料、润湿分散剂、流平剂、消泡剂和消光剂等。按照引发产生的活性中心不同,光固化体系可以分为自由基型光固化体系、阳离子型光固化体系和自由基-阳离子混杂型光固化体系。混杂型光固化体系指在同一树脂中同时发生自由基光固化反应和阳离子光固化反应。

自由基型光固化体系具有固化速度快、原料丰富和性能可调的优点,主要缺点是受氧阻严重、收缩厉害、成形精度不高、层与层间附着力弱等。阳离子型光固化体系的主要优点是耐磨、硬度高、力学性能好、体积收缩率小、层与层间附着力强等,因此特别适用于需要高精度的光固化快速成形技术。阳离子型光固化体系的主要缺点是固化受潮气影响、固化速度慢、原料种类少、价格高和性能不易调节等,其最大的缺点是固化速度慢。自由基-阳离子混杂型光固化体系则综合了二者的优点,同时尽量避免了二者的缺点,在一定程度上拓宽了光固化体系的使用范围。自由基-阳离子混杂型聚合体系表现出很好的协同作用,不同于几种自由基单体的共聚过程,自由基-阳离子混杂聚合生成的不是共聚物而是高分子合金,在反应聚合过程中,自由基聚合和阳离子聚合分别进行,得到一种互穿网络结构(IPN)的产物,使光固化后的产物具有较好的综合性能;另外,自由基型引发体系和阳离子型引发体系也协同作用,相互促进引发反应。

由于光固化体系的固化过程是由光照射而产生聚合反应的过程,因此光固化方式也存在一些无法避免的缺陷,如固化深度受到限制,在有色体系中难以较好地应用,阴影部分无法固化,固化对象的形状受到光固化设备的限制等。针对这些缺点,人们又发展了多重固化体系,比如光热双重固化体系、光热潮气三重固化体系等。

下面分别介绍自由基型光固化体系、阳离子型光固化体系和自由基-阳离子混杂型光固化体系的化学反应过程和特点。

1. 自由基型光固化体系聚合机理

自由基型光固化体系的典型特征是发生自由基聚合反应。首先自由基光引发剂吸收紫外光,发生分裂反应或者提氢反应,产生具有反应活性的自由基,然后单体或低聚物上的双键不断加成到自由基活性中心上,以连锁反应机理迅速聚合而固化。其主要反应机理过程可以分为三个阶段:链引发、链增长和链终止反应。

光引发剂在一定波长的光的照射下吸收紫外光能量,引发剂分子从基态跃迁至激发态,其分子结构中的共价键,经过单线态或三线态断裂或提氢,产生能够引发单体聚合的活性碎片初级自由基,初级自由基与单体加成,形成单体自由基。在链引发阶段产生的单体自由基活性不衰减,它与第二个单体或低聚物分子反应生成新的自由基,新的自由基活性仍然不衰减,继续与其他反应性分子结合成重复单元更多的链自由基,最终生成大分子。随着反应程度的迅速加深,光敏树脂固化,除了极其少数的自由基活性中心不能终止以外,活性自由基最终以偶合方式和歧化方式相互作用而终止。

(1)自由基型光引发剂。

自由基型光引发剂目前发展比较成熟,商品化的品种繁多,但根据生成自由基的机理不同,它可分为两大类:一类是裂解型光引发剂,也称为第一型光引发剂;另一类是提氢型光引发剂,也称为第二型光引发剂。自由基型光引发剂按化学结构来分类,有苯偶姻系、苯偶酰系、二烷氧基苯乙酮、α-羟烷基苯酮、α-胺烷基苯酮、酰基膦氧化物、芳基过氧酯、酯化肟酮、有机含硫系、苯甲酰甲酸酯、活性胺、二苯甲酮、硫杂蒽酮、蒽醌、樟脑醌、3-酮基香豆素、芳酮/硫醇系等。

①裂解型光引发剂。

裂解型光引发剂包括一些能够发生 Norrish I 型断裂的芳香族羰基化合物。其共同的特点是,按 Norrish I 型机理分解,在吸收紫外光后,分子中与羰基相邻的 C—C 单键发生断裂,如图 2-1 所示。

$$C_6H_5\overset{\displaystyle O}{\overset{\displaystyle \|}{C}}{-}CR_3 \xrightarrow{h\nu} C_6H_5\overset{\displaystyle O}{\overset{\displaystyle \|}{C}}\cdot + \cdot CR_3$$

图 2-1 芳香族羰基化合物的光解方程式

按化学结构来看,这类光引发剂大部分是苯偶姻及其衍生物。例如,紫外光固化工业上最重要的光引发剂苯偶酰二甲基缩酮(俗称安息香二甲醚,即 Irgacure651)。它吸收紫外光以后,分裂机理如图 2-2 所示。它光解产生的两种自由基都可以加成到低聚物或单体的不饱和双键上,引发聚合反应,其中苄基二甲醚自由基引发单体聚合的反应式如图 2-3 所示。

而另外一种自由基——苯甲酮自由基引发单体聚合的反应式如图 2-4 所示。

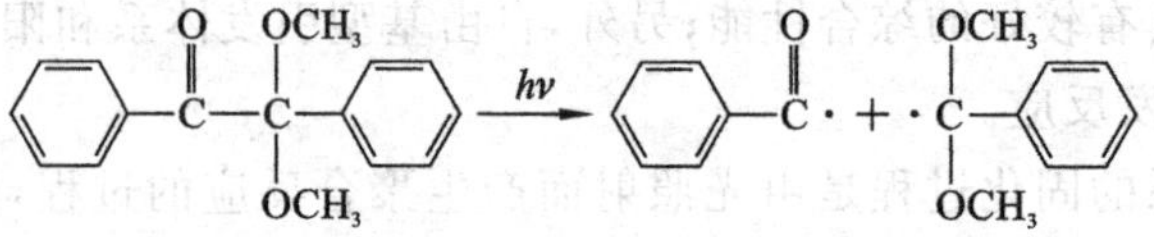

图 2-2 苯偶酰二甲基缩酮的光解方程式

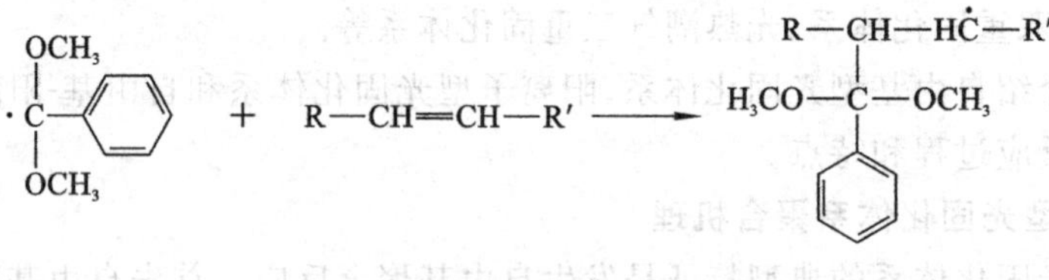

图 2-3 苄基二甲醚自由基引发单体聚合的反应式

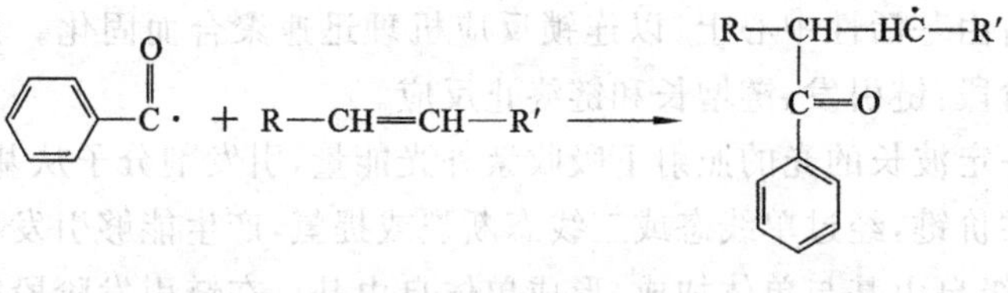

图 2-4 苯甲酮自由基引发单体聚合的反应式

②提氢型光引发剂。

提氢型光引发剂大多为芳香酮类化合物,如二苯甲酮系、硫杂蒽酮系、蒽醌、3-酮基香豆素、芳酮/硫醇系等光引发剂。以常见的二苯甲酮光引发剂为例,二苯甲酮获得紫外光照射能量后,跃迁到激发态时,并不进行分裂反应,而是从一个氢供体分子(大部分为叔胺)中提取一个氢,产生一个二苯甲醇自由基(ketyl radical)和一个胺烷基自由基。引发聚合反应一般是由胺烷基自由基来实现的,二苯甲醇自由基最终去向一般为两个同样的自由基发生歧化生成二苯甲酮与二苯甲醇,或发生双基偶合作用生成四苯基频哪醇醚。叔胺是最常用的氢供体,一旦受到紫外光的照射,氮上的孤对电子中的一个电子转移到二苯甲酮羰基氧上,并形成激基复合物(exciplex)。二苯甲酮引发光聚合反应机理如图 2-5 所示。

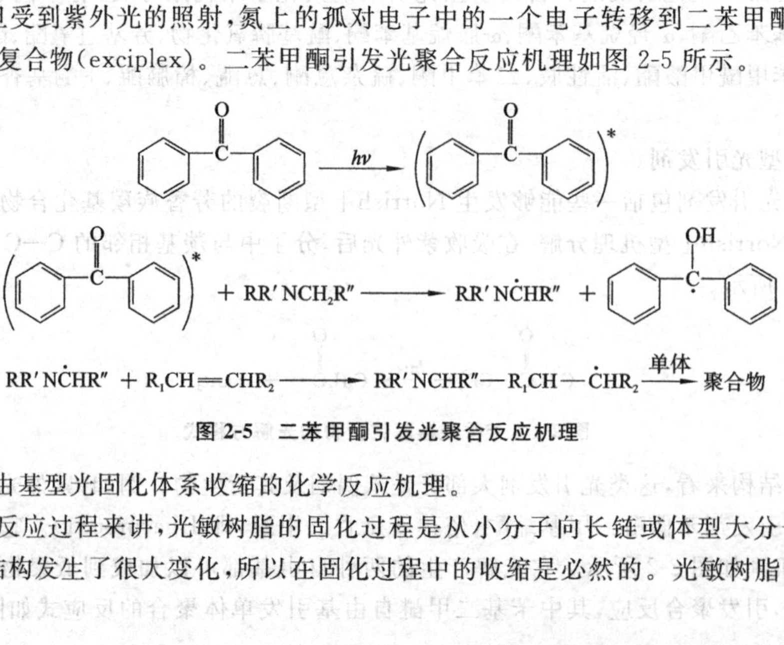

$$RR'\dot{N}CHR'' + R_1CH{=}CHR_2 \longrightarrow RR'NCHR''{-}R_1CH{-}\dot{C}HR_2 \xrightarrow{\text{单体}} \text{聚合物}$$

图 2-5 二苯甲酮引发光聚合反应机理

(2) 自由基型光固化体系收缩的化学反应机理。

从化学反应过程来讲,光敏树脂的固化过程是从小分子向长链或体型大分子转变的过程,其分子结构发生了很大变化,所以在固化过程中的收缩是必然的。光敏树脂的收缩主要由两部分组成：一是化学反应固化收缩；二是光敏树脂从工作温度向室温冷却，降温而引起的收缩。一般光敏树脂的热膨胀系数数量级为 10^{-4} 左右，因此温度变化引起的收缩量极小，可以忽略不计。而由自由基化学反应固化造成的体积收缩则不可忽视。

从高分子物理学的角度来解释，化学反应产生体积收缩的主要原因是，光敏树脂固化前，单体或低聚物之间的作用力是范德华力，分子之间的距离是范德华力作用距离；当光敏树脂发生聚合反应而固化后，原来的分子间距离变成共价键距离，共价键距离远小于范德华力作用距离，分子间距离的大幅变化，肯定会导致聚合固化过程中体积收缩的产生。体积收缩严重意味着会有收缩应力，因此必然也会存在成形件的翘曲变形等现象。这里用图 2-6 表示自由基型光固化体系树脂发生聚合固化反应时产生收缩的原因。

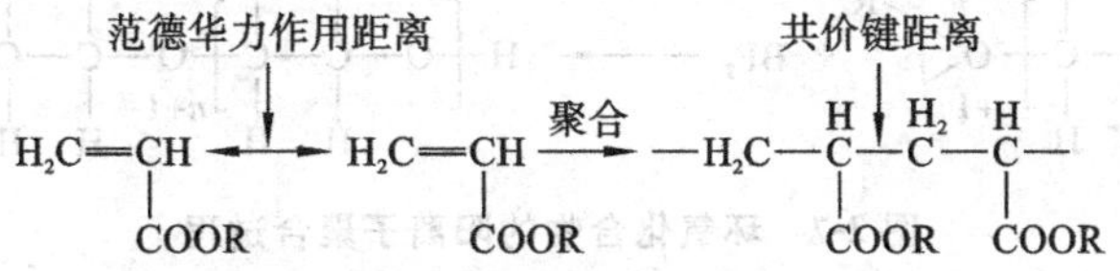

图 2-6 自由基单体聚合时分子间距离的变化

2. 阳离子型光固化体系聚合机理

阳离子型光固化体系的光聚合固化过程是以阳离子机理为基础进行的，引发剂在一定波长范围的紫外光照射下生成阳离子型活性中心，阳离子再引发环氧类或乙烯基醚等的聚合。阳离子型光引发剂包括重氮盐、二芳基碘鎓盐、三芳基硫鎓盐、烷基硫鎓盐、铁芳烃盐、磺酰氧基酮及三芳基硅氧醚等。适用于阳离子光聚合的单体主要有环氧化合物、乙烯基醚、内酯、缩醛、环醚等。

阳离子型光引发体系的基本作用特点是光活化到激发态，引发剂分子发生系列分解反应，产生超强质子酸或路易斯酸，引发阳离子光聚合。酸的强弱是阳离子聚合能否被引发并进行下去的关键，酸性不强，则配对的阴离子具有较强的亲核性，容易与碳正离子中心结合，而阻止阳离子聚合。与自由基型光引发体系相比，阳离子型光引发体系具有引发聚合后可暗反应、不受氧阻、固化相对较慢、固化受潮气影响等特点。

（1）重氮盐。

最早研究出的阳离子型光引发剂是重氮盐，如芳基重氮氟硼酸盐。它被紫外光照射，光解时产生 BF_3、N_2 和氟代芳基 ArF：

$$ArN_2^+ + BF_4^- \longrightarrow ArF + BF_3 + N_2$$

生成的 BF_3 是一种路易斯酸，可以直接引发阳离子聚合，也可以和 H_2O 或其他化合物反应生成质子，然后引发阳离子聚合：

$$BF_3 + H_2O \longrightarrow H^+ + BF_3(OH)^-$$

芳基重氮氟硼酸盐引发环氧化合物的阳离子聚合过程如图 2-7 所示。

在上述反应中，重氮盐的阴离子必须是亲核性非常弱的阴离子，除 BF_4^- 外，还可以是 PF_6^-、AsF_6^- 及 SbF_6^- 等。阳离子聚合很容易发生链转移，而亲核性强的物质，如胺、硫醇等化合物容易引起链终止反应。从聚合过程也可以看到，链转移进行时产生一个路易斯酸，仍可再引发聚合反应，因此阳离子活性中心的寿命比较长，撤掉光源后，仍然可以进行暗反应。同时，这样也存在一个问题，即光聚合反应完全后，固化体系中仍可能残存质子酸，会对成形件造成长期的危害。

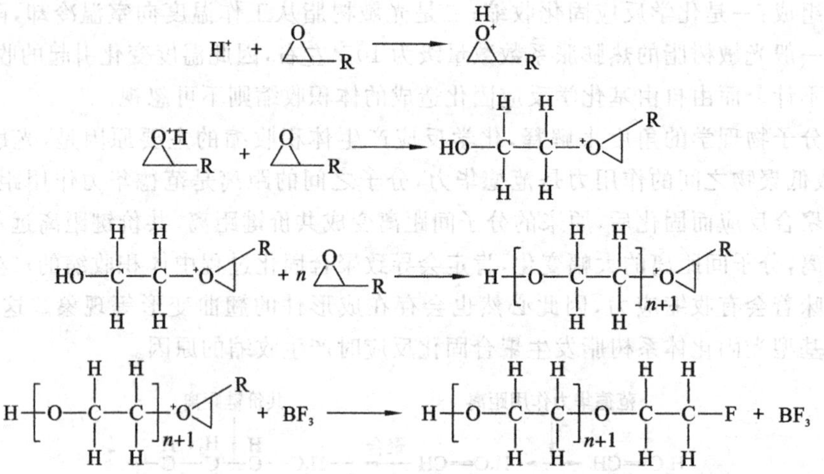

图 2-7 环氧化合物的阳离子聚合过程

重氮盐作为阳离子型光引发剂的最大缺点是光解时有氮气放出,因此固化的高分子材料会有气泡或针眼,这就限制了它的实际应用;另外一个缺点是长期储存性不佳。

(2) 碘鎓盐和硫鎓盐。

1977 年,GE 公司的 Crivello 和 Lan 首先进行了关于二芳基碘鎓(iodonium)和三芳基硫鎓(triarylsulfonium)的金属卤化配合物的研究,开发了第二代阳离子型光引发剂。这两类光引发剂热稳定性好,光解时无氮气生成。

二芳基碘鎓盐系和三芳基硫鎓盐系是重要的阳离子型光引发剂,它们均已有商品出售。两种鎓盐在受紫外光照射时都释放出超强质子酸,还有自由基生成,其反应机理如图 2-8 和图 2-9 所示。

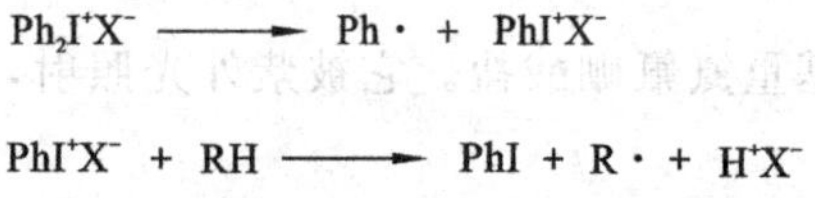

图 2-8 二芳基碘鎓盐的光解反应

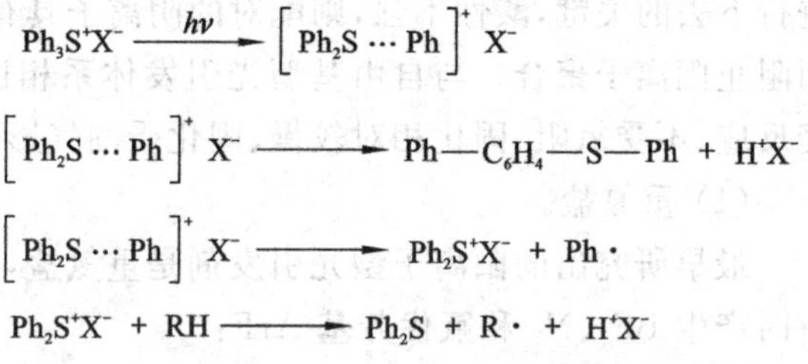

图 2-9 三芳基硫鎓盐的光解反应

在图 2-8 和图 2-9 所示的光解反应中,X^- 为 PF_6^-、AsF_6^-、SbF_6^-,三者相应超强质子酸的酸性强弱为 $HSbF_6 > HAsF_6 > HPF_6$。随着酸性的增强,其引发阳离子固化的速率也越快。反应式中的 RH 可以是溶剂、单体或低聚物。

二芳基碘鎓盐和三芳基硫鎓盐的缺点是紫外最大吸收波长为 $220\sim280$ nm,单体会强烈吸收这部分紫外光,而且这个波段的紫外光衰减也比较严重。因此一般通过扩大鎓盐的共轭程度,使其最大吸收波长向长波方向移动。例如,在三芳基硫鎓盐中引入硫酚基,可得到如图 2-10 所示的结构。

硫酚基型三芳基硫鎓盐的吸收区可扩展至 $300\sim360$ nm,它也属于三芳基硫鎓盐的一种,已有商品销售。如美国 DOW 化学公司的 UVI6976 和 UVI6992,UVI6976 是图 2-10 中

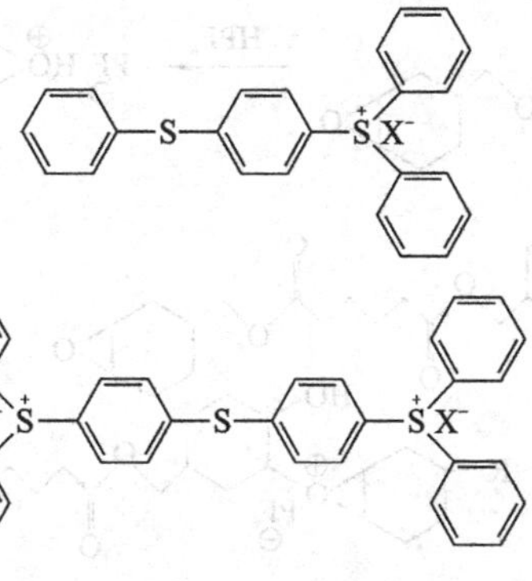

图 2-10　硫酚基型三芳基硫鎓盐

两种芳基硫鎓盐溶于 50% 的碳酸丙烯酯得到的,其中反离子为六氟锑酸盐阴离子;UVI6992 是图 2-10 中两种芳基硫鎓盐溶于 50% 的碳酸丙烯酯得到的,其中反离子为六氟磷酸盐阴离子。

(3) 芳香茂铁盐。

芳香茂铁盐是继二芳基碘鎓盐和三芳基硫鎓盐后,开发的又一种新的阳离子型光引发剂。已经商品化的产品有瑞士汽巴公司的 Irgacure261,它在远紫外区(240~250 nm)和近紫外区(390~400 nm)都有较强吸收,在可见光区(530~540 nm)也有吸收,因此是紫外光和可见光双重光引发剂。芳香茂铁盐的光引发聚合过程如图 2-11 所示。

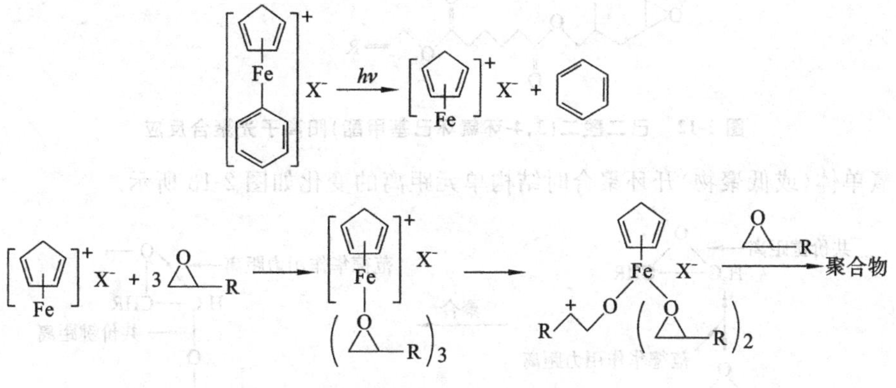

图 2-11　芳香茂铁盐的光引发聚合过程

在图 2-11 所示的反应式中,X^- 为 PF_6^-、AsF_6^-、SbF_6^-。芳香茂铁盐的苯环也可以是异丙苯,它的反离子是六氟磷酸盐阴离子时,为 Irgacure261。

(4) 阳离子型光固化体系收缩的化学反应机理。

以六氟磷酸盐为阳离子型光引发剂,引发己二酸二(3,4-环氧环己基甲酯)光聚合,其聚合过程如图 2-12 所示。

在图 2-12 所示的阳离子光聚合反应中,也存在收缩现象:单体或低聚物在反应前相互作用力为范德华力,彼此间的距离为范德华作用力距离,阳离子活性中心引发聚合反应后,单体或低聚物以共价键的形式相互连接,彼此间的距离为极短的共价键距离。但在环氧基开环反应时,脂环上的两个 C—O 单键断裂后,变成范德华作用力距离,即由共价键距离变为范德华作用力距离,这是阳离子型光固化体系体积膨胀的因素。上述两个因素综合的结果是,环氧化合物在开环聚合中表现出较小的体积收缩。

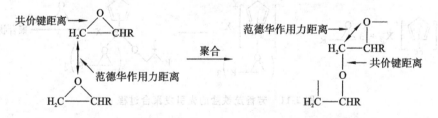

图 2-12　己二酸二(3,4-环氧环己基甲酯)阳离子光聚合反应

环氧单体(或低聚物)开环聚合时结构单元距离的变化如图 2-13 所示。

图 2-13　环氧单体开环聚合时结构单元距离的变化

（5）多元醇参与阳离子聚合反应机理。

在阳离子型光固化体系中，经常会加入适量的多元醇，以提高阳离子型光固化体系的光固化速度，并改善光固化产物的性能。由于聚己内酯多元醇相对分子质量分布较窄，并拥有较好的韧性，不易水解等，所以它比较常用。典型的聚己内酯多元醇有两种结构式，如图 2-14所示。

多元醇参与阳离子光聚合反应的机理如图 2-15 所示。

由于阳离子光聚合反应容易发生链转移，所以高分子的交联点密度很大，当将多元醇加入阳离子型光固化体系中时，由图 2-15 可知，具有长链结构的多元醇使产物的分子链结构加长，并使交联点密度减小，因此提高了最终产物的韧性。

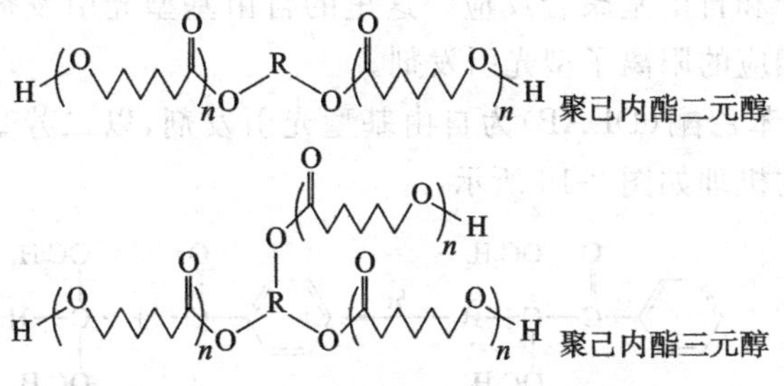

图 2-14 典型的聚己内酯多元醇结构式

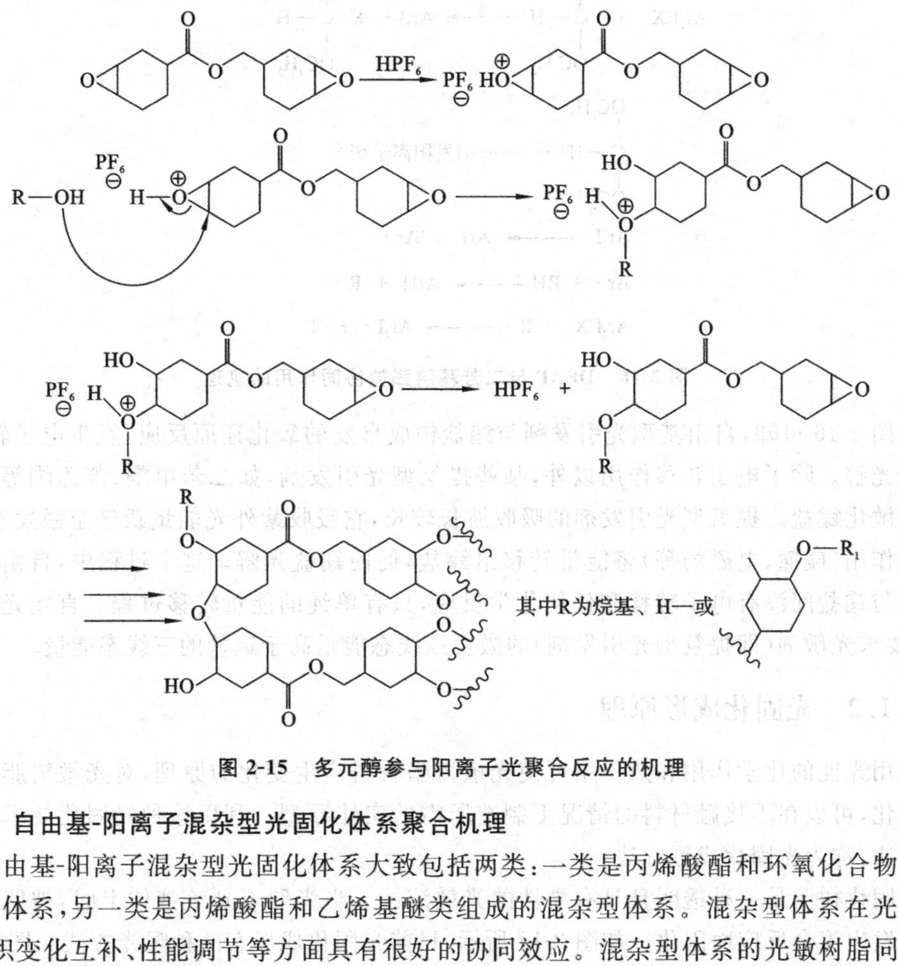

图 2-15 多元醇参与阳离子光聚合反应的机理

3. 自由基-阳离子混杂型光固化体系聚合机理

自由基-阳离子混杂型光固化体系大致包括两类:一类是丙烯酸酯和环氧化合物组成的混杂型体系,另一类是丙烯酸酯和乙烯基醚类组成的混杂型体系。混杂型体系在光固化速度、体积变化互补、性能调节等方面具有很好的协同效应。混杂型体系的光敏树脂同样可以应用到 3D 打印的实体材料中,并表现出良好的性能。

混杂型体系中,一般使用硫鎓盐或碘鎓盐阳离子型光引发剂与自由基型光引发剂协同引发树脂体系聚合。此体系在紫外光的照射下,可同时产生阳离子和自由基,从而分别引发体系中自由基单体和阳离子单体聚合,得到具有互穿网络结构的光固化产物。

由于阳离子型光引发剂二芳基碘鎓盐和三芳基硫鎓盐的吸收波长较短,为了与金属卤化物灯发出的紫外光相匹配,通常会加入一些增感剂,以充分利用长波紫外光。而自由基型光引发剂可有效地通过电子转移作用来对鎓盐类阳离子型光引发剂进行增感。其增感机理:自由基型光引发剂光解产生自由基碎片,这种自由基碎片再还原鎓盐,生成阳离子和自由基,分别引发阳离子和自由基聚合反应。这里的自由基型光引发剂要求具有适当的氧化还原电位,能够还原相应的阳离子型光引发剂。

以 α,α-二乙氧基苯乙酮(DEAP)为自由基型光引发剂,以二芳基碘鎓盐为阳离子型光引发剂,其协同作用的机理如图 2-16 所示。

$$
\text{苯} - \underset{\underset{OC_2H_5}{\overset{OC_2H_5}{|}}}{\overset{O}{\underset{|}{C}}} - \overset{OC_2H_5}{\underset{OC_2H_5}{C}} - H \xrightarrow{\ h\nu\ } \text{苯} - \overset{O}{\underset{}{C}} \cdot + \cdot \underset{OC_2H_5}{\overset{OC_2H_5}{C}} - H
$$

$$
Ar_2I^+X^- + \underset{OC_2H_5}{\overset{OC_2H_5}{C}} - H \longrightarrow Ar_2I \cdot + \,^+\underset{OC_2H_5}{\overset{OC_2H_5}{C}} - H
$$

$$
^+\underset{OC_2H_5}{\overset{OC_2H_5}{C}} - H \longrightarrow \text{引发阳离子聚合}
$$

$$
Ar_2I \cdot \longrightarrow ArI + Ar \cdot
$$

$$
Ar \cdot + RH \longrightarrow ArH + R \cdot
$$

$$
Ar_2I^+X^- + R \cdot \longrightarrow Ar_2I \cdot + R^+
$$

图 2-16　DEAP 与二芳基碘鎓盐协同作用的机理

从图 2-16 可知,自由基型光引发剂与鎓盐构成自发的氧化还原反应,发生电子转移,实现间接光解。除了电子转移作用以外,某些提氢型光引发剂,如二苯甲酮、苯乙酮等还可以直接光敏化鎓盐。提氢型光引发剂的吸收波长较长,它吸收紫外光能量跃迁至激发态后,通过物理作用(碰撞、电磁场等)将能量转移给鎓盐,促使鎓盐光解。这个过程中,自由基型光引发剂与鎓盐间没有电子转移和任何化学反应,只有单纯的能量转移过程。直接光敏化过程中,要求光敏剂(即提氢型光引发剂)的激发三线态能量高于鎓盐的三线态能量。

2.1.2　光固化成形原理

利用光能的化学作用和热作用可使光敏树脂材料产生变化的原理,对光敏树脂进行选择性固化,可以在不接触材料的情况下制造所需的实体原型。利用这种光固化技术逐层成形的方法,称为光固化成形方法。

光固化树脂是一种透明且具有黏性的光敏液体。当光照射到该液体上时,被照射的部分由于发生聚合反应而固化。如图 2-17 所示,目前光固化成形有两种曝光方式。图2-17(a)所示的方式是紫外光通过一个光学形板(遮光掩模)照射到光敏树脂表面,使树脂接受面曝光固化;图 2-17(b)所示的方式是用扫描头使激光束扫描到树脂表面,使之曝光。目前最常见的工作方式为通过振镜扫描系统,将紫外激光束照射到液态的光敏树脂表面,使树脂固化成形。

光固化成形过程如图 2-18 所示。首先在计算机上用 CAD 等软件生成产品的三维实体模型(见图 2-18(a)),然后生成并输出 STL 格式的模型(见图 2-18(b))。再利用切片软件对该模型沿高度方向进行分层切片,得到模型各层截面的二维数据群 $S_n(n=1,2,\cdots,N)$(见图 2-18(c))。依据这些数据,计算机从下层 S_1 开始按顺序将数据取出,通过一个扫描头控制紫

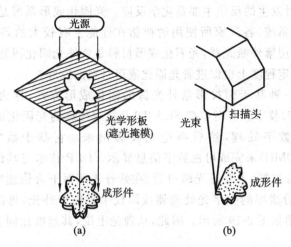

图 2-17 光固化成形的两种曝光方式

（a）光学形板方式；（b）光扫描方式

外激光束，在液态光敏树脂表面扫描出第一层模型的截面形状。被紫外激光束扫描辐射过的部分，由于光引发剂的作用，低聚物和活性单体发生聚合反应而固化，产生一薄层固化层（见图 2-18(d)）。形成了第一层截面的固化层后，将基座下降一个设定高度 d，在该固化层表面再涂敷一层液态光敏树脂。接着重复上述过程，按第二层 S_2 截面的数据进行扫描固化（见图 2-18(e)）。当切片分层的高度 d 小于树脂可以固化的厚度时，上一层固化的树脂就可与下层固化的树黏结在一起。然后第三层 S_3、第四层 S_4……这样层层固化、黏结，逐步按顺序叠加直到 S_n 层为止，最终形成一个立体的实体原型（图 2-18(f)）。

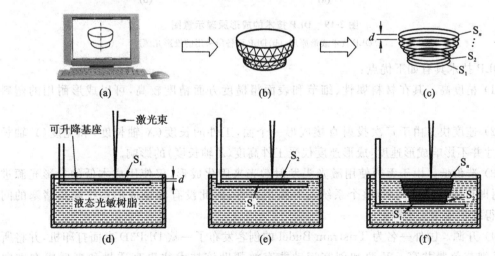

图 2-18 光固化成形过程

（a）CAD 三维造型；（b）STL 格式模型；（c）模型切片；（d）第一层 S_1 的固化；

（e）第二层 S_2 的固化；（f）最后一层 S_n 的固化

光固化成形所用的光源有紫外光（ultraviolet，UV）和可见光两种，本书主要介绍的是紫外光。

光固化成形所用材料为液态的光敏树脂，如丙烯酸酯体系、环氧树脂体系等，当紫外光照射到该液体上时，曝光部位发生光引发聚合反应而固化。光固化成形材料是一种反应型的热固性材料,成形时发生的反应主要是化学反应。光固化成形系统是商业化最早、市场占有率最高的快速成形系统,各厂家所使用的树脂在性能上有较大的差异,且都在不断发展中。光固化成形多采用紫外激光器,光固化成形材料是紫外光固化树脂应用的延伸,紫外光固化涂料的发展在一定程度上也促进着光固化成形材料的发展。

近几年,出现了一种基于面投影紫外光源的固化成形方式,称为数字光处理(digital light processing,DLP)技术。有时也把 SLA/DLP 技术统称为光固化成形技术。DLP 技术先使影像信号经过数字处理,然后再把光投影出来。它基于数字微镜元件(digital micromirror device,DMD)来完成可视数字信息显示。DLP 技术与其他光固化成形技术相似,都是利用感光聚合材料(主要是光敏树脂)在紫外光照射下会快速凝固的特性。不同的是,DLP 技术使用高分辨率的数字光处理器投影仪来投射紫外光,每次投射可成形一个截面,其成形原理示意图如图 2-19 所示。因此,从理论上说,其速度比同类的光固化成形技术快很多。

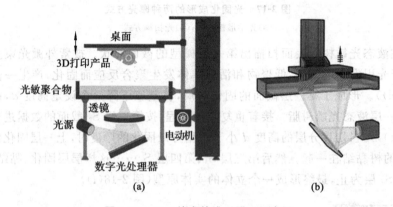

图 2-19　DLP 技术的成形原理示意图
(a)DLP 技术成形原理;(b)DLP 设备所采用的投影光源

DLP 技术具有如下优点:

(1)精度高。其在材料属性、细节和表面粗糙度方面精度较高,可以成形耐用的塑料部件。

(2)速度快。由于每次投射直接成形一个面,工件的长度(X 轴长度)和宽度(Y 轴长度)尺寸并不影响成形速度,成形速度仅受工件高度(Z 轴长度)的影响。

(3)造价低。由于无须使用激光头发射激光来固化成形,仅使用成本低的投影光源进行照射即可满足成形要求,整个系统没有喷射部件,因此没有传统成形系统喷头堵塞的问题,使得维护成本大大降低。

(4)开源。国外一名为 Tristram Budel 的创客发布了一款 DLP3D 桌面打印机,并将所有技术细节免费共享。开源和创客运动能有效帮助该技术往更高质量和更低成本方向发展。

由于具有上述优点,DLP 技术逐渐在医疗、建筑、运输、航天、考古、教育、工业制造、珠宝首饰、玩具等领域都有应用,具有广阔的应用前景。不过 DLP 技术也存在一些缺点,例如,同其他光固化成形技术一样需要设计支撑结构,所用光敏树脂的价格贵,并且成形件的强度、刚度、耐热性都有限,不利于长期保存。

2.2 光固化成形用光敏树脂

2.2.1 光敏树脂概述

1. 光固化成形材料的组成

在光能的作用下会敏感地发生物理变化或化学反应的树脂称为光敏树脂。其中,在光能的作用下既不溶于溶剂,又能从液体转变为固体的树脂称为光固化性树脂。它是一种以光聚合性低聚物、光聚合性单体以及光引发剂等为主要成分的混合液体。因为低聚物的黏度一般很高,所以要将单体作为稀释剂加入其中以改善树脂整体的流动性,在固化反应时单体也与低聚物的分子链反应并硬化。为了提高树脂的感光度,还要加入增感剂,其作用是扩大被光引发剂吸收的光波长带,以提高光能的效率。此外,还要加入消泡剂、稳定剂等。

自从美国 Inmont 公司于 1946 年首次发表了不饱和聚酯/苯乙烯紫外光固化油墨的技术专利,德国于 20 世纪 60 年代首次使粒子板涂层紫外光固化商品化以来,紫外光固化材料便以固化速度大、能耗低、对环境污染少、效率高且成膜性能良好等优点而日益受到人们的重视,并广泛用于涂料工业、胶黏剂工业、印刷工业、微电子工业及其他光成像领域。紫外光固化技术和材料近几十年来发展迅速,几乎以每年 10%～15% 的增长率增长。紫外光固化材料是紫外光固化的涂料、油墨和黏合剂等材料的统称。这类材料以低聚物(或预聚物)为基础,加入特定的活性稀释单体(又称活性稀释剂)、光引发剂和多种添加剂配制而成。其中各组分所占比例及其功能如表 2-1 所示。

表 2-1　紫外光固化材料的基本组分及其功能

名称	功能	常用质量分数/(%)	类型
光引发剂	吸收紫外光,引发聚合	<10	自由基型,阳离子型
低聚物(或预聚物)	材料的主体,决定了固化后材料的主要性能	>40	环氧丙烯酸酯 聚酯丙烯酸酯 聚氨酯丙烯酸酯等
活性稀释单体 (活性稀释剂)	调整黏度并参与固化反应,影响固化膜性能	20～50	单官能度 双官能度 多官能度
其他(颜(染)料、稳定剂、表面活性剂等)	视不同用途而异	0～30	—

2. 光固化成形对树脂材料的要求

SLA 用树脂虽然在主要成分上与一般的光固化树脂差不多,固化前类似于涂料,固化后与一般塑料相似,但由于 SLA 工艺的独特性,SLA 用树脂不同于普通的光固化树脂。SLA 技术要求快速准确,对制件的精度和性能要求比较严格,而且要求在成形过程中便于操作。其性能要求较特殊,一般包括以下几个方面:固化前树脂的黏度、光敏性能,固化后材料的精度及力学性能。所以 SLA 用树脂材料必须具有下列特征。

1）固化前性能稳定

便于运输、储存，基本无暗反应发生。

用于 SLA 的光敏树脂通常注入树脂槽中而不再取出，以后随着不断的使用消耗往里补加，所以一般树脂的使用时间都很长，故要求树脂在通常情况下不会发生热聚合，对可见光也应有较高的稳定性，以保证长时间的成形过程中树脂的性能稳定。

2）黏度小

SLA 技术的制造过程是一层层叠加。当完成一层的制作时，液体表面张力的作用使得树脂很难自动覆盖固化层的表面，所以做完一层后需要使用自动刮板将树脂液面刮平涂覆一次，等液面稳定后才能进行扫描，否则制件会产生缺陷。所以树脂的黏度就成为一个重要的性能指标，在其他性能不变的情况下，树脂的黏度越小越好，这样不仅可以缩短制作时间，还便于树脂的加料及废液的清理。

3）固化收缩小

SLA 技术的主要问题就是制造精度问题。成形时的收缩不仅会降低制件的精度，而且还会导致制件翘曲、变形、开裂等，严重时会使制件在成形过程中被刮板移动，使成形完全失败。所以用于 SLA 的树脂应尽量选用收缩率较低的材料。

4）一次固化程度高

有些 SLA 材料在制成制件后还不能直接应用，需要在紫外曝光箱中进行后固化，但在后固化过程中不可能保证各个方向和各个面所接受的光强度完全一样，这样的结果是制件产生整体的变形，严重影响制件的精度。所以用于 SLA 的树脂材料应具有一次固化程度高的特点。

5）溶胀小

在成形过程中，固化产物浸润在液态树脂中，如果固化产物发生溶胀，不仅会使制件失去强度，还使固化部分发生肿胀，产生溢出现象，严重影响精度。成形后的制件表面有较多的未固化树脂需要用溶剂清洗，洗涤时希望只清除未固化部分，而对制件的表面不产生影响，所以希望固化产物有较好的耐溶剂性能。

6）光固化速度快，对 355 nm 处的光有较大的吸收速度和响应速度

SLA 技术一般都用紫外激光器，激光的能量集中能保证成形具有较高的精度，但激光的扫描速度很快，一般大于 1 m/s，所以光作用于树脂的时间极短，树脂只有对该波段的光有较大的吸收速度和响应速度，才能迅速固化。

7）半成品强度高

树脂材料的半成品强度高，可保证制件在后固化过程中不发生变形、膨胀，不出现气泡及层分离。

8）固化产物具有较好的力学性能

固化产物应具有较高的断裂强度、抗冲击强度、硬度和韧度，耐化学试剂，易于洗涤和干燥，并具有良好的热稳定性。精度和强度是快速成形的两个重要指标，快速成形制件的强度普遍不高，特别是 SLA 材料成形的制件，以前一般都较脆，难以满足当作功能件的要求，但近年来一些公司也推出了韧度较高的材料。

9）毒性小

应尽量避免使用有毒的低聚物、单体和光引发剂，以保障操作人员的健康，同时避免环境污染。未来的快速成形可以在办公室中完成，因此设计配方时更要考虑这一点。

应用于 SLA 技术的光敏树脂大致可分为三代。

早期第一代商品化的 SLA 材料都是以丙烯酸酯或聚氨酯丙烯酸酯等作为预聚物的自由基型光敏树脂，其反应机理是通过加成反应将双键转化为共价键单键。如 Ciba-Geigy Cibatool 研发的 5081、5131、5149，以及 Du Pont 公司的 2100、2110、3100、3110 等。此类树脂具有价格低廉、黏度大、固化速度快等优势，但其表层有氧阻聚且固化收缩大，制件翘曲变形明显，尤其对于具有大平面结构的零件，制作精度不是很高。

为改善丙烯酸酯树脂收缩较大的缺点，有研究者在丙烯酸酯树脂中加入各种填料来减小收缩。G. Zak 等用玻璃纤维处理树脂，既改善了树脂的收缩性，又增强了材料的力学性能，但其缺点是树脂黏度过大，造成施工困难，而且使材料脆性增加。P. Karrer 等采用多孔性聚苯乙烯和石英粉对树脂进行改性处理，当填充料达到 40％时，树脂收缩量从 8％下降到 2％左右，但其缺点是使树脂黏度过大而对操作极为不利。西安交通大学也做了大量的实验，用树脂本体高分子微细粉进行改性处理，高分子微细粉的加入量以不引起树脂黏度增加过大为前提，也使树脂收缩情况有较大改善。

第二代商品化的 SLA 材料多为基于环氧树脂（或乙烯基醚）的光敏树脂，与第一代树脂相比，其黏度较小，固化收缩较小，制件翘曲程度低、精度高，时效性好。

第三代商品化的 SLA 材料是随着 SLA 技术的发展而诞生的。用该种树脂做出来的零件具有特殊的性能，如极好的力学性能、光学性能等，在 SLA 成形设备上制造的制件可直接作为功能件使用。

2.2.2 光敏树脂材料特性及其 SLA 成形性

1. 光敏树脂的特性参数

不同的光敏树脂材料在光固化时性能有所差异，即树脂的光敏性不同。光敏树脂的光敏性可以用临界曝光量 E_c 和透射深度 D_p 两个特性参数来表征。光敏树脂的临界曝光量指树脂在紫外光照射下发生光聚合产生凝胶时，树脂液层需要获得的最低能量。光敏树脂的透射深度 D_p 指树脂中紫外光曝光量衰减到入射曝光量 E_0 的 1/e 时的透射深度，是衡量光敏树脂吸收紫外光能量强弱的性能指标。

根据聚合反应动力学可知，光引发剂质量分数是比较重要的参数，同时它与上述光敏树脂的特性参数有直接关联。在光敏树脂中，光引发剂质量分数很低，一般在体系总质量的5％以下。因此，可以将光敏树脂看成光引发剂的稀溶液。当紫外光照射光敏树脂时，光敏树脂对紫外光的吸收符合 Lambert-Beer 规则，即

$$E(z) = E_0 \exp(-\varepsilon[I]z) \tag{2-1}$$

式中：$E(z)$ 是深度 z 处的曝光量；E_0 是紫外光的入射曝光量；ε 是光引发剂的摩尔消光系数；$[I]$ 是光引发剂质量分数。

当深度 z 为成形时的最大层厚 d 时，则有

$$E(d) = E_0 \exp(-\varepsilon[I]d) = E_c \tag{2-2}$$

这里，紫外光到达树脂深度 d 处时，紫外光的能量已经衰减到不足以继续固化深度大于

d 处的树脂,即衰减到产生凝胶时的最小曝光量,因此在树脂深度 d 处的曝光量等于临界曝光量。

将式(2-2)进行数学变换,则可以得到

$$\ln\left(\frac{E_0}{E_c}\right) = \varepsilon[I]d \tag{2-3}$$

$$d = \frac{1}{\varepsilon[I]}\ln\left(\frac{E_0}{E_c}\right) \tag{2-4}$$

根据式(2-4)的结果,可以看出光敏树脂的实际固化深度由摩尔消光系数、光引发剂质量分数、紫外光的入射曝光量和临界曝光量决定。

另外,根据光敏树脂的透射深度 D_p 的定义,有

$$E(z) = E_0\exp\left(-\frac{z}{D_p}\right) \tag{2-5}$$

把式(2-1)与式(2-5)进行比较,可得出

$$D_p = \frac{1}{\varepsilon[I]} \tag{2-6}$$

从式(2-6)知,光敏树脂的透射深度 D_p 与光引发剂质量分数成反比。从式(2-4)知,E_c 与光引发剂质量分数也有数学关系。所以,在研究 3D 打印材料时可以通过改变光敏树脂中光引发剂的质量分数来改变树脂特性参数。

对于光敏树脂而言,树脂特性参数 E_c 越小,说明树脂的光敏性越好;D_p 越大,说明树脂对紫外光的吸收越弱。在 3D 打印成形过程中,较小的 D_p 是有利于提高成形精度的。较小的 D_p 说明树脂中光引发剂吸收的紫外光能量较多,固化速率较大,并且固化所得到的层片较薄。但是,这并不意味着 D_p 越小越好。如果 D_p 太小,一方面,光引发剂的浓度较大,树脂成本较高;另一方面,在同样功率的紫外光照射下,要固化规定层厚的树脂薄层时,就必须增加紫外光的入射能量,因此要降低紫外光的扫描速度,这样就会降低成形效率。所以,研制光敏树脂时,必须结合 3D 打印快速成形设备的特点及成形工艺要求,调整光敏树脂中有关成分的含量,获得合理的树脂特性参数 E_c 和 D_p。

2. 紫外光源的特性参数

光固化中最常用的辐射源是紫外(UV)光源。UV 灯是 UV 光源的核心部分,因此,UV 灯的合理选择十分重要。UV 灯有多种类型可供选择,在选择 UV 灯时,主要从技术方面的要求来考虑,同时也要兼顾成本方面的要求。从技术的角度来看,要从影响光敏树脂材料固化速度和效率的两个重要因素着手,即输出光谱和光强。如果光强不稳定,就用曝光量来衡量。

1) 输出光谱

输出光谱即在 UV 灯发射的波长范围内,每个波长对应的光强度。当输出光谱与光引发剂所需的吸收光谱保持一致时,UV 固化的效率最高。一般通过调整 UV 灯管中的材料(即填充物)、压力等因素,得到在不同波长高强度输出光谱的分布规律。由于不同的固化系统往往需要特定波长的吸收光谱,对于给定的光敏树脂,考虑 UV 灯的匹配性是十分重要的。3D 打印使用的光源是金属卤化物灯,它在普通汞灯灯管中加入少量的金属卤化物,使其发射光谱发生变化,改善了普通高压汞灯的辐射效率。3D 打印实验样机的 UV 灯为金属卤化物灯,主发射波长范围为 $36\sim390$ nm,最强发射谱线为 365 nm,约占总输出能量的 40%。

2）光强

光强是光化学研究和光固化应用中表征光源的重要参数。UV 灯的光强定义为 UV 灯的整个输出功率，也被称为功率密度谱，指 UV 灯在整个电磁光谱范围内的输出强度总和。通常，UV 灯光强大小将影响光敏树脂的固化速度，因为 UV 灯光强大小将影响 UV 光到达光敏树脂表面的实际光强大小，而实际光强是诱发光敏树脂发生化学反应从而固化的直接原因。因此，这里 UV 灯的光强和光敏树脂表面接收的实际光强是两个概念。而在 3D 打印快速成形领域中提到的光强，指在特定紫外光波长范围内，到达光敏树脂表面的光强总和。

测定光强的仪器称为照度计，采用光电管将光能转化为电能后，测定电流值可得到光强大小的相对值，通过校正即得到光强值，一般单位为 W/cm²。由于光电管所用的光电材料（即探头）的光谱灵敏区有限制，因此所测得的光强只是该光谱灵敏区范围内的值。

3）曝光量

曝光量是光强在时间上的积分，在光强不随时间变化的情况下，曝光量等于光强和曝光时间的乘积。此时只使用照度计测得光强，就很容易求得曝光量。但在光强不稳定的情况下，就必须使用曝光量测定仪，它可测定指定光谱区域的曝光量。一般曝光量测定仪可以同时显示光强和曝光量。

4）光强损耗

一般而言，电极高压汞蒸气灯的输出光强随着使用时间的增加而逐渐降低。例如，高压汞灯使用 1000 h 后，该灯的输出光强将下降 15%～25%。这种损耗的发生很缓慢且不容易被察觉，因此对光敏树脂表面实际接收的光强的定期监测就显得非常重要。

3. 光敏树脂的固化特性

1）光敏树脂的固化形状

UV 固化中最常用的辐射源为 UV 灯管。SLA 技术的高精度要求决定了最适宜的光源为激光器——激光的单一性使其可以将光斑聚集得非常小。

在 SLA 光敏树脂的成形过程中，影响光聚合反应的因素很多，如材料本身的组成（尤其是引发体系的种类与用量）、曝光量、温度等。在这些因素之中，照射到材料上的激光光强即曝光量是影响材料固化行为的最大因素。激光束光强沿光斑半径方向呈高斯分布状态（见图 2-20），I 表示单位面积上的光强，I_0 表示光束中心部分的光强。沿 Z 轴方向即光束的轴线方向，为光强的空间分布。取直角坐标系 X-Y 平面垂直于光束轴线，则光强在 X-Y 平面内的分布可表示如下：

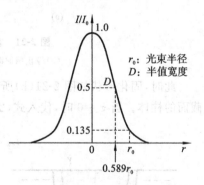

r_0：光束半径
D：半值宽度

图 2-20 光强的高斯分布曲线

$$I(x,y) = \frac{2P_t}{\pi r_0^2}\exp\left(-\frac{2r^2}{r_0^2}\right) \tag{2-7}$$

式中：P_t 为激光总功率；r 是距光轴原点(x_0,y_0)的距离，且

$$r = \sqrt{(x-x_0)^2 + (y-y_0)^2} \tag{2-8}$$

r_0 是激光束中心光强为 $1/e^2$（约 13.5%）处的半径。研究表明，光波在树脂中的传递遵循 Lambert-Beer 定理，因此，当激光束垂直照射在树脂液面时，设液面为 Z 轴的原点所在平面，激光强度 $I(x,y,z)$ 沿树脂的深度方向 Z 分布，光强 I 沿 Z 向衰减，即得

$$I(x,y,z) = \frac{2P_\mathrm{t}}{\pi r_0^2}\exp\left(-\frac{2r^2}{r_0^2}\right)\exp\left(-\frac{z}{D_\mathrm{p}}\right) \tag{2-9}$$

式中：D_p 是激光在树脂中的透射深度。

照射在树脂上的激光束处于静止状态时,该处树脂的曝光量 E 是时间 τ 的函数,可表示为

$$E(x,y,z) = I(x,y,z) \cdot \tau \tag{2-10}$$

此时树脂光固化的形状呈旋转抛物面状,如图 2-21(a)所示。

光固化成形时激光束是按一定的速度扫描的,当其沿 X 轴方向以速度 v 扫描时,在某时刻 t 树脂中某点的光强可以表示为 $I(x-vt,y,z)$。当扫描范围为 $-\infty < x < +\infty$ 时,树脂各部分的曝光量为

$$E(x,y,z) = \int_{-\infty}^{+\infty} I(x-vt,y,z)\mathrm{d}t = \left(\sqrt{\frac{2}{\pi}} \cdot \frac{P_\mathrm{t}}{r_0 v}\right)\exp\left(-\frac{2y^2}{r_0^2}\right)\exp\left(-\frac{z}{D_\mathrm{p}}\right) \tag{2-11}$$

当 $E = E_\mathrm{c}$（临界曝光量）时树脂开始固化;在 $E \geqslant E_\mathrm{c}$, $z \geqslant 0$ 的空间范围内固化成形时,式(2-11)可转化为

$$2y^2 r_0^2 + \frac{z}{D_\mathrm{p}} = \ln\left(\sqrt{\frac{2}{\pi}} \cdot \frac{P_\mathrm{t}}{r_0 v E_\mathrm{c}}\right) \tag{2-12}$$

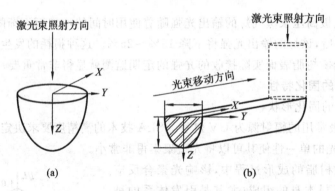

图 2-21 树脂被激光束照射形成的固化形状

(a)静止照射时的固化形状；(b)移动照射时的固化形状

此时,固化形状如图 2-21(b)所示,其中 Y-Z 平面是关于 Z 轴的抛物面,沿 X 方向是等截面的柱体。当 $z=0$ 时,代入式(2-12)中,求出 y 值,得到单根扫描线的固化宽度 L_w:

$$L_\mathrm{w} = 2r_0\sqrt{\frac{P_\mathrm{t}}{r_0 v E_\mathrm{c}}\ln\left(\sqrt{\frac{2}{\pi}}\right)} \tag{2-13}$$

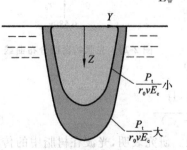

图 2-22 固化因子及尺寸

如图 2-22 所示,单根扫描线截面的形状和尺寸由激光总功率 P_t、激光光斑半径 r_0、扫描速度 v 和临界曝光量 E_c 决定。

图 2-23 所示为单根扫描线分别沿水平方向和垂直方向(重叠)扫描的成形过程,使多个固化扫描单元相互黏结而形成一个整体的形状。以上分析均得到了实验证实。

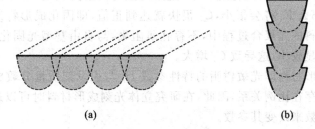

图 2-23 光固化成形过程

(a)水平方向扫描成形；(b)垂直方向(叠层)扫描成形

2) 光敏树脂的光固化曲线

SLA 光敏树脂最重要的两个指标是它的光敏性和使其发生光聚合反应产生凝胶时的最低能量 E_c（即临界曝光量）。而树脂的光敏性与成形时的树脂固化的透射深度 D_p 密切相关，因此在 SLA 材料成形时，D_p 是一个非常重要的参数。

(1) 光敏树脂的光固化曲线。

虽然不同的光敏树脂具有不同的特性参数，但是，同一种光敏树脂的临界曝光量和透射深度之间存在着必然的联系，可用光固化方程描述。

当一束均匀的激光从液面上方垂直照射到液态树脂上时，在树脂液面下某一深度 z 处曝光量为 E，则

$$E(z) = E_0 \exp\left(-\frac{z}{D_p}\right) \tag{2-14}$$

式中：E_0 为液面处的曝光量。

在以丙烯酸酯类树脂为典型代表的自由基型光固化树脂的固化过程中，存在氧阻聚作用，即光引发剂在光的照射下发生分解所产生的自由基一开始被溶解在树脂中的氧消耗掉了，致使光聚合反应不能发生。但是当 E 超过某个值后，引发剂分解产生的自由基足以完全消耗树脂中的氧，这时开始出现光聚合反应，该临界值即 E_c，则在一定的深度范围内产生固化。当 $E(z) \geqslant E_0$ 时，固化深度为

$$z \leqslant D_p \ln\left(\frac{E_0}{E_c}\right) \tag{2-15}$$

式(2-15)左边的 z 为固化深度，设其值为 C_d，则

$$C_d = D_p \ln\left(\frac{E_0}{E_c}\right) \tag{2-16}$$

以 C_d 对 $\ln E_0$ 作图，得到斜率为 D_p 的直线。该直线即光固化曲线。该曲线的斜率因树脂的种类而异，它在一定程度上反映了树脂的激光光固化性能。

(2) 光敏树脂的树脂参数。

SLA 树脂光固化曲线的斜率 D_p 及由该直线而求得的截距 E_c，即光敏树脂的树脂参数，它们对于确定 SLA 成形设备的工艺参数，保证 SLA 技术较高的成形效率及成形精度具有重要的意义。

将式(2-16)改写为

$$C_d = D_p \ln E_0 - D_p \ln E_c \tag{2-17}$$

式中等号右边第二项反映的是树脂固化过程中的阻聚因素。当 C_d 为正值的时候，固化开

始。在自由基型 SLA 材料的固化过程中,阻聚的主要因素为氧气,所以如果在固化过程中避免氧阻聚的话,那么 E_c 将会很小,C_d 很快就达到正值,即固化成形将迅速开始。在阳离子型光固化成形材料的光聚合过程中,不存在氧阻聚,与自由基型光固化情况相比,式中等号右边第二项将明显较小,这导致 C_d 增大。

由于光固化成形材料即光敏树脂的特性参数 D_p 与引发剂质量分数成反比,且 E_c 与光引发剂质量分数也存在比例关系,因此,在研究立体光刻成形材料时可以通过改变光敏树脂中引发剂的质量分数来改变其参数。

SLA 光敏树脂的 D_p 是衡量光敏树脂吸收紫外光能量性能强弱的指标,指的是树脂中紫外激光能量密度衰减为入射能量密度 E_0 的 $1/e$ 时激光的透射深度。对于某一确定的光敏树脂,树脂参数 D_p 越大,表明该树脂对紫外光的吸收越弱。在 SLA 成形过程中,从制件精度要求出发,较小的 D_p 是有利的。因为较小的 D_p 意味着树脂在激光照射下固化所得到的层片较薄。但是,这并不意味着 D_p 越小越好,如果 D_p 太小,那么在同样功率的激光照射下,要固化规定层厚的薄片时就必须降低激光扫描速度,这样就会降低成形效率,而且,为了保证成形过程中树脂固化后层与层之间的黏结,固化深度必须大于分层厚度 d ,即

$$D_p = d + h_0 \tag{2-18}$$

式中: h_0 称为过固化深度。D_p 越小,就必然要求 d 也越小,而树脂黏度决定了分层厚度减小的幅度,并且分层厚度小到一定程度后,不但会降低成形效率,而且将使得成形过程中树脂液面的精度难以控制,或引起制件较大的内应力甚至导致层间剥离,制件制作失败。所以,研制 SLA 光敏树脂时,必须结合 SLA 设备特点及成形工艺要求,通过调整树脂配方中有关成分的用量来精确控制树脂参数 D_p。

（3）光敏树脂参数的确定。

从上文分析可知,只要测得一系列的固化深度和曝光量,即可求得 D_p 和 C_d 。具体测定方法:将一定量的光敏树脂置于一个直径为 20 cm 的培养皿中,准确测定激光光斑照射在液体树脂表面的功率,然后以一系列扫描速度在树脂自由表面扫描固化得到一系列均为一个分层厚度的薄片。用镊子将薄片小心夹出并用异丙醇清洗干净,用千分尺准确测量其厚度 d 。在该实验方法中,扫描速度的选取以固化的薄片具有一定强度为准。在激光功率确定的情况下,扫描速度越大,树脂曝光量越小,固化层厚度越小,当厚度太小时,将因强度不够而影响薄片厚度测量的精度。

激光扫描时,照射在树脂液面的能量为 E_0 ,则

$$E_0 = \frac{P}{vD} \tag{2-19}$$

式中: P 表示照射在液体树脂表面的激光功率; v 表示扫描速度; D 表示扫描间距。

根据所测一系列薄片的厚度 d 及由式(2-19)求得对应的 E_0 值,以 d 对 $\ln E_0$ 作图,用最小二乘法求出拟合直线的斜率和在 X 轴的截距,便得到树脂的固化深度 D_p 及临界曝光量 E_c 。

4. 光敏树脂材料的固化收缩表征

1）光敏树脂固化收缩

在前面已讲述光敏树脂材料固化收缩的原因,这里主要对光敏树脂固化收缩的表征进行探讨,主要测定线收缩率和体积收缩率。

（1）体积收缩率的测定。

利用比重瓶法在 25 ℃下测定树脂体系固化前的密度 ρ_1 及其完全固化后的密度 ρ_2 ,从而得到体系的体积收缩率 C_V :

$$C_V = \frac{\rho_2 - \rho_1}{\rho_2} \times 100\% \tag{2-20}$$

（2）线收缩率的测定。

将一定量的树脂倒入尺寸为 $l_0 \times w_0 \times h_0$（长×宽×高）的模具中，放入自制曝光箱中，待其完全固化后，测出其长度方向的实际尺寸 l，线收缩率 C_L 为

$$C_L = \frac{l_0 - l}{l_0} \times 100\% \tag{2-21}$$

2）光固化制件翘曲变形的形成机理

（1）制件翘曲变形的形成机理。

图 2-24 单根扫描线收缩模型

从前面的讨论可知，光敏树脂固化收缩的根本原因是分子之间的聚合反应，这是不可避免的，而这一现象直接导致了翘曲变形的发生。翘曲变形的方向有两个，一个是水平方向，一个是垂直方向，如图 2-24 所示。

当紫外激光扫描到液面时，树脂受激光激发产生固化反应，这种反应的完成需要一定的时间。在这段时间内，分子间距离由液态时的范德华力作用距离变化到共价键距离，收缩产生。由于扫描线周围充满了液态树脂，扫描线收缩的部分得到了充分的补充，因此在扫描线方向上尺寸不会发生变化。在该扫描线的平面内，因为收缩以扫描方向呈对称分布，扫描线不会发生变形，故此时沿垂直方向的变形也可以忽略。

图 2-25 所示是紫外激光在 X-Y 平面以一个确定的顺序扫描时的变形模型示意图。平面扫描过程中，该层面由若干固化扫描线固化而成，相邻的两根固化线条相互嵌入成为一体。从上述单根扫描线的收缩模型知道，扫描第一根固化线的时候，该固化线虽然有收缩，但是由于该固化单元漂浮于液面上，没有受到外界的约束，所以没有发生变形。当扫描第二根固化线的时候，该固化线产生收缩，同时因为该固化线有部分嵌入第一根固化线，其收缩受到了第一根固化线的约束，产生了变形，变形方向同扫描顺序一致。之后的第三根固化线同样受到来自前面固化体的约束而产生变形。但随着扫描的进行，当前端的固化体的强度足以抵抗单根固化线的收缩变形的时候，该固化线不会发生明显的变形，如图 2-25(c)所示。

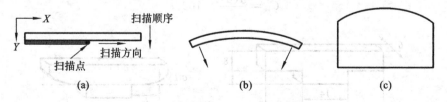

图 2-25 平面扫描变形模型示意图

(a)水平方向扫描；(b)扫描时变形情况；(c)扫描后变形情况

垂直方向的变形与水平面内的变形具有相似性，都是由树脂的体积收缩引起的，但垂直方向的变形单元是每一个层面。光固化成形方式要求制件的层与层之间必须固化连接。垂直方向的变形最典型的是悬臂梁翘曲变形，如图 2-26 所示。

图 2-26(a)所示为制件的悬臂端第一层最初生于液体树脂之上，因其底部没有支撑，故在固化过程中可以自由收缩而不受力的约束，不表现出翘曲变形。

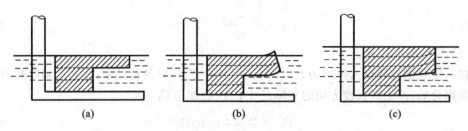

图 2-26　垂直方向悬臂梁的翘曲变形模型

如图 2-26(b)所示,当扫描固化第二层的时候,该层累加在第一层之上,两层之间有部分嵌入而固化成一体,因此第二层不能自由收缩。由此对第一层产生一个向上的拉应力作用,导致翘曲变形的发生。

如图 2-26(c)所示,随着固化层的多次叠加,出现自身相互交错反应的影响,并且由于固化成形有自校正的效应,翘曲变形逐渐消失。

在一般的情况下,不管制件中有无悬臂特征的存在,导致翘曲变形的收缩应力都会存在,最终表现为翘曲变形。

在极端的情况下,因收缩应力引起的翘曲变形会损坏制件与升降台之间的连接,引起制件内部开裂或者导致刮板与制件碰撞而使成形过程终止。

(2) 制件翘曲变形的表征。

SLA 制件在成形过程中的翘曲变形与树脂本身的特性密切相关,树脂固化收缩产生的应力是制件在成形过程中发生翘曲变形的最主要因素,但目前还不能建立 SLA 光敏树脂的固化体积收缩率与 SLA 制件翘曲变形程度之间的严格定量关系,因此,必须用另外的参数来评价光敏树脂的固化翘曲变形。因为悬臂梁的翘曲变形在 SLA 技术中是最为典型的情况,所以人们想出了用翘曲因子 C_f 来表征光敏树脂在 SLA 成形过程中翘曲变形程度的方法。一般来说,不同的光敏树脂具有不同的翘曲因子,这一因子可以通过以下实验确定。

如图 2-27 所示,该实验选用了一个具有双悬臂梁结构的制件作为测试件。实验中翘曲变形率定义为,在垂直悬臂方向的悬臂端位移 $\sigma(L)$ 与悬臂端长度 L 的比值,L 从悬臂端根部算起。为了方便起见,该值用百分数表示。其中翘曲因子定义为离悬臂端根部距离为 6 mm 处的翘曲变形率,即

$$C_f = \frac{\sigma(6)}{6} \times 100\% \tag{2-22}$$

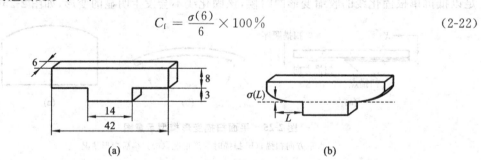

图 2-27　测试翘曲因子

2.2.3　改性光固化成形材料

光固化成形材料具有固化速度快、环境污染小、利用率高、成形周期短等优点,但目前仍

有很多不足之处,有待进一步的研究,如成形件透明性差、表面质量不好、硬度低、韧性差、耐热性不好,这些缺陷造成固化成形件不能直接作为功能件使用,从而大大缩小了它的应用范围。科研人员试图通过改变材料的配方组成来提高它的各种性能,但这往往是以降低一种性能为代价来提高另一种性能。因此要使强度、韧性、耐热性同时提高,传统的办法很难实现,开发新的材料和工艺具有重要意义。

1. 纳米 SiO_2 改性光固化成形材料

我们尝试了一种新的改性方法,即用纳米微粒改性高分子基体来提高成形材料的各种性能。利用纳米微粒及层状纳米材料取代普通无机填料与高分子基体复合,鉴于纳米材料的超微尺寸、表面良好的反应性,将其以适当的方式加入高分子材料中,对基体树脂材料的微结构会产生较大影响,如果加工工艺和选材得当,可以在添加少量纳米材料的情况下大幅度提高材料的硬度、韧性、刚度等力学性能。

1) 纳米 SiO_2 表面改性

SiO_2 因其优越的稳定性、补强性、增稠性和触变性等一直是树脂、塑料、涂料等制品的重要填料之一。纳米 SiO_2 与普通 SiO_2 粒子相比,表面缺陷、非配位原子多,与高分子发生物理或化学结合的可能性大,可增强粒子与高分子基体的界面结合,提高高分子承担载荷的能力,可对高分子起到增强、增韧的作用;由于纳米颗粒小,在高温下具有高强度、高韧性、高稳定性的特点,加入它还可提高高分子的热稳定性。然而,其粒子具有极大的比表面积和较高的表面能,极易发生团聚,形成二次或多次粒子,从而失去超细颗粒所具有的功能;另外高表面能的无机粒子,与表面能比较低的有机物的亲和性较差,二者在相互混合时不能相容,空气中的水分进入其空隙就会引起界面处高聚物的降解、脆化。因此,当无机粒子与有机物进行复合时,表面改性变得十分重要。对纳米 SiO_2 进行改性,一是降低其表面极性,使其与整个树脂体系相适应,增强其在体系中的相容性;二是添加改性剂使其颗粒周围形成一层包覆膜,降低颗粒表面能,产生空间位阻,阻止其絮凝。

纳米 SiO_2 的表面改性研究较多,使用的偶联剂种类也很多,如 Vrancken 等用氨基丙基三乙氧基硅烷、氨基丙基二乙氧基甲基硅烷、N-氨基乙基、氨基丙基三甲氧基硅烷改性纳米 SiO_2;Poncet-Legrand 等用六甲基二硅烷、二甲基十二烷基氯硅烷、十八烷基三氯硅烷改性纳米 SiO_2;Yoshinaga 等用马来酸酐-苯乙烯共聚物接枝的三甲氧基硅烷包覆在纳米 SiO_2 表面,也使其疏水性有很大提高。总之,偶联剂种类很多,应根据高分子基体的结构选择。醇酯化改性 SiO_2 研究较早,也较成熟,使用的醇大多为伯醇。Hiroshi 等研究了醇与 SiO_2 作用机理,发现二者反应时 SiO_2 脱掉表面羟基,醇脱氢。Gabriel 等将表面经辛醇酯化的纳米 SiO_2 再用六甲基二硅烷处理,其疏水性提高得更为显著。除了偶联剂和醇以外,还有表面活性剂、聚电解质、不饱和有机酸等改性剂,还有人用甲苯二异氰酸酯(TDI)改性纳米 SiO_2,使 SiO_2 与 TDI 的—NCO 基团反应,增加其与高聚物反应的活性。

虽然醇和酸的改性效果较偶联剂好,但在生产过程中需要回流,反应时间也较长,且存在改性剂和溶剂回收问题,而偶联剂改性 SiO_2 设备简单,时间短,操作容易,因此采用偶联剂作为为改性剂比较理想。

偶联剂是一种增强无机填料和有机高分子间亲和力的有机化合物。偶联剂分子必须具有两种基团,一种与无机物表面能进行化学反应,另一种(有机官能团)与有机物具有反应性或相容性。用偶联剂对无机填料进行物理和化学处理,可使其表面由亲水性变为亲油性,从而达到与有机高分子之间的紧密结合,改进复合材料的各种性能。在众多的偶联剂中,硅烷偶联剂是应用最多的,它不仅能提高材料的力学性能,还可以改善其电气性能、耐热性、耐水性、耐侯性等性能。

2) 偶联剂改性的反应通式

硅烷偶联剂通式为 $RSiX_3$,其中 R 为有机基团,X 为氯或烷氧基等。SiO_2 表面覆盖着相当数量的羟基,可以与 X 发生反应,使 R 基团接枝到 SiO_2 表面,增加其疏水性。其反应通式如图 2-28 所示。

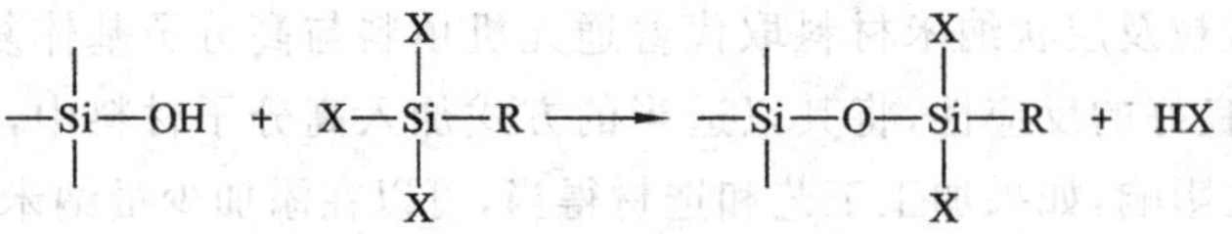

$$—Si—OH + X—\underset{\underset{X}{|}}{\overset{\overset{X}{|}}{Si}}—R \longrightarrow —Si—O—\underset{\underset{X}{|}}{\overset{\overset{X}{|}}{Si}}—R + HX$$

图 2-28 硅烷偶联剂反应通式

粉体表面处理一般可按填料质量的 $0.5\% \sim 3\%$ 取用。

钛酸酯偶联剂的通式为 $(RO)M-Ti-(OX-R'-Y)N$,其中 R 为短碳链烷基,R′ 为长碳链烷基,X 为 C、N、P、S 等元素,Y 为羟基、氨基、环氧基、双键等基团。它的亲有机部分通常为长链烃基(C12~C18),可与高分子链发生缠绕,仅以三异硬脂酰基酞酸异丙酯(TTS)为例阐明反应机理,如图 2-29 所示。

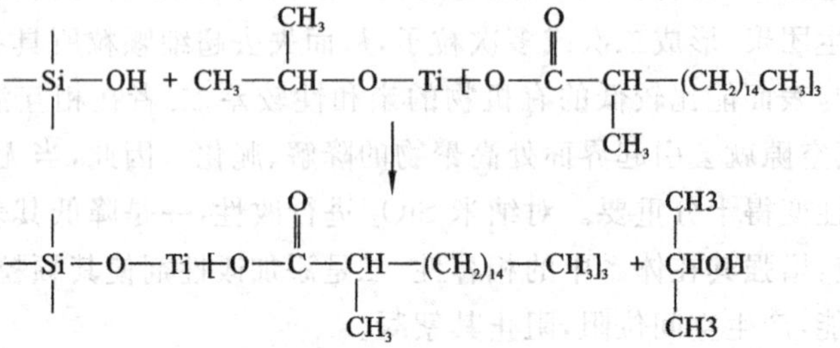

$$—Si—OH + CH_3—\overset{\overset{CH_3}{|}}{CH}—O—Ti+O—\overset{\overset{O}{\|}}{C}—\underset{\underset{CH_3}{|}}{CH}—(CH_2)_{14}CH_3]_3$$

$$\downarrow$$

$$—Si—O—Ti+O—\overset{\overset{O}{\|}}{C}—\underset{\underset{CH_3}{|}}{CH}—(CH_2)_{14}—CH_3]_3 + \underset{\underset{CH3}{|}}{\overset{\overset{CH3}{|}}{CHOH}}$$

图 2-29 TTS 反应机理

2. 增韧光敏树脂材料

SLA 光敏树脂的主要成分是环氧树脂及丙烯酸酯,而其固化产物是具有较高交联密度的三向网状结构体,主链的运动非常困难,因而 SLA 成形件的冲击强度较低,柔韧性差,且其固化产物在冷热温度急剧变化时会因形变、应力集中而开裂。鉴于 SLA 成形件的用途越来越广泛,现在的趋势是偏向功能件的应用,即成形件直接用作功能零件,这就要求 SLA 光敏树脂具有良好的韧性、抗冲击性。

改善 SLA 光敏树脂柔韧性可通过加入填料和调节光敏树脂中具有增韧效果的组分来实现。

1) 加入填料

使用填料时必须根据使用的要求对填料加以适当选择。从化学角度看,填料必须不含结合水,对 SLA 光敏树脂体系为惰性,对液体和气体无吸附性或吸附性较小。从操作角度看,填料的颗粒直径应在 $0.1~\mu m$ 以上,与树脂的亲和性要好,在树脂中的沉降性要小。填料的用量应对树脂黏度无大的影响。

（1）非活性填料。

非活性填料的添加量要根据下面的三个因素来决定：①控制树脂到一定的黏度，用量太多会使树脂黏度增加，不利于工艺的进行；②保证填料的每个颗粒都能被树脂润湿，因此填料用量不宜过多；③保证制件能符合各种性能的要求。

可选择的非活性填料有 SiO_2 微晶、硅酸盐、$Al(OH)_3$、云母或长石、高岭土等。

一般来讲，像石棉粉那样的轻质填料因体积大，用量一般在 25% 以下。随着填料密度的增加，用量亦可相应地增加，如云母粉、铝粉用量可达 200% 以上，铁粉用量可超过 300%。由此可见，填料的用量范围相当宽，究竟多少为宜，应当根据具体情况来决定。

应用到光敏树脂中的填料不宜过多，因为加入的非活性填料本身不参与化学反应，只起到物理填充的作用，过量的填料可能会使层间或者层内结合不紧，从而影响制件的力学性能。

（2）活性填料。

活性填料即可参与体系反应的物质，如活性增韧剂能与体系的环氧树脂发生反应，组成固化系统网状结构的一部分化合物。

活性填料带有活性基团，直接参加固化反应，能很大程度地改善 SLA 树脂固化制件性脆、易开裂的缺点，提高树脂的冲击强度和伸长率。一般来说，环氧树脂常用的活性增韧剂，主要是单官能团的环氧化植物油以及多官能团的热塑性聚酰胺树脂、聚硫橡胶、丁腈橡胶和聚酯树脂等。

实验以丙烯酸改性的固体环氧树脂（E-06）作为活性填料，改性后的固体双酚 A 环氧丙烯酸酯具有比原树脂更高的相对分子质量，经研磨成细小粉末（如有条件，粒径可达纳米级）后加入光敏树脂中。由于加入的固体粉末具有较大的相对分子质量，且分子链较长，因此成形后材料的收缩率会小于原材料。

2）调节光敏树脂中具有增韧效果的组分

（1）增韧性的环氧树脂。

这类环氧树脂在其分子结构里具有较长的脂肪链，因而能赋予固化物以韧性，如侧链型环氧树脂（ADK-EP_4000），如图 2-30 所示。

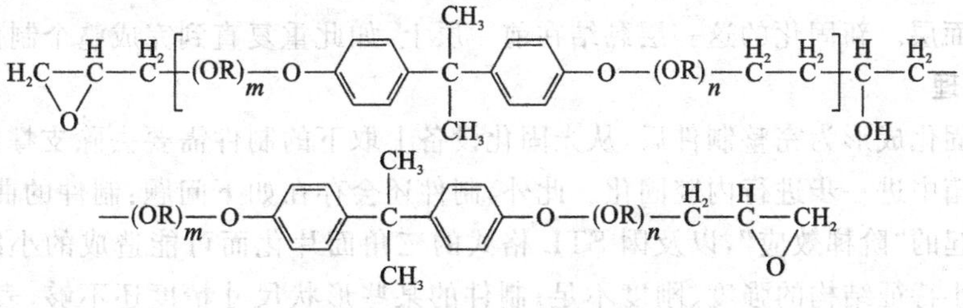

图 2-30 侧链型环氧树脂

它是一种具有良好韧性的常温固化型树脂，它与液态双酚 A 型环氧树脂一般具有较好的相容性。双酚上的侧链越长，对增加树脂固化物的韧性就越有利。

还有一种可以进行阳离子固化的脂环环氧树脂——二-(3,4-环氧环己基)己二酸酯。它具有较长的分子链，在聚合时可以改善固化物的韧性，常用来调节 SLA 光敏树脂体系的性能。其分子式如图 2-31 所示。

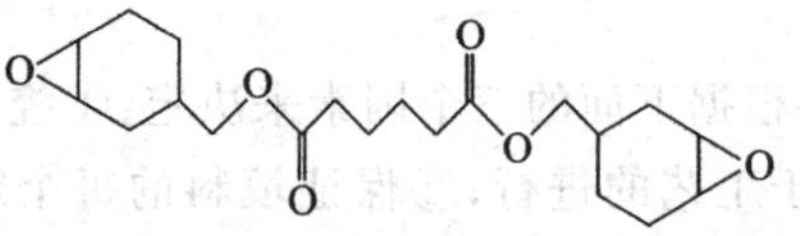

图 2-31　二-(3,4-环氧环己基)己二酸酯

（2）增韧性的多元醇化合物。

多元醇化合物也能对 SLA 光敏树脂起到一定的增韧作用。有研究以一种长链双酚 A 型环氧树脂合成了双酚 A 型环氧丙烯酸酯树脂固体，将其磨碎后，加入 SLA-01 体系中，讨论其用量对树脂各方面的影响。将此作为增韧材料 SLA-02，并成形出制件。

2.3　光固化成形工艺

2.3.1　光固化成形过程

光固化成形全过程一般包括前处理、逐层叠加成形、后处理三个主要步骤。

1. 前处理

光固化成形过程中的前处理包括零件三维模型的构造、近似处理、成形方向的选择、切片处理和生成支撑结构等步骤。

2. 逐层叠加成形

逐层叠加成形是 3D 打印的核心，是模型截面形状的制作与叠加合成的过程。光固化设备根据切片处理得到的截面形状，在计算机的控制下，可升降工作台的上表面处于树脂液面下一个截面层厚的高度（0.025～0.3 mm），激光束在 X-Y 平面内按照截面形状进行扫描，扫描过的液态树脂发生聚合固化，形成第一层固态断面形状之后，工作台再下降下一个层厚的高度，使液槽中的液态树脂流入并覆盖已固化的截面层；然后成形机控制一个特殊的涂敷板，按照设定的层厚沿 X-Y 平面平行移动，使已固化的截面层树脂覆上一层薄薄的液态树脂，该层液态树脂保持一定的厚度精度；再用激光束对该层液态树脂进行扫描固化，形成第二层固态截面层。新固化的这一层黏结在前一层上，如此重复直到完成整个制件。

3. 后处理

当树脂固化成形为完整制件后，从光固化设备上取下的制件需要去除支撑结构，并在大功率紫外灯箱中进一步进行内腔固化。此外，制件还会存在如下问题：制件的曲面上存在因分层制造引起的"阶梯效应"，以及因 STL 格式的三角面片化而可能造成的小缺陷；制件的薄壁和某些小特征结构的强度、刚度不足；制件的某些形状尺寸精度还不够，表面硬度也不够；制件表面的颜色不符合用户要求等。因此，一般都需要对制件进行适当的后处理。制件表面有明显的小缺陷需要修补时，可用热熔塑料、乳胶和细粉料调和而成的湿石膏予以填补，然后打磨、抛光和喷漆。打磨、抛光的常用工具有各种粒度的砂纸、小型电动或气动打磨机，也有喷砂打磨机。

2.3.2　光固化成形时间

成形时间主要与模型的体积、模型内树脂按一定比例的填充率以及单位时间内的固化

量等有关,可以表示为

$$成形时间 = 总层数 \times (单层的扫描时间 + 未固化层形成的时间) \tag{2-23}$$

式中:

$$总层数 = \frac{模型高度}{单层厚度} \tag{2-24}$$

$$单层的扫描时间 = \frac{截面面积 \times 扫描密度(截面内的填充率)}{扫描速度} \tag{2-25}$$

扫描速度是激光强度、树脂感光度和单层厚度的函数,并与单位时间的固化量有关。由上述可知,要缩短成形时间可以采取以下措施:

(a)调整模型的放置方式,使其高度方向尺寸减小;

(b)降低单层扫描的填充率;

(c)增强激光功率并提高扫描速度;

(d)采用低临界曝光量 E_c 的树脂并提高扫描速度;

(e)增加单层厚度,使总层数减少。

2.3.3 光固化成形制件的后处理

制件在液态树脂中成形完毕后,升降台将其提升液面后取出,并开始进行光整、打磨等后处理。后处理主要有以下几个步骤。

1. 取出制件

将薄片状的铲刀插入制件与升降台板之间,取出制件。如果制件较软,可以将制件连同升降板一起取出,进行后固化处理。

2. 后固化处理

当用激光照射成形的制件硬度不满足要求时,可以用紫外灯照射和加热的光固化方式进行后固化处理。用光固化方式进行后固化时,一般采用能透射到制件内部的长波长光源,且使用光强较弱的光源进行照射,以免由于急剧反应引起内部温度的上升。值得注意的是,随着固化过程产生的内应力、温度上升引起的软化等因素,会使制件发生变形或者出现裂纹。

3. 未固化树脂的排出

如果在制件的内部残留有未固化的树脂,则由于在后固化处理或制件储存的过程中发生暗反应,会使残留树脂固化收缩而引起制件的变形,因此从制件中排出残留的未固化树脂很重要。在三维 CAD 模型设计时预先开设一些排液的小孔,或者在成形后用钻头在适当的位置钻几个小孔,将液态树脂排出。

4. 表面清洗

将制件浸入溶剂或者超声波清洗槽中清洗掉其表面的液态树脂,如果使用的是水溶性溶剂,清洗完成后用清水洗掉表面的溶剂,再用压缩空气将水除掉,最后用蘸上溶剂的棉签除去残留在表面的液态树脂。

5. 去除支撑

用剪刀或者镊子将支撑去除,然后用锉刀和纱布进行光整。对于比较脆的树脂材料,在后固化处理后去除支撑容易损伤制件,建议在后固化处理前将支撑去除。

6. 打磨

制件表面都会有 $0.05 \sim 0.1$ mm 的层间台阶效应,会影响制件的外观和质量。因此,有必要用砂纸打磨制件的表面,去掉层间台阶,获得光滑的表面效果。

2.4 思 考 题

（扫描二维码可
查看参考答案）

1. 请简述光固化成形技术所利用的原理和基本过程。

2. 请简述光固化成形技术的具体工作过程。

3. 对于光固化成形所使用的树脂材料,有哪些要求?请简述这些要求和原因。

4. 请简述光固化成形的几个主要步骤,并对这些步骤进行简要说明。

第 3 章
熔融沉积成形高分子丝状材料成形原理

在各种高分子材料中,丝状高分子及其复合材料主要用于熔融沉积成形(FDM)技术。熔融沉积成形采用热能加热热塑性高分子材料,并从挤出头挤出熔融材料从而逐层堆积出原型件。该技术是目前商业化最成熟、应用最广泛的 3D 打印技术之一,对其成形材料进行研究具有广阔的前景和较大的价值,并受到越来越多的关注。本章内容主要包括:①熔融沉积成形原理、成形过程及其成形高分子材料概述;②熔融沉积成形过程中的支撑材料;③应用最广泛的 ABS 丝状材料及其成形特性。

3.1 熔融沉积成形的高分子丝状材料

3.1.1 熔融沉积成形原理

熔融沉积成形(fused deposition modeling,FDM)是快速成形技术中的一种典型成形方法。因具有快速、安全、廉价、易操作、无毒无味等多种优点,FDM 成形技术具有极为广阔的应用前景,它涉及机械、数控、高分子材料和计算机等。其中高分子材料在 FDM 工艺应用过程中占据着重要地位。其成形原理示意图如图 3-1 所示。

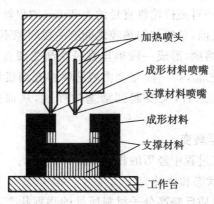

图 3-1　熔融沉积成形技术原理示意图

成形过程中,丝状(直径一般为 1.75 mm 或 3 mm)的热塑性材料通过喷头加热而融化,喷头底部带有微细喷嘴(直径一般为 0.2~0.6 mm),使材料以一定的压力喷出。同时喷头沿水平面做二维移动,而工作台沿竖直方向运动。这样挤出的材料与前一层熔接在一起,一个层面沉积完成以后,工作台按照预定的增量下降一个层厚的高度,再继续熔融沉积,直至完成整个实体造型。

3.1.2 熔融沉积成形过程

目前,应用于 FDM 工艺的材料基本上是高分子材料。成形材料一般为 ABS、石蜡,尼龙、聚碳酸酯或聚苯砜。支撑材料有两种类型:一种是剥离性支撑材料,需要手动剥离制件表面;另外一种是水溶性支撑材料,可分解于碱性水溶液中。

1. 材料成形过程分析

1) 螺杆挤出过程

挤出成形机械的核心部分为螺杆。根据塑料在挤出机中的三种物理状态的变化过程以及对螺杆各部位的工作要求,通常将螺杆分成加料段(又称固体输送段)、熔融段(又称压缩段)和均化段(又称计量段),这就是通常称谓的普通常规螺杆(又称三段式螺杆),如图 3-2 所示。

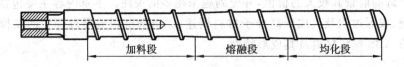

图 3-2　三段式螺杆

螺杆加料段的主要作用是对塑料进行预热、压实和输送。熔融段的作用是使塑料进一步压实和塑化,将塑料内的空气压回到加料口处排出,并改善塑料的热传导性能,这一段的螺槽应该是压缩型的。均化段的作用是使熔体进一步塑化均匀,并使塑料定量、定压地从机头流道均匀挤出。螺杆这三段的长度与结构都应该结合所用塑料的特性和所成形制品的类型来考虑。操作参数的变化将改变各种功能区的长度和位置。从理论上,希望职能区和几何段吻合,然而,实际生产中,职能区与几何段是不吻合的,尽管如此,并不影响挤出生产的进行。

2) 熔融沉积成形过程

FDM 的加料系统采用一对夹持轮将直径约为 2 mm 的单丝插入加料口,如图 3-3 所示。在温度达到单丝的软化点之前,单丝与加热腔之间有一段间隙不变的区域,称为加料段。随着单丝表面温度升高,物料熔融,形成一段单丝直径逐渐变细直到完全熔融的区域,称为熔化段。在物料被挤出模口之前,有一段完全由熔融物料充满机筒的区域,称为熔融段。在这个过程中,单丝本身既是原料,又要起到活塞的作用,从而把熔融态的材料从喷嘴中挤出。

2. 高分子材料的热力学转变

高分子材料在整个加工过程中经历的相变如图 3-4 所示。

1) 高分子材料的力学状态和热转变

用高分子材料的力学性质反映高分子材料所处的物理状态,通常用温度-形变(或模量)曲线(又称为热-力学特性曲线)来表示。这种曲线显示出形变特征与高分子材料所处的物

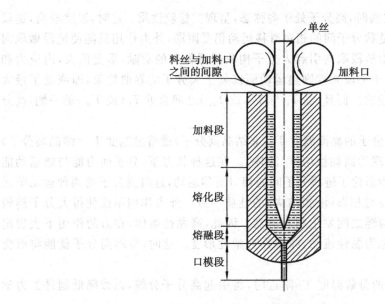

图 3-3　FDM 加料系统结构示意图

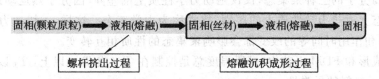

图 3-4　高分子材料在整个加工过程中经历的相变

理状态之间的关系,如图 3-5 所示。

首先,对高分子而言,引起高分子聚集态转变的主要因素是温度。

形变的发展是连续的,也说明了非结晶高分子三种聚集态的转变不是相转变。当温度低于 T_g 时,高分子处于玻璃态下,呈现为刚硬固体。此时,高分子的主价键和次价键所形成的内聚力使材料有相当大的力学强度,热运动能小,分子间作用力大,大分子单键内旋被冻结,仅有原子或基团的热振运动,外力作用尚不足以使大分子或链段做取向位移运动。因此,形变主要为键角变形,形变值小,在极限应力内形变具有可逆性,内应力和模量均大,形变和形变恢复与时间无关(瞬时的),且随温度变化很小。所以,玻璃态固体的形变属于普通弹性形变,称为普弹形变。但若温度低到一定程度,很小的外力即可使大分子链发生断裂,相应的温度为脆化温度,这就使材料失去了使用价值。

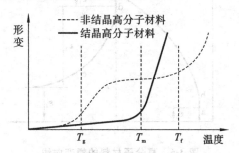

图 3-5　结晶和非结晶高分子材料的温度-形变曲线

当温度在 T_g 与 T_f 之间时,高分子处于高弹态,呈现类橡胶性质。这时,温度较高,链段运动已激化(即解冻),但链状分子间的相对滑移运动仍受阻滞,外力作用只能使链段做取向位移运动。因此,形变是由链段取向引起大分子构象舒展做出的贡献,形变值大,内应力和模量均小;除去外力后,由于链段无规则热运动而恢复了大分子的卷曲构象,即恢复了最大构象熵状态,形变仍是可逆的。而且,在 T_g 与 T_f(或 T_m)之间靠近 T_f(或 T_m)的一侧,高分子的黏性很大。

当温度达到或高于高分子的黏流温度 T_f(非结晶高分子)或熔融温度 T_m(结晶高分子)时,高分子处于黏流态,呈现为高黏性熔体(液体)。在这种状态下,分子间力能与热运动能的数量级相同,热能进一步激化了链状分子间的相对滑移运动,这时高分子的两种运动单元同时显现,使聚集态(液态)与相态(液相结构)的性质一致。外力作用不仅使得大分子链做取向舒展运动,而且使链与链之间发生相对滑动。因此,高黏性熔体,在力的作用下表现出持续不断的不可逆形变,称为黏性流动,亦常称为塑性形变。这时,冷却高分子就能将形变永久保持下来。

当温度升高到高分子的分解温度 T_d 附近时,将引起高分子分解,以致降低制件的力学性能或引起外观不良等。

非结晶高分子的三种聚集态,仅仅是动力学性质上的差异(因分子热运动形式不同),而不是物理相态上或热力学性质上的区别,故常称为力学三态。这样,一切动力学因素,如温度、力的大小和作用时间等的改变都会影响聚集态的性质相互转变。

在挤出成形和 FDM 工艺中,模段温度总是控制在 T_f(或 T_m)以上,T_d 以下。

2) 高分子材料的黏弹性

高分子材料经历了由固相到液相(熔融和流动),再从液相变为固相(冷却固化)的多次相变过程。高分子材料在不同的相变阶段会表现出不同的黏弹性行为。

根据经典的黏弹性理论,加工过程中线型高分子的总形变 $\varepsilon(t)$ 可以看成是普弹形变 ε_1、高弹形变 ε_2 和黏性形变 ε_3 三部分的综合,可表示为

$$\varepsilon(t) = \varepsilon_1 + \varepsilon_2 + \varepsilon_3 = \frac{\sigma}{E_1} + \frac{\sigma}{E_2}(1 - e^{-\frac{E_2}{\eta_2}t}) + \frac{\sigma}{\eta_3}t \qquad (3-1)$$

式中:σ 为作用外力;t 为外力作用时间;E_1、E_2 分别为高分子的普弹形变模量和高弹形变模量;η_2、η_3 分别表示高分子高弹形变和黏性形变时的黏度。图 3-6 直观地解释了高分子材料在外力作用下随时间的形变过程。

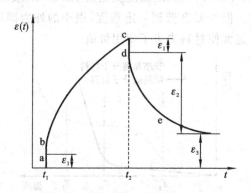

图 3-6 高分子材料的蠕变曲线

在 t_1 时刻,高分子受到外力作用产生的普弹形变如图中 ab 段所示,ε_1 很小;当到达 t_2 时

刻外力解除后,普弹形变立刻恢复(图中 cd 段)。在外力作用时间 τ($\tau = t_2 - t_1$)内,高弹形变和黏性形变如图中 bc 段所示。外力在 t_2 时刻解除后,经过一定时间,高弹形变 ε_2 完全恢复,如图中 de 段所示;而黏性形变 ε_3,则作为永久形变存留于高分子中。

在通常的加工条件下,高分子形变主要由高弹形变和黏性形变(或塑性形变)组成;从形变性质来看包括可逆形变和不可逆形变。

下面考察高分子材料的形变特征与加工温度以及时间的关系。

随着温度升高,高分子的黏度下降,即 η_2 和 η_3 都降低,从式(3-1)容易看到,这时 ε_2 和 ε_3 均增加。当加工温度高于 T_f(或 T_m)时,高分子处于黏流态,形变主要以黏性形变为主。这时,一方面高分子黏度低,流动性好,易于成形;另一方面由于黏性形变的不可逆性,制件的弹性收缩降低,制件形状和几何尺寸的稳定性提高。

值得注意的是,在式(3-1)中,随着外力作用时间 t 延长,高弹形变 ε_2 和黏性形变 ε_3 均增加,但 ε_3 随时间成比例地增加,而 ε_2 的增量逐渐减少。可见延长外力作用时间,可逆形变能部分地转变为不可逆形变,从而降低制件的收缩变形。

进一步地,高分子在加工过程中的形变都是在外力和温度共同作用下,大分子形变和重排的结果。由于高分子大分子的长链结构和大分子运动的逐步性质,高分子在受外力作用时与应力相适应的任何形变都不可能在瞬间完成。通常将高分子在一定温度下,从受外力作用开始,大分子的形变经过一系列的中间状态过渡到与外力相适应的平衡态的过程看成一个松弛时间,记为 τ。

那么,式(3-1)又可以写成:

$$\varepsilon(t) = \frac{\sigma}{E_1} + \frac{\sigma}{E_2}(1 - e^{-\frac{t}{\tau}}) + \frac{\sigma}{\eta_3}t \qquad (3-2)$$

式中:$\tau = \eta_2 / E_2$,其数值等于应力松弛到最初应力的 $1/e$(即 36.79%)时所需的时间。

由于松弛过程的存在,材料的形变必然落后于应力的变化。高分子对外力响应的这种滞后现象称为滞后效应或弹性滞后。

熔融沉积成形时,滞后效应会引起制件收缩和变形。因为细丝从喷嘴出来后骤冷,使大分子堆积得较松散,以后又进一步地进行着大分子的重排运动,使堆积逐渐紧密,以致密度增加、体积收缩。制件体积收缩的程度是随冷却速度增大而变得严重的,所以加工过程急冷(骤冷)对制件的质量通常是不利的。变形和收缩不但会引起制件的形状和几何尺寸不稳定,严重的变形或收缩不匀还会在制件中引起过大的内应力,甚至引起制件开裂。对于结晶高分子材料(如尼龙、聚丙烯),高分子逐渐形成结晶结构会引起制件体积收缩。所以选材时优先考虑非结晶高分子材料,从而排除结晶高分子材料收缩带来的影响。

在熔融沉积成形过程中,提高成形温度,延长成形材料处于熔融态时在液化管中受压挤出过程停留的时间,有利于减少材料的可逆变形,增加不可逆变形,从而降低材料在相变过程中的收缩量,提高制件的形状和几何尺寸稳定性,同时减缓熔体沉积到成形面后的冷却速度,有利于降低制件在室温条件下的体积收缩。

3.1.3　成形材料性能要求

无论是成形材料还是支撑材料,在进行 FDM 工艺之前,首先都要经过挤出机成形制成直径约为 1.8 mm 的单丝。通过以上对材料成形过程和高分子材料的热力学分析,对成形材料性能提出如下要求。

1) 材料的黏度

材料的黏度低,流动性好,阻力就小,有助于材料顺利挤出,但是流动性太好的材料将导致流涎的发生。材料的流动性差,需要很大的送丝压力才能挤出,会增加喷头的启停响应时间,从而影响成形精度。

2) 材料的熔融温度

熔融温度低可以使材料在较低温度下挤出,有利于提高喷头和整个机械系统的寿命,可以减少材料在挤出前后的温差,减少热应力,从而提高制件的精度。如果熔融温度与分解温度相隔太近,将使成形温度的控制变得极为困难。

3) 收缩率

FDM 成形材料的收缩率对温度不能太敏感,否则会使制件翘曲、开裂。选择的材料要热胀冷缩小,可以提高制件的尺寸精度,一般要求其线性收缩率小于 1%。

4) 材料的力学性能

材料的力学性能主要指强度方面。另外,丝状进料方式要求单丝具有较好的抗弯强度、抗压强度和抗拉强度,这样在驱动摩擦轮的牵引和驱动力作用下才不会发生断丝和弯折现象。材料还应具有较好的柔韧性,不会在弯曲时轻易折断。

5) 黏结性

FDM 工艺是基于分层制造的一种工艺,层与层之间往往是制件强度最薄弱的地方,黏结性决定了制件成形以后的强度。黏结性过低,有时在成形过程中热应力会造成层与层之间的开裂。

6) 材料的吸湿性

材料吸湿性高,在高温熔融时会因水分挥发而影响成形质量。所以,用于成形的材料应干燥保存。

由以上材料特性对 FDM 工艺的影响来看,FDM 对成形材料的关键要求是黏度低、熔融温度低、力学性能好、黏结性好、收缩率小。

3.1.4 FDM 用丝状高分子及其复合材料

由 FDM 的成形过程及成形原理可知,FDM 用高分子及其复合材料主要为丝状材料,它应该满足前述性能要求。目前,用于 FDM 成形的丝状材料主要包括丙烯腈-丁二烯-苯乙烯共聚物(ABS)、聚乳酸(PLA)、聚碳酸酯(PC)、聚苯砜(PPSF)、聚醚醚酮(PEEK)等。不同的材料由于其特有的性能而在不同的领域得到应用。

1. ABS 塑料

ABS 是二烯、丙烯腈和苯乙烯的共聚物,具有强度高、韧性好、耐冲击、易加工等优点,还有良好的电绝缘性能、抗腐蚀性能、耐低温性能和表面着色性能等,在家用电器、汽车行业、玩具工业等领域具有广泛的应用。ABS 因具有良好的热熔性和易挤出性,是最早应用于FDM 打印的高分子材料,具有打印过程稳定、制件强度高和韧性好的优点。但 ABS 材料遇冷收缩率大,制件易收缩变形,易发生层间剥离及翘曲等,从而限制了其应用。同时,由于ABS 打印温度高达 230 ℃ 以上,既造成材料的部分分解而产生异味,又耗能。

近年来,国内外研究者对 ABS 进行了一系列的改性研究。在国内,北京航空航天大学对短切玻璃纤维增强 ABS 复合材料进行了一系列的改性研究。加入短切玻璃纤维,能提高

ABS 的强度、硬度且显著降低 ABS 的收缩率，减小制件的变形；但同时使材料变脆。加入适量增韧剂和增容剂后，能较大幅度提高复合材料丝的韧性及力学性能，从而使制备出的短切玻璃纤维增强 ABS 复合材料适用于 FDM 工艺。北京太尔时代公司通过和国内外知名的化工产品供应商合作，于 2005 年正式推出高性能 FDM 成形材料 ABS 04。该材料具有变形小、韧性好的特点，非常适于装配测试，可直接拉丝。该材料性能和美国 Stratasys 公司的 ABS P400 成形材料性能相近，可以替代进口材料，降低用户的使用成本。聂富强公开了一种适合 3D 打印的 ABS 材料的制备方法，该方法采用连续本体法，将粉碎的聚丁二烯加入单体丙烯腈和苯乙烯的混合树脂中，再加入合适的稀释剂，加热并在特定的温度下加入引发剂，得到 ABS 树脂。该方法投资低，操作及后处理简单，制得的材料纯净，可在 230～270 ℃ 用于 FDM 成形，适用于大多数桌面型 3D 打印机。下面介绍几种基本的用于 FDM 的 ABS 改性材料。

1) ABS-plus

ABS-plus 材料是 Stratasys 公司研发的专用 3D 打印材料，其主要优点为：环境稳定性好，不会有大的收缩和吸水量；ABS-plus 的强度为标准 ABS 材料的 20%～40%，拉伸强度为 5200 psi(1 psi≈6.89 kPa)，断裂伸长率为 4%。

2) ABS-M30

ABS-M30 也是 Stratasys 公司开发出的用于 FDM 成形的 ABS 材料，相比标准的 ABS 材料，ABS-M30 有以下优点：强度比标准的 ABS 材料高 25%～70%，拉伸强度为 5200 psi，断裂伸长率为 4%；比标准 ABS 具有更高的拉伸强度、冲击强度和弯曲强度；层间结合能力更强，可用于耐持久的制件；作为一种通用型材料，成形简单，装配方便，在功能零件方面有一定的应用。

3) ABS-M30i

ABS-M30i 是一种具有生物相容性（通过 ISO1099 认证）的 3D 打印材料，广泛应用于医疗、制药及食品包装行业，其制件能通过伽马射线或环氧乙烷(EtO)进行消毒。

4) ABSi

ABSi 是一种半透明材料，是一种理想的汽车尾灯防护罩制作材料；此外，它还可以作为掺杂材料，以改善制件的力学性能和美观度。

2. 聚乳酸

聚乳酸(PLA)是一种新型的可生物降解的热塑性树脂。从可再生的植物资源中提取的淀粉经发酵而制成乳酸，再通过化学方法将之转化为聚乳酸。聚乳酸的降解产物为二氧化碳和水，是一种环境友好型材料。此外，聚乳酸还具有优良的力学性能、热塑性、成纤性、透明性等，但它也存在一些不足，比较突出的是其韧性较差，制件较脆。

近年来，国内外的学者做了不少增韧聚乳酸的研究。张向南等通过熔融共混法制备了通用注塑级聚乳酸材料，研究了刚性粒子种类、增韧剂种类和协同增韧剂等对 PLA 力学性能的影响，发现协同增韧剂较单一增韧剂对聚乳酸有更好的增韧效果。汤一文等研究了一些无机增韧剂对聚乳酸的增韧改性效果，与有机增韧剂相比，无机增韧剂不仅可以提高聚乳酸的韧性，还可以同时提高其刚度。成都新柯力化工科技有限公司提出了一种 3D 打印改性聚乳酸材料的制备方法，主要是利用低温粉碎混合反应技术对聚乳酸进行改性处理，提高了聚乳酸的韧性、冲击强度和热变形温度，使聚乳酸在 3D 打印材料中具有更加广阔的应用前景。增韧改性后的聚乳酸材料用于3D打印,打印温度在200～240 ℃,热床温度为55～80 ℃,材料收缩率小、成形产品尺寸稳定、表面光洁、不易翘曲,打印过程流畅、无异味,适合大多数FDM型3D打印机。

3. 聚碳酸酯

聚碳酸酯(PC)是分子链中含有碳酸酯基的一类高分子的总称,是一种性能优良的热塑性工程树脂,也是当前用量最大的工程塑料之一。PC几乎具备了工程塑料的全部优良特性,无味无毒、强度高、抗冲击性能好、收缩率低,此外还具备良好的阻燃特性和抗污染性等优点。将PC制成3D打印丝材,其强度比ABS高60%左右,具备超强的工程材料属性。但PC材料也存在一些不足,颜色较单一,只有白色;且PC中一般都含有双酚A,双酚A是一种致癌物质,欧盟认为其在加热时会析出而被人体吸收,影响人体的新陈代谢,尤其对婴幼儿的发育和免疫力危害更大。国内傲趣电子科技有限公司于2014年正式发布了一款食品级PC线材,该款线材采用德国拜耳公司食品级PC原料,不含双酚A,可用于3D打印。中国科学院化学研究所发明并公布了一种3D打印芳香族聚酯材料及其制备方法,该发明利用芳香族聚碳酸酯和芳族聚酯进行共混改性以提高材料的抗冲击性能,共混物经牵引拉伸成细条后,再用一定剂量的电子束辐射照射使其发生一定程度的交联,达到本体增强的目的,同时保持了良好的熔融加工性能,使芳香族聚酯在3D打印材料中具有更广阔的应用前景。此外,Stratasys公司推出了PC/ABS材料,此种适合FDM成形的复合材料结合了PC的强度与ABS材料的韧性,力学性能优良。

4. 聚苯砜

聚苯砜(PPSF)是所有热塑性材料中强度最高、耐热性最好、抗腐蚀性最强的材料,广泛用于航空航天、交通工具及医疗领域。Stratasys公司于2002年推出了适用于FDM技术的PPSF,其耐热温度为207～230 ℃,适合高温的工作环境。

5. 聚醚醚酮

聚醚醚酮(PEEK)是一种优秀的特种工程塑料,因其具有优异的耐磨性、耐化学腐蚀性以及生物相容性,而且其模量与人体骨骼相当,是理想的人工骨骼替换材料,适合长期植入人体。吴文征等公开了一种PEEK仿生人工骨的3D打印方法,利用PEEK由3D打印方法制造仿生人工骨,省去了制造模具的时间和成本,并缩短了制造周期。该技术实现了融点高、黏度大、流动性差的生物相容的结晶高分子材料PEEK人工骨的3D打印。

此外,适用于FDM成形的材料还有石蜡、尼龙、热致液晶高分子纤维、PETG(聚对苯二甲酸-1,4环己烷二甲醇酯)等。

3.2 熔融沉积成形中的支撑材料

3.2.1 熔融沉积成形支撑材料概述

根据FDM的工艺特点,系统必须对三维CAD模型做支撑处理,否则在分层制造过程中,当上层截面大于下层截面时,上层截面的多出部分将会悬空,从而使截面部分发生塌陷或变形,影响制件的成形精度,甚至不能成形。支撑的另一个重要目的,即建立基础层。在工作平台和原型的底层之间建立缓冲层,使原型制作完成后便于与工作平台剥离。此外,支撑还可以给制造过程提供一个基准面。

支撑可以用同一种材料制备,只需要一个喷头,通过控制喷头在支撑部位和制件部位的移动速度来控制材料密度,以区分制件和支撑。现在一般都采用双喷头独立加热,一个用来喷出模型材料制造制件,另一个用来喷出支撑材料制作支撑。两种材料的特性不同,制作完毕后去除支撑相当容易。目前 FDM 工艺常用的支撑材料有可剥离性支撑材料和水溶性支撑材料两种。

基于 FDM 过程的特点,在成形某些特定几何形状的制件(空腔件或悬壁件)时,常常需要用到支撑材料。在成形结构简单、中空较少的制件时,使用剥离性支撑材料较为方便;水溶性支撑材料则为一体成形的装配件提供了独特的解决方案。因为水溶性支撑材料可以分解,一个装配件可以在一次机械运转中建构完成。如用 FDM 技术制造齿轮组,可不用手工劳动就能完成,并能在很短时间内分解水溶性支撑材料。用粉末烧结技术制作相同的制件,可能需要 1 h 以上的手工劳动来清除齿轮与轴柄之间的粉末。另外,在制作早期,评估装配件的设计与功能性是很重要的,有了水溶性支撑材料,整个装配件的 CAD 数据可以当作一个工件处理,也不需要手工劳动进行工件的装配。基于支撑材料在成形过程中起到的作用和成形后的去除步骤,FDM 对支撑材料也有一定的要求。

剥离性支撑材料和成形材料在收缩率和吸湿性等方面的要求一样,其他特殊方面具体说明如下。

1)能承受一定的高温

由于支撑材料要与成形材料在支撑面上接触,所以支撑材料必须能够承受成形材料的高温,在此温度下不产生分解与融化。由于 FDM 工艺挤出的丝比较细,在空气中能够比较快速地冷却,所以支撑材料能承受 100 ℃ 的温度即可。

2)力学性能

FDM 对支撑材料的力学性能要求不高:要有一定的强度,便于单丝的传送;剥离性支撑材料需要一定的脆性,便于剥离时折断,同时又需要保证单丝在驱动摩擦轮的牵引和驱动力作用下不可轻易弯折或折断。

3)流动性

由于支撑材料的成形精度要求不高,为了提高机器的扫描速度,要求支撑材料具有很好的流动性。

4)黏结性

支撑材料是加工中采取的辅助材料,在加工完毕后必须去除,所以相对成形材料而言,支撑材料的黏结性可以差一些。

5)制丝要求

FDM 所用的丝状材料直径大约为 1.8 mm,要求表面光滑、直径均匀、内部密实,无中空、表面疙瘩等缺陷,另外在性能上要求柔韧性好,所以对于剥离性支撑材料应对常温下呈脆性的原材料进行改性,提高其柔韧性。

6)剥离性

对剥离性支撑材料最为关键的性能要求,就是要保证材料能在一定的受力条件下易于剥离,可方便地从成形材料上去除,而不会损坏制件的表面精度。这样就有利于加工出具有空腔或悬臂结构的复杂制件。

对于水溶性支撑材料,除了应具有成形材料的一般性能以外,还要求遇到碱性水溶液即会溶解。它特别适合制造空心及具有微细特征的零件,解决人手不易拆除支撑的问题或因结构太脆弱而被拆破的问题,更可降低支撑接触面的粗糙度。

3.2.2 剥离性支撑材料

1. 黏结模型

在 FDM 技术中,层间的结合是依靠材料熔融后的黏结完成的。层间黏结和两种高分子之间的黏结相似,喷出的丝和上一层黏结在一起,不同的是,黏结接触面积非常小并且黏结强度有限。图 3-7 所示为 FDM 层间黏结微观模型。

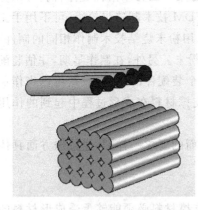

图 3-7 FDM 层间黏结微观模型

2. 黏结机理

有关两物体间实现黏结的机理有多种物理理论,其中主要有机械结合理论、吸附理论、扩散理论和静电理论。FDM 层间的黏结过程是依靠材料本身熔融后在温度势的驱动下,通过分子扩散过程实现的。

1) 扩散理论

扩散理论也称为分子渗透理论,这种理论认为,高聚物间的黏结是由分子扩散作用造成的。高分子化合物的高分子链具有柔顺性,层间分子彼此之间处在不停的热运动之中,由于长链段产生相互扩散,层间的界面消失,形成相互"交织"的牢固结合,其黏结处强度随时间的增加增至最大值。

扩散理论的基础是高分子化合物的基本特征(分子的链状结构和柔顺性,微布朗运动能力)和高分子化合物中存在极性基团。对处于玻璃态与结晶态的高分子化合物,由于相互扩散受到影响,其黏结强度较低。

2) 影响黏结强度的材料因素

黏结强度随着接触时间的延长、黏结温度的提高、黏结压力的增加、相对分子质量的降低、链柔顺性的增加,以及交联度的降低而增加。此外,庞大的短侧基团的消失也会使黏结强度得以增加。这些现象都可作为黏结过程中扩散起重要作用的例证。

相对分子质量的影响:一般讨论相对分子质量对黏结强度的影响,仅限于直链状高分子。增加相对分子质量会增加材料的自黏结强度,因而有利于得到高的黏结强度。但是,黏度增加会妨碍扩散。这样,相对分子质量对黏结强度的影响是不确定的,它取决于材料的性质。

分子结构的影响:增加链的刚度往往会使黏结强度降低,当然并非总是如此。链的刚度会增加材料的自黏结强度,但也会使黏度增加,并使扩散受到阻滞。因而,链的刚度对黏结的影响是不确定的。但在通常情况下,随着链刚度的增加,其黏结强度往往降低。对含有苯环的高分子化合物,链的柔顺性受到影响,使其不易扩散,故黏结强度往往也低。

3. 黏结过程

图 3-8 所示是 FDM 两层间黏结过程放大图,可以看到,随着时间的延长,层间分子不断

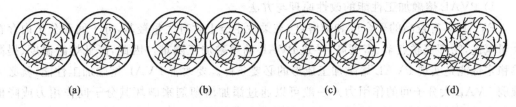

(a)	(b)	(c)	(d)

图 3-8　黏结过程

扩散,由图(a)到图(d),分子逐渐黏结为一体,最后成为零件。

图 3-9 所示是支撑材料和成形材料之间黏结的示意图,两种材料扩散后的界面层为界面 a。

当施加一定的外力时,断裂总是发生在强度较弱的部位。若断裂发生在 b(成形材料)处,则制件的表面上容易出现小凹坑;若断裂发生在 c(支撑材料)处,则制件的表面上容易留下一些毛刺。这样必须进行表面光滑处理,才能得到希望的表面粗糙度。在去除支撑时,希望断裂发生在界面 a 处。为了便于支撑材料的去除,应保证:相对于成形材料各层间,支撑材料和成形材料之间形成相对较弱的黏结力。最后,应保证支撑各层之间有一定的黏结强度,以避免脱层现象。黏结性是支撑材料开发的重点。

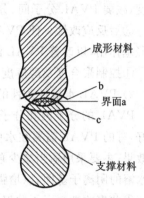

图 3-9　支撑材料和成形材料之间黏结的示意图

3.2.3　水溶性支撑材料

水溶性支撑(water works)材料是水溶性高分子材料,可分解于碱性水溶剂。不像易于剥离的支撑材料(BASS),水溶性支撑材料可以任意分布于工件深处的嵌壁式区域,或是细小特征部位,因为机械式的移除方式是可以不加考虑的。此外,水溶性支撑可以保护细小的特征部位不受到损害。在熔融沉积快速成形技术中,要移除支撑而不造成特征部位的损坏,是一项极大挑战。

目前,国内外对于水溶性支撑材料的研究还处于初步阶段。在国外,只有 Stratasys 公司开发出的丙烯酸酯共聚物,可通过超声波清洗器或碱水等使其部分溶解。在国内,华中科技大学的余梦等对丙烯酸类高分子、聚乙烯醇类高分子、甲基丙烯酸甲酯进行了初步的研究,取得了一定的进展,不过都处于实验室阶段,离正式的产品商业化生产还有一定的距离。水溶性支撑材料由于其突出的优点,将来取代剥离性支撑材料成为主流支撑材料是必然的。目前,可用于 FDM 工艺的水溶性支撑材料主要有两大类:一类是聚乙烯醇(PVAL)水溶性支撑材料,另一类是丙烯酸类(AA)共聚物水溶性支撑材料。

1. 聚乙烯醇水溶性支撑材料

聚乙烯醇(PVAL)是一种应用广泛的合成水溶性高分子材料。由于其分子链上含有大量羟基,PVAL 具有良好的水溶性,再加上其良好的力学性能和黏结性能,因此从性能要求上来讲,可以选择 PVAL 作为 FDM 的支撑材料。但由于 PVAL 的熔融温度高于其分解温度,不能进行熔融加工,因此需对其进行改性以提高熔融加工性能。另外,为了提高水溶性支撑材料的去除效率和减少能源的损耗,要求 PVAL 能在低温溶剂中快速溶解,因此还需对 PVAL 进行水溶性改性。

1) PVAL 熔融加工性能的改性原理与方法

PVAL 具有较高的聚合度和醇解度,在柔性主链上含有大量羟基,分子间和分子内存在大量氢键,物理交联点多、密度高,导致 PVAL 的熔融加工困难。因此,降低熔融温度、提高热稳定性能是实现 PVAL 熔融加工成形的必要条件。要改善 PVAL 熔融加工性能,就必须减弱 PVAL 大分子间的作用力。一般可以通过添加增塑剂来破坏其分子间作用力或降低羟基含量、增加羟基间距来改善 PVAL 的熔融加工性能。常用的改性方法有:

①共混改性。通过添加增塑剂来降低分子间作用力,从而降低熔融温度,改善熔融加工性能。

②共聚改性。通过与其他单体共聚引入共聚组分,改变 PVAL 分子链的化学结构和规整度,减弱 PVAL 分子间、分子内的羟基作用,以改善其熔融加工性能。

③后反应改性。使 PVAL 部分羟基发生化学反应,引入其他基团,减弱分子内、分子间的羟基作用,以改善 PVAL 的熔融加工性能。

④控制聚合度及醇解度。聚合度越小,醇解度越低,其熔融温度越低。

2) PVAL 水溶性改性的原理与方法

PVAL 的分子内和分子间都存在氢键,所以 PVAL 虽然具有水溶性,但溶解性并不是很好,有的 PVAL 需要在水中加热搅拌数小时才溶解。为了使 PVAL 类材料具有低温速溶的效果,主要采用适当减少羟基或增加分子间距两种手段,向 PVAL 分子链中引入具有可以水溶的阴离子基团,以增强其溶解性。常用的改性方法有:

①共聚改性。引入共聚组分,改变 PVAL 分子链的化学结构和规整度,减弱分子间、分子内的羟基作用,可大大提高其水溶性。

②后反应改性。用聚合度和醇解度一定的 PVAL 与甲基丙烯酸(MA)系化合物在碱性条件下进行迈克尔加成反应,充分反应后在碱性条件下进行部分或完全水解,得到羧酸改性 PVAL。

2. 丙烯酸类(AA)共聚物水溶性支撑材料

聚丙烯酸(PAA)、聚甲基丙烯酸(PMA)及其共聚物是一类重要的水溶性支撑材料。丙烯酸类共聚物有许多优异的性能,不同相对分子质量的共聚物,其水溶性、强度、硬度、附着力等性能差别很大。AA 和 MA 易于和其他单体共聚,可以根据用户需要设计出符合所需性能的产品。

合成水溶性 AA 类共聚物的单体种类很多,它们对共聚物性能的影响也有很大差别。具体来说,影响共聚物硬度的单体有甲基丙烯酸甲酯(MMA)、苯乙烯、乙烯基甲苯、丙烯腈等;影响共聚物水溶性酸值的单体有 AA、顺丁烯二酸酐(MAH)、甲叉丁二酸等;影响共聚物柔软性的单体有丙烯酸乙酯、丙烯酸丁酯(BA)、丙烯酸 2-乙基己酯、甲基丙烯酸乙(丁)酯、甲基丙烯酸 2-乙基己酯等;影响共聚物交联的单体有丙烯酸 β-羟乙酯、甲基丙烯酸 β-羟丙酯、丙烯酸缩水甘油醚酯、丙烯酰胺、N-丁氧基羟甲基丙烯酰胺等。现就各种单体对共聚物的影响进一步介绍如下。

MMA 是硬单体,BA 属于软单体。调整二者比例,可以使共聚物的 T_g 在一个较宽的范围内变化,从而对材料的硬度、柔韧性和耐冲击性产生很大的影响。

AA、MA 在共聚物中比例太小时,共聚物的水溶性差;用量增加,共聚物的水溶性变好,附着力增加,但对材料的综合性能有不良影响。故在满足高分子水溶性的前提下,引入高分子中的—COOH 的量需加以控制。

含羟基的(甲基)丙烯酸烷基酯单体的引入,能使共聚物的水溶性增加,并且可使高分子交联固化,提高材料强度,一般认为以质量分数 8%～12%为最佳,且丙烯酸 β-羟乙酯比丙烯酸 β-羟丙酯好。

欲获得硬度较高的 AA 类高分子,还可以添加苯乙烯等单体改性,并可以降低成本。

1) AA 类高分子的聚合方法

制备水溶性 AA 类共聚物常采用溶液聚合和乳液聚合两种方法。乳液聚合所制 AA 类共聚物的相对分子质量较高,后期经盐化可使共聚物具有一定的水溶性,但乳液聚合法不如溶液聚合法合成的共聚物的水溶性好,故水溶性 AA 类共聚物一般采用溶液聚合法制备。

2) AA 类高分子的水化方法

为了提高共聚物的水溶性,对制得的共聚物需进一步水化。水溶性 AA 类共聚物的水化方法有两种:①醇解法,即将丙烯酸酯在溶液中共聚成黏稠状的聚丙烯酸酯,然后部分醇解;②成盐法,即以丙烯酸酯类和含有不饱和双键的羧酸单体(如 AA、MA、MAH 等)在溶液中共聚,然后加胺中和成盐。其中,成盐法最为常用。

水溶性高分子 PVAL 和 AA 类共聚物基本符合 FDM 支撑材料的性能要求。PVAL 类水溶性支撑材料的开发关键在于改善 PVAL 的熔融加工性能,目前这方面的改性研究已经取得了一定成果。另外,由于 PVAL 在低浓度的氢氧化钠、碳酸钙、硫酸钠和硫酸钾等溶液作为沉淀剂时能从水溶液中沉淀出来加以回收,因此 PVAL 类水溶性支撑材料是一种很有潜力、绿色环保的材料。由于 AA 类共聚物水溶性支撑材料可供选择的单体种类较多,且不同单体的性能差异较大,所以可以开发出与不同种类成形材料相适应的水溶性支撑材料,但是不足之处在于其力学性能、熔融加工性能和水溶性难以兼顾,且要开发出性能稳定的水溶性支撑材料需要的周期较长。总的来说,在 FDM 工艺中应根据不同需求来选择水溶性高分子作为支撑材料,通过对其进行改性研究,可望实现具有国内自主知识产权的 FDM 水溶性支撑材料。

3.2.4 熔融沉积成形实验

1. 材料分析

1) 剥离性支撑材料分析

(1) 傅里叶红外光谱(FTIR)分析。

采用仪器:红外光谱仪(Bruker FT-IR EQUINOX 55 型,华中科技大学分析测试中心)。

采用方法:ATR(衰减全反射)法。

分析结果:如图 3-10 所示,单核芳烃的 C═C 键吸收频率出现在 $1520～1480 \ cm^{-1}$ 及 $1610～1590 \ cm^{-1}$ 处,$1490.41 \ cm^{-1}$、$1595.66 \ cm^{-1}$ 这两个峰可以判定苯环的存在。$3021.80 \ cm^{-1}$ 处为苯环的 CH 伸缩振动,由 $1737.94 \ cm^{-1}$、$1803.38 \ cm^{-1}$、$1874.50 \ cm^{-1}$、$1942.53 \ cm^{-1}$ 及 $688.88 \ cm^{-1}$、$749.94 \ cm^{-1}$ 处可判定苯环取代为单核取代,如图 3-11 所示。

(2) 差示扫描量热仪(DSC)分析。

采用仪器:DSC-7 型差示扫描量热仪(美国 Perkin-Elmer 公司)。

实验条件:N_2 气氛,升温速度为 10 ℃/min。

如图 3-12 所示,玻璃化转变温度 $T_g = 100.145 ℃$。

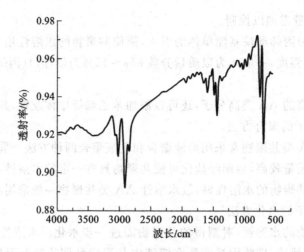

图 3-10 支撑材料红外光谱

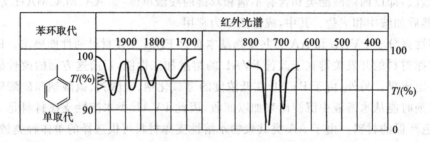

图 3-11 单核取代苯环 2000~1660 cm⁻¹ 及 900~400 cm⁻¹ 区域中的吸收图样

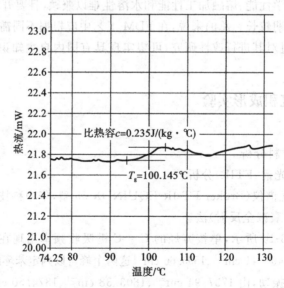

图 3-12 支撑材料的 DSC 曲线

（3）剥离性支撑材料和 ABS 拉伸强度的比较。

仪器：XWW-20 系列电子万能试验机（承德试验机有限责任公司）。

试样尺寸：直径为 2 mm 的单丝（非标准尺寸）。

拉伸速度：20 mm/min。

如表 3-1 所示,剥离性支撑材料和 ABS 的拉伸强度比较接近。

表 3-1　剥离性支撑材料和 ABS 的拉伸强度

材料	屈服强度/MPa	极限强度/MPa
剥离性支撑材料	33.41	34.98
	30.26	32.65
ABS	30.75	32.62
	32.63	35.37

2)HIPS 和 GPPS 的比较

(1)通用级聚苯乙烯(GPPS)。

GPPS 是线型高分子,商品化的聚苯乙烯通常由 1000 个以上的苯乙烯单体聚合而成,其化学结构式为:

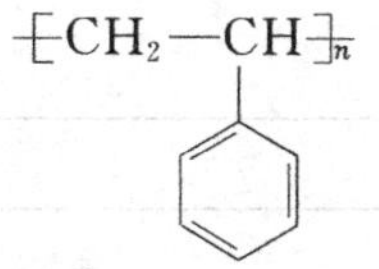

$$\left[CH_2-CH\right]_n$$

聚苯乙烯分子链中侧基苯环的大量存在,使其分子结构不规整、苯环空间位阻大,链段的内旋转位垒增加,致使分子链僵硬,柔顺性差。聚苯乙烯为无定型的脆性材料。

由于高分子分子链中含有大量的苯基,因此聚苯乙烯的玻璃化温度可高达 100 ℃以上,通常情况下,该塑料都处于玻璃态。

(2)抗冲击聚苯乙烯(HIPS)。

HIPS 是由苯乙烯单体与聚丁二烯或丁苯橡胶进行聚合而制得的一种接枝共聚体,把橡胶掺入聚苯乙烯的主要目的是改进其冲击韧性。

橡胶含量对 HIPS 产品性能有重大影响:增加橡胶含量,产品的断裂伸长率、冲击强度、落锤冲击强度、维卡软化点均有不同程度的提高;但拉伸强度和熔融指数则下降。主要是因为增加橡胶含量,溶液中的乙烯基结构增多,其接枝点增多,产物橡胶相体积分数也就增加,产品的韧性越好,性能也就越好。但当橡胶含量增加到一定值时,产品的断裂伸长率反而下降,因为随着橡胶含量的增加,产物的接枝点越多,形成一种近似网状的结构,而且,随着橡胶含量的增加,产物发生交联反应的机会也越多,从而使产品的断裂伸长率下降,而产品的冲击性能却大大提高。图 3-13 所示为 HIPS 化学结构式。

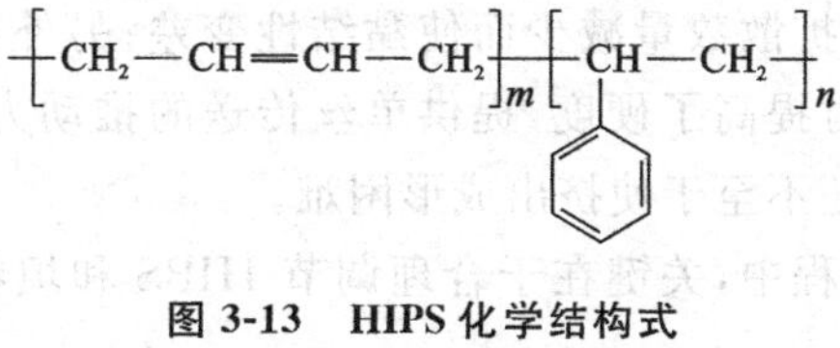

$$\left[CH_2-CH=CH-CH_2\right]_m\left[CH-CH_2\right]_n$$

图 3-13　HIPS 化学结构式

3)基材选用

考虑到 GPPS 分子链中含有大量的苯环,柔顺性较差,在熔融沉积成形过程中温度稍低时分子不易扩散,难黏结,故未采用。

HIPS 的冲击强度可以高达 GPPS 的 7 倍以上,成形加工性能、化学性能与通用 GPPS 相近,拉伸强度、硬度和热稳定性等低于 GPPS。因 HIPS 含有橡胶成分,分子链较长,容易扩散，做支撑材料时容易黏结，故采用 HIPS 作为支撑材料的基料。表 3-2 所示是台湾奇美 HIPS PH-88 的技术参数。可以看出，该材料的吸水率和成形收缩率都比较低；力学性能稍差；软化点较高（软化点和玻璃化转变温度比较接近），能承受成形材料的高温；流动性较好。该材料基本上可满足支撑材料基材的要求。

表 3-2 台湾奇美 HIPS PH-88 技术参数

技术参数	试验法	单位	值
拉伸强度	D-638	kg/cm^2 (lb/in^2)	250 (3550)
断裂伸长率	D-638	%	40
弯曲弹性率	D-790	$10^4\ kg/cm^2$ ($10^5 lb/in^2$)	2.0 (2.8)
弯曲强度	D-790	kg/cm^2 (lb/in^2)	380 (5400)
洛氏硬度	D-785	—	L-75
软化点	D-1525	℃ (℉)	99 (210)
热变形温度	D-648	℃ (℉)	82 (180)
比重	D-792	23/23 ℃	1.05
流动系数	D-1238	g/10 min(Cond. G) (g/10 min(Cond. I))	5.0 (15.0)
吸水率	—	%	0.10～0.14
成形收缩率	—	%	0.02～0.006

注：加工温度范围为 180～210 ℃。

2. 共混改性设计

熔融沉积成形时，由于 HIPS 含有长链分子，层间扩散程度较深，黏结容易但是剥离困难，故需对其进行改性。

采用加入填料的方法进行改性。加入填料后，能带来两方面的影响。好的方面是使材料熔融黏度增大，长链分子扩散数量减少而使黏结性变差；另外，填料的加入会给材料带来一定的脆性，便于剥离，同时提高了硬度，提供单丝传送的推动力。坏的方面是材料熔融黏度增大后，流动性变差，但还不至于使挤出成形困难。

因此，在共混改性的过程中，关键在于合理调节 HIPS 和填料的比例，以满足黏结和剥离平衡的要求。

1）填料选用

现在塑料填充大多采用超细无机填料，它是一种十分有前途的无机填料，集降低成本与改善刚度和韧性于一体，这是大多数材料无法比拟的。考虑到支撑材料对刚度要求不高，同时还需降低韧性，故选择了粗质颗粒状的 $CaCO_3$ 填料。

2）定性实验

仪器:微型可控塑化混炼仪 KHL-1(湖北工业大学化学与环境学院)。

温度:180 ℃左右。

混炼时间:2 min。

材料需要一定的脆性,便于剥离时折断,同时还需保证挤出的单丝在驱动摩擦轮的牵引和驱动力作用下不会轻易弯折或折断。所以需对材料脆性方面进行检测。

考虑到实验时相关设备的欠缺,在此用 XRZ 400A 熔融指数测定仪(湖北工业大学化学与环境学院)替代,因该仪器的口模内径为 2.095 mm,和单丝直径比较接近,所以具有一定的参考价值。

实验温度为 180 ℃,负荷为 5152 g,按表 3-3 所示进行定性共混,结果显示,表 3-3 中 3、4 号脆性太好,能轻易折断,1 号韧性较好,2 号适中。根据上述定性实验可选择 2 号来做定量实验。

表 3-3 HIPS PH-88 和 CaCO₃ 定性共混

序号	HIPS PH-88 质量/g	CaCO₃ 质量/g	填料质量分数
1	4	1	20%
2	3	1	25%
3	2.5	1.5	37.5%
4	2	2	50%

3）定量实验

若要将改性后的材料挤出成形,则应先在双螺杆挤出机上挤出、水冷并造粒。考虑到无双螺杆挤出设备,故采用了简化的办法:用单螺杆挤出机替代,直接挤出成形,省去了造粒步骤。这样的做法带来的缺点是材料混合得不够均匀。

将 HIPS 和 CaCO₃ 的比例在 3∶1 左右进行调节,按表 3-4 所示配料后挤出成形。

表 3-4 HIPS PH-88 和 CaCO₃ 定量共混

序号	HIPS 质量/g	CaCO₃ 质量/g	填料质量分数
1	300	60	16.7%
2	300	80	21.1%
3	300	100	25.0%
4	300	125	29.4%
5	300	150	33.3%

实验发现表 3-4 中 3 号的脆性与定性实验的结果有一定的差别,分析原因知:熔融指数仪中口模压力相对挤出机口模来说太小,塑料压制不够密实。1 号韧性太好,5 号太脆,所以选择 2、3、4 号进行下一步实验。

3. 分析测试

1）实验部分

（1）哈克共混。

将表 3-4 中 2、3、4 号物料在哈克流变仪 HAAKE-90(德国哈克公司)上挤出、水冷、造粒,挤出温度为 180 ℃,挤出粒料于 70 ℃下干燥 3 h。

（2）试样制备。

将挤出的粒料在多功能制样流变仪 HG211（湖北工业大学化学与环境学院）上注射成形，制得拉伸样条（哑铃形样条，总长为 75 mm，标距为 25 mm，厚度为 2 mm，中间平行部分宽度为 4 mm）和弯曲样条（矩形截面，长 80 mm，宽 10 mm，厚 4 mm），注射温度为 180 ℃。

（3）拉伸性能测试。

采用 XWW-20 系列电子万能试验机（承德试验机责任有限公司）测试哑铃形拉伸试样的拉伸性能，拉伸速率为 20 mm/min，室温。

（4）弯曲性能测试。

采用电子万能试验机（承德试验机责任有限公司）测试试样的弯曲强度。制样后在室温放置 24 h 以上。

（5）DSC 分析。

采用美国 Perkin-Elmer 公司的 DSC-7 型差示扫描量热仪，实验条件：N_2 气氛，升温速度为 10 ℃/min。

2）拉伸、弯曲强度

实验结果如表 3-5 所示，随着 $CaCO_3$ 含量的增加，拉伸强度和弯曲强度增大，断裂伸长率减小，材料由韧性断裂变为脆性断裂。

表 3-5 HIPS 共混后的拉伸、弯曲强度

材料	拉伸强度/MPa	断裂伸长率/(%)	弯曲强度/MPa
HIPS PH-88	24.5	40	37.2
2 号	29.5	20.4	39.7
3 号	31.3	12.8	43.8
4 号	34.1	7.5	47.2

3）DSC 实验

实验结果如图 3-14 所示，随着 $CaCO_3$ 含量的增加，材料的玻璃化温度有所提高，但幅度较小，对材料加工温度影响不大。

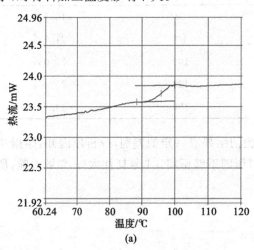
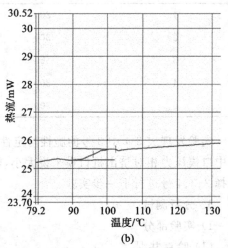

(a)

(b)

图 3-14 HIPS 共混后的 DSC 曲线

(a) HIPS $T_g = 95.563$ ℃；(b) 2 号 $T_g = 95.938$ ℃；(c) 3 号 $T_g = 98.201$ ℃；(d) 4 号 $T_g = 99.425$ ℃

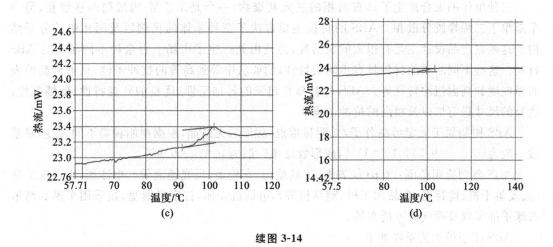

续图 3-14

3.3 熔融沉积成形用 ABS 丝状材料

3.3.1 ABS 树脂简介

截至目前,所有的 FDM 系统都提供 ABS 成形材料,而接近 90% 的 FDM 原型都是由这种材料制造的。ABS 树脂是一类非结晶、具有复杂二相结构的不透明热塑性工程塑料,其各项性能主要取决于构成 ABS 树脂三种组分的含量和相结构形态。

ABS 树脂一般由 50% 以上的苯乙烯(ST 或 S)、25%～35% 的丙烯腈(AN 或 A)和适量的丁二烯(BD 或 B)组成,三种组分各显其能,使 ABS 树脂具有优良的综合性能。如图 3-15 所示,丙烯腈赋予 ABS 良好的耐热性、耐油性和一定的刚度及表面硬度,丁二烯提高了 ABS 的韧性、耐冲击性和耐寒性,苯乙烯则使 ABS 具有良好的介电性能和光泽、良好的加工流动性、低粗糙度及高强度。

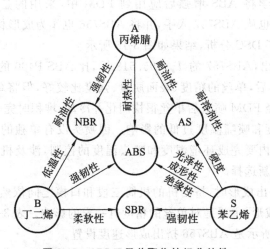

图 3-15 ABS 三元共聚物的组分特性

三种单体的聚合产生了具有两相的三元共聚物,一个是苯乙烯-丙烯腈的连续相,另一个是聚丁二烯橡胶分散相。ABS 的特性主要取决于三种单体的比例以及两相中的分子结构。这就在产品设计上具有很大的灵活性,并且由此产生了市场上百余种不同品质的 ABS 材料。这些不同品质的材料具有不同的特性,例如从中等到高等的抗冲击性,从低到高的表面粗糙度和高温扭曲特性等。ABS 材料具有超强的易加工性、优良的外观特性、低蠕变性、优异的尺寸稳定性以及很高的抗冲击强度。

ABS 树脂属于无定形高分子,无明显熔点,成形后无结晶,根据树脂种类不同,线膨胀系数一般为 $(6.2 \sim 9.5) \times 10^{-5} \, ℃^{-1}$,成形收缩率一般为 $0.3\% \sim 0.8\%$。

ABS 典型应用范围:汽车(仪表板、工具舱门、车轮盖、反光镜盒等),电冰箱,大强度工具(头发烘干机、搅拌器、食品加工机、割草机等),电话机壳体,打字机键盘,娱乐用车辆如高尔夫球手推车以及喷气式雪撬车等。

ABS 注塑模工艺条件如下。

干燥处理:ABS 材料具有吸湿性,要求在加工之前进行干燥处理。建议干燥条件为 80 $\sim$90 ℃下最少干燥 2 h。材料湿度应保证小于 0.1%。

熔化温度:210$\sim$280 ℃;建议温度为 245 ℃。

模具温度:25$\sim$70 ℃(模具温度将影响制件表面粗糙度,温度低则导致表面粗糙度高)。

注射压力:500$\sim$1000 bar(1 bar $= 10^5$ Pa)。

注射速度:中高速度。

3.3.2　ABS756 的实验应用与分析

ABS 有适合各种成形工艺的牌号,其中使用最多的是注射成形,其次是挤出成形。适用于挤出成形的树脂的熔融指数比注射成形的要小。

ABS 的熔融温度较低,并且熔程较宽。ABS 的成形温度一般控制在 180$\sim$230 ℃,但绝不允许超过 250 ℃,否则会出现降解,甚至产生有毒的挥发性物质。但这只是对未经改性的 ABS 而言。ABS 树脂的熔融黏度适中,在熔融状态下的流变特性为非牛顿型,因此在成形加工时流动性对温度不敏感,所以成形温度较容易控制。

北京航空航天大学将 ABS 增强后应用到 FDM 中,采用的是台湾奇美公司生产的 ABS757。所以本实验也从 ABS757 入手,并将 ABS756 也作为成形材料进行实验分析。

对 ABS757 进行了 DSC 分析,结果如图 3-16 所示。

由图 3-16 可以看出,ABS757 的 $T_g = 95.518$ ℃,比 ABS P400 的 $T_g = 94$ ℃稍大。

ABS757 挤出成形后,单丝的精度、表面质量、强度比较好,但将单丝应用到本实验室的 FDM 系统上时,发现经 FDM 喷头后单丝很快固化并冷却,堆积时完全脱层。经推断应是实验中开放式的环境温度和喷嘴温度过低的影响。因喷头没有单独的温控系统,无法对温度进行调节,考虑到短期内要完成环境温度和喷头温度的控制,涉及机械改造方面较多,周期较长,故在材料方面重新选择。

ABS756 在进行挤出成形时,挤出机的机筒三段和口模之间依然存在温度差(± 5 ℃),但是能正常完成挤出成形,主要是对单丝的精度有一定的影响。表 3-6 所示是 ABS756 挤出成形温度设置,表 3-7 所示是 ABS756 挤出成形速度设置。

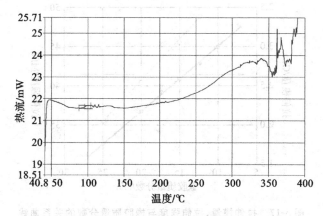

图 3-16   ABS757 的 DSC 曲线

表 3-6   ABS756 挤出成形温度设置

实验序号	加料段/℃	压缩段/℃	计量段/℃	口模/℃
1	185	190	200	215
2	190	195	200	215
3	195	200	215	220

表 3-7   ABS756 挤出成形速度设置

螺杆转速/(r/s)	牵引速度/(r/s)	直径/mm
6	2.5	1.8

在实验过程中,发现 3 号条件下 ABS756 的挤出成形效果最好。

3.3.3 ABS 中橡胶含量的影响

前面讨论扩散理论时,谈到高分子链较柔顺的容易扩散,而在 ABS 三种成分中,丁二烯(B)是赋予其柔顺性的,故采用含丁二烯较多的,即橡胶成分多的 ABS。

ABS 中的橡胶含量,更精确地说,是橡胶粒子在 ABS 中所占的质量分数,是影响 ABS 性能的重要因素。单纯增加橡胶质量分数,就会减小 ABS 的模量、屈服强度和硬度。图 3-17 所示为拉伸模量、拉伸强度与橡胶质量分数的关系曲线。ABS 树脂中的橡胶含量一般在 10%～30% 的范围内。图 3-18 所示是弯曲强度与橡胶质量分数的关系曲线,图 3-19 所示是熔融指数与橡胶质量分数的关系曲线。由图 3-17 至图 3-19 可见,拉伸强度、拉伸模量、弯曲强度和熔融指数均随橡胶质量分数增加而下降。

由于 ABS 中丙烯腈的含量对 FDM 成形影响不大,因此这种 ABS 完全可以由 HIPS 取代,同时也可以对前面支撑材料的基材进行检验。表 3-8 所示是 ABS757、HIPS PH-88 和 HIPS PH-888G 基本参数的一些比较。

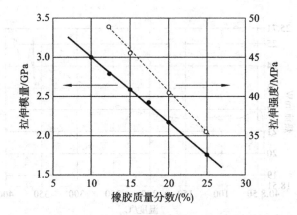

图 3-17　拉伸模量、拉伸强度与橡胶质量分数的关系曲线

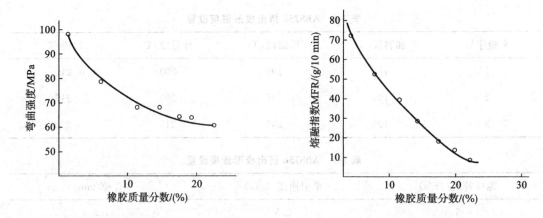

图 3-18　弯曲强度与橡胶质量分数的关系曲线　　图 3-19　熔融指数与橡胶质量分数的关系曲线

表 3-8　ABS757、HIPS PH-88 和 HIPS PH-888G 基本参数

参数	试验法	单位	值		
			AB5757	HIPSPH-88	HIPSPH-888G
拉伸强度	D-638	kg/cm²	480	250	350
		(lb/in²)	(6800)	(3550)	(4970)
断裂伸长率	D-638	%	20	40	30
弯曲弹性率	D-790	10⁴ kg/cm²	2.7	2.0	2.1
		(10⁵ lb/in²)	(3.8)	(2.8)	(3.0)
弯曲强度	D-790	kg/cm²	790	380	540
		(lb/in²)	(11200)	(5400)	(7670)
洛氏硬度	D-785	—	R-116	L-75	L-85
IZOD 冲击强度	D-256	1/8″kg-cm/cm	20	11.0	9.5
		(ft-lb/in)	(3.7)	(2.02)	(1.74)
		1/4″kg-cm/cm	18	9.0	8.5
		(ft-lb/in)	(3.3)	(1.65)	(1.56)

续表

参数	试验法	单位	值		
			AB5757	HIPSPH-88	HIPSPH-888G
软化点	D-1525	℃	105	99	102
		(℉)	(221)	(210)	(215)
热变形温度	D-648	℃	99	82	85
		(℉)	(190)	(180)	(185)
比重	D-792	23/23 ℃	1.05	1.05	1.05
流动系数	D-1238	200 ℃,5 kg g/10 min(Cond. G)	1.8	5.0	4.0
	ISO-1133	220 ℃,10 kg g/10 min(Cond. G)	22	15.0	11.0

由表 3-8 可看出,HIPS 的拉伸强度、弯曲强度、冲击强度和硬度方面都比 ABS 差一些,软化点和热变形温度要低一些。

3.3.4 丝状复合材料的制备及成形性研究

熔融沉积成形所用的单丝直径为 2 mm,要求直径均匀(精度为 ±0.05 mm)、表面光滑、内部密实,无中空、表面疙瘩等缺陷,另外在性能上要求柔韧性好。该单丝的成形方法可以称得上精密挤出成形。

精密挤出是通过对制品工艺的控制、挤出机的优化设计、新型成形辅机的应用及机电气精密控制等手段,显著提高挤出成形制品精度的成形方法。制品精度主要指几何精度、重复精度和机能精度。几何精度包括尺寸精度和形位精度,它是精密成形所要解决的主要问题;重复精度主要反映挤出制品轴向的尺寸稳定性;机能精度指成形制品的力学性能、光学性能、热学性能、表面质量等,不同制品所要求的机能精度不同。

用单螺杆挤出机连续挤出塑料时,出料有时快时慢的现象,引起产率波动。产率波动是挤出成形的主要问题之一,它会引起制品横断面尺寸忽大忽小,从而导致单丝直径不均匀。假定塑料在螺槽中是等温状态下均匀的牛顿流体,则挤出机体积流量的理论计算公式为

$$Q = \pi D^2 nh \sin\varphi\cos\varphi/2 - \pi^2 D^2 E\delta^3 \tan\varphi P/(12\eta_2 eL) - \pi Dh^3 \sin^2\varphi P/(12\eta_1 L) \quad (3\text{-}3)$$

式中:Q 为体积流量(cm^3/s);

D 为螺杆外径(cm);

h 为计量段螺槽深(cm);

n 为螺杆转速(r/s);

φ 为螺旋角(rad);

e 为螺棱宽度(cm);

L 为螺杆计量段长度(cm);

δ 为螺杆与机筒间隙(cm);

E 为螺杆偏心距校核因数,通常取 1.2;

P 为螺杆计量段末段物料压力($\mathrm{kg \cdot s/cm^3}$);

η_1 为螺槽中熔融物料黏度($\mathrm{kg \cdot s/cm^3}$);

η_2 为间隙中熔融物料黏度($\mathrm{kg \cdot s/cm^3}$)。

由此可知,体积流量随转速的增加而增加,随压力的增加而减小。而黏度又受温度影响,所以,在设备固定的情况下,温度、压力、转速是影响体积流量的主要因素。

1. 温度的影响

挤出材料的质量很大程度上取决于挤出机螺杆头部熔体的温度波动 ΔT_m。ΔT_m 取决于物料的自身性能和制件的要求。研究发现:ΔT_m 达到 ± 1 ℃时仍能在最终制件中检测到某种缺陷。为了使塑料挤出过程顺利进行,以提高效率,关键问题之一是控制好料筒各段温度。较高的料筒温度使物料黏度降低,高分子黏度和温度的关系可以用阿累尼乌斯(Arhenius)方程表示:

$$\eta = A\exp(\Delta E_\eta / RT) \tag{3-4}$$

式中:ΔE_η 为黏流活化能($\mathrm{kJ/mol}$);

R 为气体常数($8.314\ \mathrm{J/(mol \cdot K)}$);

A 为常数;

T 为绝对温度(K)。

例如,以 HIPS PH-88 做实验时,散热风扇不断启停,每次各段风扇启停时,温度降低或升高约 10 ℃,在低温区单丝精度为 ± 0.02 mm,在高温区单丝精度为 0.05 mm。可见高温时物料的黏度低,流动性好,体积流量 Q 增加而引起直径变大,波动也相应增加。

2. 螺杆转速的影响

螺杆转速是挤出成形中极为重要的工艺参数之一。转速增加,剪切速度增大,有利于物料均化。但转速增加还需考虑主机的负载能力和熔体压力范围,否则物料还未塑化即被送入机头,会造成质量下降。因此,刚开始螺杆转速通常调得较低,加料量也较少,待物料由机头挤出后,慢慢提高转速及加大进料量,与此同时要密切观察主机电流、熔体压力的大小,直至达到设定转速。提高转速即可大幅度地提高挤出机体积流量。

3. 压力的影响

在挤出过程中,由于料流的阻力和螺杆槽深度的改变,滤网、过滤板、口模的阻力将在塑料内部建立起一定的压力。压力使塑料变为熔融状而得到均匀熔体,这是最后挤出致密塑件的重要条件之一。增加熔体压力,体积压缩,分子链堆集密切,黏度增大,流动性减小,挤出量下降但产品密实,有利于提高产品质量。

4. 温度、压力和体积流量波动的相互影响

对于精密挤出过程来说,要求挤出物具有稳定的体积流量、恒定的压力、恒定的温度和均匀理化性能。因而,通过其中任意参数变化就可以对质量给予评定。然而这些变量不是独立的。例如,压力的波动会引起体积流量的波动,温度的波动将引起黏度的波动,而黏度的波动又将引起压力波动以及体积流量波动。为了保证挤出制件的质量,必须尽可能减少以上参数的波动。

1)压力波动和体积流量波动的相互影响

通过口模的体积流量取决于在口模前建立起来的压力。如表 3-9 所示,压力的微小变化能使体积流量产生很大的变化。

表 3-9   压力波动 1%时塑料的体积流量波动

塑料名称	温度/℃	剪切速度 γ/(r/s)	非牛顿指数 n	体积流量波动 $\delta(Q)$
HIPS	170	100～7000	0.21	5.00%
	190	100～7000	0.20	4.76%
	210	100～7000	0.19	5.26%
ABS	170	100～5500	0.25	4.00%
	190	100～6000	0.25	4.00%
	210	100～7000	0.25	4.00%

2）温度波动和压力波动的相互影响

考察体积流量保持不变而温度有波动这样一种假定情况。对牛顿流体来说,温度变化将引起黏度变化;而对幂律流体,则将引起非牛顿指数 n 的改变。为了保持恒定的体积流量,压力必须变化。如果在体积流量波动和温度波动的同时,还能观察到压力波动,那么二者之中的一个会是问题的根源。温度波动和压力之间的相互关系意味着温度波动是问题的根源,而体积流量则可以是稳定的。如果存在压力波动而没有温度波动,那么几乎可以确定同时伴随着体积流量波动。

5. 挤出过程中黏弹性效应的影响

前面分析了高分子的黏弹性,挤出成形时,高分子的黏弹性导会致入口效应、离模膨胀。

1）入口效应

口模入口处,熔料从直径较大的流道进入直径较小的流道时,流线发生收缩,这一过程具有过渡状态特点,它的扰动要在流过相当于几倍直径的管道长度后才消失,这时高聚物熔体才可视为处于稳态剪切流动状态。

2）离模膨胀

挤出过程中,挤出物离开口模后其横截面尺寸因弹性回复而大于口模尺寸的现象称为离模膨胀,也就是收缩后紧接着的膨胀。离模膨胀对制件的尺寸精度和形状都会有影响。这种影响必须在口模工艺参数设计和工艺条件控制中解决。适当地提高熔体温度有利于减轻离模膨胀程度。在实际生产中,只要生产能顺利进行,能生产出合格的制件,温度还是应尽量控制得低些。适当的牵引速度可以抵消离模膨胀的影响。然而,牵引速度也不能太大,否则,制件就会出现各向异性。

3.4 思 考 题

1. 请简述 FDM 的成形原理。
2. FDM 工艺使用的材料需要满足哪些性能要求?为什么?
3. 在 FDM 工艺中,需要用到支撑材料,支撑材料分为哪几类?每一类材料需要具有什么特殊的性能?

（扫描二维码可查看参考答案）

第4章
激光选区烧结高分子
粉末材料成形原理

高分子材料以其优异的性能广泛应用于国民经济的各个方面,并获得了迅速发展。3D打印等新兴技术的出现则向高分子材料提出了更高的要求,推动其向高性能化、功能化等方向发展。开发用于3D打印的高分子及其复合材料受到越来越多的关注。在3D打印技术中,目前市场使用量最多的材料是高分子及其复合粉末材料,其主要用于激光选区烧结(SLS)技术。

激光选区烧结技术借助计算机辅助设计与制造,采用分层制造叠加原理,将翻模材料直接成形为三维实体零件,不受成形零件形状复杂程度的限制,不需任何工装模具。激光选区烧结技术属于快速原型与制造(rapid prototyping & manufacturing,RP&M)技术,是由美国 Texas 大学的研究生 Carl Decard 于 1986 年发明的。美国 Texas 大学于 1988 年研制成功第一台 SLS 样机,并获得这一技术的发明专利,于 1992 年授予美国 DTM 公司(现已并入美国 3D Systems 公司)将 SLS 系统商业化。目前,德国 EOS 公司和美国 3D Systems 公司是世界上 SLS 系统及其成形材料的主要提供商。在国内,北京隆源自动化成形系统有限公司从 1993 年开始研究 SLS 技术,并于 1994 年研制成功国产化 AFS 系列激光快速成形机;1998 年年底武汉滨湖机电技术产业有限公司也研制出了 HRPS 系列 SLS 成形机。这两家单位的 SLS 成形设备及材料均已实现产业化。国内研究 SLS 技术的还有南京航空航天大学、西北工业大学和中北大学等单位,其中中北大学研制成功变长线扫描的 SLS 设备。

4.1　激光选区烧结工艺的原理及特点

SLS 工艺过程示意图如图 4-1 所示。首先将三维实体模型文件沿 Z 向分层切片,并将零件实体的截面信息存储于 STL 文件中。然后在工作台上用铺粉辊铺一层粉末材料,由 CO_2 激光器发出的激光束在计算机的控制下,根据各层截面的 CAD 数据,有选择地对粉末层进行扫描。在被激光扫描的区域,粉末材料被烧结在一起,未被激光照射的粉末材料仍呈松散状,作为制件(也称烧结件、成形件)和下一粉末层的支撑。一层烧结完成后,工作台下降一个截面层厚(设定的切片厚度)的高度,再进行下一层铺粉、烧结,新的一层和前一层自然地烧结在一起。这样,当全部截面烧结完成后除去未被烧结的多余粉末,便得到与所设计的三维实体零件结构相同的制件。如图 4-1 所示,激光扫描过程、激光开关、预热及铺粉辊和粉缸的移动等都是在计算机系统的精确控制下完成的。

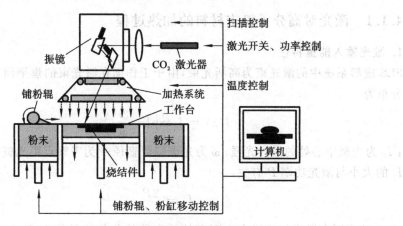

图 4-1 SLS 工艺过程示意图

相比于其他快速成形技术,SLS 技术的特点如下。

(1) 成形材料非常广泛。从理论上讲,任何能够吸收激光能量而黏度降低的粉末材料都可以用于 SLS,这些材料可以是高分子、金属、陶瓷粉末材料。

(2) 应用范围广。成形材料的多样性,决定了 SLS 技术可以使用各种不同性质的粉末材料来成形不同用途的复杂零件。SLS 可以成形用于结构验证和功能测试的塑料原型件及功能件,可以通过直接法或间接法来成形金属或陶瓷功能件。目前,SLS 成形件已广泛用于汽车、航空母舰、医学、生物学等领域。

(3) 材料利用率高。在 SLS 过程中,未被激光扫描的粉末材料还处于松散状态,可以被重复使用。因而,SLS 技术具有较高的材料利用率。

(4) 无须支撑。由于未烧结的粉末可对成形件的空腔和悬臂部分起支撑作用,因此 SLS 不必像 SLA 或 FDM 那样需要另外设计支撑结构。

由于烧结所需的激光功率较小,因此用于 SLS 的材料主要是高分子粉末材料。烧结结构内部往往存在一定数量的孔洞和间隙,高分子粉末材料烧结件的力学性能通常低于其模塑件。复合材料采用两种或两种以上不同物理、化学性质的材料组合而成,复合材料中的第二相在亚微观或微观上的不均匀分散,常常能使复合材料在一些性能上产生巨大的改进,因而利用复合材料来弥补材料性能的缺陷就显得尤为重要。复合材料由于能够协同各组分的功能而更多地被应用为快速成形材料。

在目前常用的树脂基复合材料中,一相起增强作用,另一相对增强材料起敛集黏附作用,形成一个整体,所形成的复合材料各组分保持原物质的同一性,又能性能互补,使复合材料获得原有单一组分材料不具备的优异性能。树脂主要起部分承载和传递作用,同时保护填料、纤维不受周围介质的侵蚀和腐蚀。短纤维、粉粒填料虽然不能作为承载材料,但可以改善复合材料的力学性能。

高分子材料的激光选区烧结:使 CO_2 激光器输出的光束通过聚焦透镜在工作面上形成具有很高能量且尺寸很小的光斑,用光斑对平铺在工作台上的高分子粉末材料进行烧结。这一成形方法包含了激光对高分子粉末材料的加热,以及高分子粉末材料的烧结两个基本过程。正确认识这两个基本过程是成功应用 SLS 技术的基础。下面从理论上对这两个基本过程进行分析探讨,以揭示与之有关的各种因素及其相互作用,为研制高性能 SLS 高分子材料及优化 SLS 工艺提供依据。

4.1.1 激光对高分子粉末材料的加热过程

1. 激光输入能量特性

SLS 成形系统中的激光束为高斯光束,由于工作面在激光束的焦平面上,因此激光束的光强分布为

$$I(r) = I_0 \exp\left(-\frac{2r^2}{\omega^2}\right) \tag{4-1}$$

式中:I_0 为光斑中心处的最大光强;ω 为光斑特征直径;r 为考察点距光斑中心的距离。

I_0 的大小与激光功率 P 有关:

$$I_0 = \frac{2P}{\pi\omega^2} \tag{4-2}$$

式(4-2)表明在激光扫描线中心下面的粉末所接收的能量较大,而在边缘的较小,但扫描线存在一定的重叠,能量的叠加就可使得整个扫描区域上的激光能量达到较均匀的程度。CO_2 激光器能以脉冲或连续方式运行,当重复率很高时,输出为准连续,可按连续方式处理。连续激光扫描线的截面能量强度分布为

$$E(y) = \sqrt{\frac{2}{\pi}} \frac{P}{\omega v} \exp\left(-\frac{2y^2}{\omega^2}\right) \tag{4-3}$$

式中:v 是激光扫描速度。式(4-3)所表示的是单个扫描线的截面能量分布,对于多个重叠的扫描线,截面能量分布与扫描间距等参数有关。

在 SLS 工艺中,激光扫描速度很快,在连续的几个扫描过程中,激光能量能够线性叠加。设扫描间距为 d_{sp},假设某一起始扫描线的方程为 $y = 0$,则这之后的第 I 个扫描线方程为 $y = Id_{sp}$。某一点 $P(x, y)$ 离第 I 个扫描线的距离为 $y - Id_{sp}$,第 I 个扫描线对 P 点的影响为

$$E(y) = \sqrt{\frac{2}{\pi}} \frac{P}{\omega v} \exp\left[-\frac{2(y - Id_{sp})^2}{\omega^2}\right] \tag{4-4}$$

则多条扫描线的叠加能量为

$$E_S(y) = \sum_{I=0}^{n} \left\{ \sqrt{\frac{2}{\pi}} \frac{P}{\omega v} \exp\left[-\frac{2(y - Id_{sp})^2}{\omega^2}\right] \right\} \tag{4-5}$$

图 4-2 所示是当激光光斑直径 $\omega = 0.4$ mm,激光扫描速度 $v = 1500$ mm/s,激光功率 $P = 10$ W,扫描间距分别为 0.3 mm、0.2 mm、0.15 mm、0.1 mm 时,根据式(4-5)计算出来的激光能量分布示意图。

从图 4-2 中可以看出,随着扫描间距的减小,激光能量的分布均匀性和最大值都会发生变化。激光能量随扫描间距的减小而增大,对于光斑直径为 0.4 mm 的激光束,当扫描间距超过 0.2 mm 以后,激光能量分布极其不均匀,呈现波峰与波谷(见图 4-2(a)、图 4-2(b))。不均匀的能量分布将导致烧结质量不均匀,因此,在激光烧结过程中,扫描间距应小于 0.2 mm,即扫描间距应小于激光光斑半径。

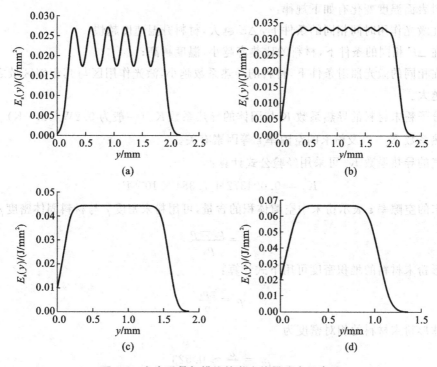

图 4-2　多个重叠扫描线的激光能量分布示意图

(a)d_{sp}=0.3 mm；(b)d_{sp}=0.2 mm；(c)d_{sp}=0.15 mm；(d)d_{sp}=0.1 mm

2. 激光与高分子粉末材料的相互作用

激光束射到粉末材料的表面会发生反射、透射和吸收，在此作用过程中的能量变化遵从能量守恒定律：

$$E = E_{反射} + E_{透射} + E_{吸收} \qquad (4\text{-}6)$$

式中：E 为入射到粉末材料表面的激光能量；$E_{反射}$ 为被粉末材料表面反射的能量；$E_{透射}$ 为激光透射粉末后具有的能量；$E_{吸收}$ 为被粉末材料吸收的能量。

式(4-6)可以转化为

$$R + S + \alpha r = 1 \qquad (4\text{-}7)$$

式中：R 为反射系数；S 为透射系数；αr 为吸收系数。

对于高分子粉末材料，波长为 10.6 μm 的 CO_2 激光的透射率很低，因此粉末材料吸收能量的大小主要由吸收系数和反射系数决定：反射系数大，吸收系数就小，被粉末材料吸收的激光能量就小；反之，被粉末材料吸收的激光能量就大。

材料对激光能量的吸收与激光波长及材料表面状态有关，10.6 μm 的 CO_2 激光很容易被高分子材料吸收。高分子粉末材料由于表面粗糙度较大，激光束在峰-谷侧壁产生多次反射，甚至还会产生干涉，从而产生强烈吸收，所以高分子粉末材料对 CO_2 激光束的吸收系数很大，可达 0.95～0.98。

粉末材料表面吸收的激光能量通过激光光子与材料中的基本能量粒子相互碰撞，将能量在瞬间转化为热能，热能以材料温度升高的形式表现出来。随着材料温度的升高，材料表面发生热辐射将能量反馈。

$$\Delta E = E_{入} - E_{出} \qquad (4\text{-}8)$$

材料表面温度变化有如下规律：

①在激光作用时间相同的条件下，ΔE 越大，材料升温速度越快；

②在 ΔE 相同的条件下，材料的比热容越小，温度越高；

③在相同的激光照射条件下，材料的导热系数越小，激光作用区与其相邻区域之间的温度梯度越大。

高分子粉末材料的导热系数 K 与固体的导热系数 K_s（一般为 $0.2\text{W}/(\text{m} \cdot \text{K})$ 左右）、空气的导热系数 K_g，以及粉末的空隙率 ε 等因素有关。

空气的导热系数 K_g 可采用经验公式计算：

$$K_g = 0.004372 + 7.384 \times 10^{-5} T \tag{4-9}$$

粉末的空隙率 ε 表示粉末中空隙体积的含量，可用粉末密度 ρ 与材料固体密度 ρ_s 表示：

$$\varepsilon = \frac{\rho_s - \rho}{\rho_s} \tag{4-10}$$

球形粉末材料的堆积密度可用下式计算：

$$\rho = \frac{\pi \rho_s}{6} \tag{4-11}$$

则球形粉末材料的相对密度为

$$\rho_r = \frac{\rho}{\rho_s} \approx 0.523 \tag{4-12}$$

球形粉末材料的空隙率 ε 为

$$\varepsilon = 1 - \rho_r = 0.477 \tag{4-13}$$

不同方法制备的高分子粉末形状不同，粉末的相对密度有所差异，但大多数粉末的空隙率 ε 在 0.5 左右。

采用 Yagi-Kun 模型，可计算出高分子粉末材料的导热系数 K：

$$K = \frac{K_s(1 - \varepsilon)}{1 + \varphi K_s / K_g} \tag{4-14}$$

式中：$\varphi = 0.02 \times 10^2 (\varepsilon - 0.3)$。

由式（4-14）可计算出高分子粉末材料在室温下的导热系数，一般为 $0.07\ \text{W}/(\text{m} \cdot \text{K})$ 左右。由于高分子粉末材料的导热系数很低，在激光选区烧结过程中，激光作用区与其相邻区域之间的温度梯度较大，烧结件容易产生翘曲变形；因此，在激光选区烧结过程中应对高分子粉末材料进行适当预热以降低激光功率，减小温度梯度，防止烧结件产生翘曲变形。

4.1.2 高分子粉末材料激光选区烧结机理

高分子粉末材料的 SLS 成形的具体过程可描述如下：当高强度的激光在计算机的控制下扫描粉床时，被扫描的区域吸收了激光的能量，该区域的粉末颗粒的温度上升，当温度上升到粉末材料的软化点或熔点时，粉末材料的流动使得颗粒之间形成烧结颈，进而发生凝聚。烧结颈的形成及粉末颗粒凝聚的过程被称为烧结。当激光经过后，扫描区域的热量由于向粉床下传导以及表面的对流和辐射而逐渐消失，温度随之下降，粉末颗粒也随之固化，被扫描区域的颗粒相互黏结形成单层轮廓。与一般的高分子材料的加工方法不同的是，SLS 是在零剪切应力下进行的，烧结的驱动力为粉末颗粒的表面张力。

4.1.3 高分子及其复合粉末材料特性对其 SLS 成形的影响

烧结材料是 SLS 技术发展的关键基础,它对烧结件的成形速度、精度及其力学性能起着决定性作用。高分子材料种类繁多,性能各异,可以满足不同场合、用途对材料性能的需求。然而,目前真正能在 SLS 技术中得到广泛应用的高分子材料相对较少,这主要是因为 SLS 成形件性能强烈依赖于高分子材料的某些特性,如果高分子材料的这些特性不能满足 SLS 成形工艺要求,那么其 SLS 成形件的精度或力学性能较差,不能达到实际使用的要求。因此,有必要研究高分子材料的特性对 SLS 成形的影响,从而为 SLS 用高分子材料的选择及制备提供理论依据。

1. 表面张力

1) 基本原理

在物质表面的分子只受到表面以下分子的作用力,于是表面分子就沿着与表面平行的方向增大分子间的距离,总的结果相当于有一种力将表面分子之间的距离扩大了,此力称为表面张力。它使得液体的表面总是试图获得最小的面积。表面张力与分子间的相互作用力大小有关,分子间相互作用力大者表面张力大,相互作用力小者则表面张力小。如高分子熔体分子间的范德华力较小,则其表面张力较小,为 $0.03\sim0.05$ N/m;而熔融金属液体由于存在较强的金属键,因此它的表面张力非常大,通常为 $0.1\sim3$ N/m。

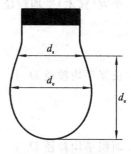

图 4-3 悬滴的外形

悬滴法是测定黏性高分子表面张力(或界面张力)的常用方法,悬滴的外形(见图 4-3)在静压力和表面张力(或界面张力)达到平衡时是一定的,这时表面张力(或界面张力)和悬滴外形有如下关系:

$$\gamma = g\Delta\rho\left(\frac{d_{\mathrm{c}}^2}{H}\right) \tag{4-15}$$

式中:γ 为表面张力(或界面张力);g 为重力加速度;$\Delta\rho$ 为两相密度差;d_{e} 为悬滴最大的直径;H 为由外形参数因子 S 所决定的量,而且 $1/H$ 与 S 之间有函数关系,对应的数值可由相关表查出。设 d_{s} 为距悬滴末端 d_{e} 处悬滴的直径,实验中测得 d_{s} 和 d_{e} 即可获得 $S(S=d_{\mathrm{e}}/d_{\mathrm{s}})$ 值,然后查表得出 $1/H$ 值,将其代入式(4-15)可求得 γ。

2) 表面张力对 SLS 成形的影响

在烧结过程中,高分子粉末材料由于吸收激光能量而温度上升,当高分子粉末材料的温度升高到其结块温度(半结晶高分子粉末材料为熔融温度,非结晶高分子粉末材料为玻璃化温度)后,高分子的分子链或链段开始自由运动。为了减小粉末材料的表面能,粉末颗粒在表面张力的驱动下彼此之间形成烧结颈,甚至融合在一起,因而,表面张力是烧结成形的驱动力。此外,由"烧结立方体"模型也可以得出烧结速度与粉末材料的表面张力成正比。因此,表面张力是影响高分子粉末材料 SLS 成形的重要参数。然而,大多数高分子粉末材料的表面张力都比较小,且比较相近。因此,表面张力虽然是决定高分子粉末材料烧结速度的重要因素,但不是高分子粉末材料之间烧结速度存在差别的主要原因。

球化效应是在金属激光选区熔化(selective laser melting,SLM)成形过程中经常发生并严重影响烧结件表面精度的现象,主要是由于金属的表面张力非常大,在受热熔融受到表面张力的作用后,液相烧结线断裂为一系列椭球形,以减小表面积,从而形成由一系列半椭球形凸起组成的烧结件表面形貌。由以上的讨论可知,高分子粉末材料的表面张力要小得多,而且在烧结过程中高分子熔体黏度也比金属要低得多,因而在高分子粉末材料的 SLS 成形过程中,球化效应不是很明显,对成形精度的影响常常可以忽略。

2. 粒径

1) 基本原理

当被测颗粒的某种物理特性或物理行为与某一直径的同质球体(或组合)最相近时,就把该球体(或组合)的直径作为被测颗粒的等效粒径(或粒径分布)。当粉末系统的粒径都相等时,可用单一粒径表示粉末直径。而实际上,常用的粉末材料都是由粒径不等的颗粒组成的,其粒径是指粉末材料中所有颗粒粒径的平均值。设粒径为 d 的颗粒有 n 个,则有如下四种(加权)平均粒径的计算方法。

个数(算术)平均粒径 D_1:

$$D_1 = \sum \left[\frac{n}{\sum n} \cdot d \right] = \frac{\sum nd}{\sum n} \tag{4-16}$$

长度平均粒径 D_2:

$$D_2 = \sum \left[\frac{nd}{\sum (nd)} \cdot d \right] = \frac{\sum (nd^2)}{\sum (nd)} \tag{4-17}$$

面积平均粒径 D_3:

$$D_3 = \sum \left[\frac{nd^2}{\sum (d^2)} \cdot d \right] = \frac{\sum (nd^3)}{\sum (nd^2)} \tag{4-18}$$

体积平均粒径 D_4:

$$D_4 = \sum \left[\frac{nd^3}{\sum (nd^3)} \cdot d \right] = \frac{\sum (nd^4)}{\sum (nd^3)} \tag{4-19}$$

目前,已经发展了多种粒径测量方法,包括筛分法、沉降法、激光法、小孔通过法等。下面对几种常用测量方法进行简要介绍。

(1) 筛分法。筛分机可分为电磁振动和音波振动两种类型。电磁振动筛分机用于较粗的颗粒(例如大于 400 目的颗粒),音波振动筛分机用于较细的颗粒。筛分法是一种有效、简单的粉末粒径分析手段,应用较为广泛,但精度不高,难以测量黏性和成团材料如黏土等的粒径。

(2) 沉降法。当一束光通过盛有悬浮液的测量池时,一部分光被反射或吸收,仅有一部分光到达光电传感器,光电传感器将光强转变为电信号。根据 Lanbert-Beer 公式,透过光强与悬浮液的浓度或颗粒的投影面积有关。也可使颗粒在力场中沉降,用斯托克斯定律计算其粒径的大小,从而得出累计粒径分布。

(3) 激光法。采用同心多元光电探测器测量不同散射角下的散射光强度,然后根据夫琅和费衍射理论及米氏散射理论等计算出粉末的平均粒径及粒径分布。这种方法具有灵敏度高、测量范围宽、测量结果重现性高等优点,因而成为目前广泛使用的粉末粒径分析方法。

2) 粒径对 SLS 成形的影响

粉末的粒径会影响 SLS 成形件的表面粗糙度、精度,烧结速度及粉床密度等。粉末的粒径通常取决于制粉方法,喷雾干燥法、溶剂沉淀法通常可以得到粒径较小的球形粉末,而深冷冲击粉碎法只能获得粒径较大的不规则粉末。

在 SLS 成形过程中,粉末的切片厚度和每层的表面粗糙度都是由粉末粒径决定的。切片厚度不能小于粉末粒径,当粉末粒径减小时,SLS 成形件就可以在更小的切片厚度下制造,这样就可以减少阶梯效应,提高其成形精度。同时,减小粉末粒径可以减小铺粉后单层粉末的粗糙度,从而可以提高成形件的表面粗糙度。因此,SLS 成形用粉末的平均粒径一般不超过 100 μm,否则成形件会存在非常明显的阶梯效应,而且表面非常粗糙。但平均粒径小于 10 μm 的粉末同样不适用于 SLS 工艺,因为这样的粉末在铺粉过程中由于摩擦产生的静电会吸附在铺粉辊上,造成铺粉困难。

粒径的大小也会影响高分子粉末的烧结速度。由"烧结立方体"模型可知,烧结速度与粉末颗粒的半径成反比,因而,粉末平均粒径越小,其烧结速度越大。

粉床密度为铺粉完成后工作腔中粉体的密度,可近似为粉末的堆积密度,它会影响 SLS 成形件的致密度、强度及尺寸精度等。一些研究表明,粉床密度越大,SLS 成形件的致密度、强度及尺寸精度越高。粉末粒径对粉床密度有较大影响。

3. 粉末颗粒形状

1)基本原理

高分子粉末的颗粒形状与其制备方法有关。一般来说,由喷雾干燥法制备的高分子粉末为球形,如图 4-4 所示;由溶剂沉淀法制备的粉末为近球形,如图 4-5 所示;而由深冷冲击粉碎法制备的粉末呈不规则形状,如图 4-6 所示。粉末颗粒形状没有定量的测试方法,只能通过扫描电镜等进行定性分析。

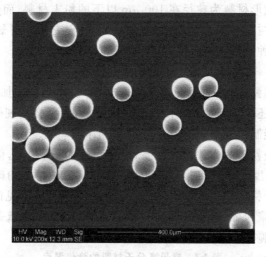

图 4-4 喷雾干燥法制备的 PS 粉末的微观形貌

2)粉末颗粒形状对 SLS 成形的影响

粉末颗粒形状对 SLS 成形件的形状精度、铺粉效果及烧结速度都有影响。球形粉末 SLS 成形件的形状精度比不规则粉末的要高。由于规则的球形粉末比不规则粉末具有更好的流动性,因此球形粉末的铺粉效果较好,尤其是在温度升高、粉末流动性下降的情况下,这种差别更加明显。Cutler 和 Henrichsen 由实验得出,在相同平均粒径的情况下,不规则粉末颗粒的烧结速度是球形粉末的五倍,这可能是因为不规则颗粒间接触点处的有效半径要比球形颗粒的半径小得多,因而表现出更大的烧结速度。

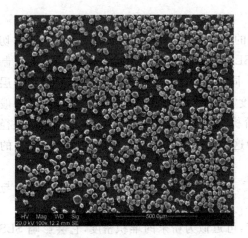

图 4-5 溶剂沉淀法制备的尼龙粉末
的微观形貌

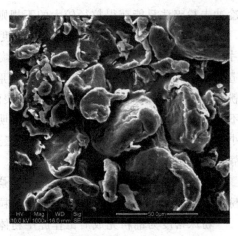

图 4-6 深冷冲击粉碎法制备的 PS 粉末
的微观形貌

4.2 高分子及其复合粉末材料的制备、组成及表征

4.2.1 高分子粉末材料的制备

SLS 技术所用的成形材料为粒径在 100 μm 以下的粉末材料,而热塑性树脂的工业化产品一般为粒料,粒状的树脂必须制成粉料,才能用于 SLS 工艺。制备 SLS 高分子粉末材料通常采用两种方法,一种是低温粉碎法,另一种是溶剂沉淀法。

1. 低温粉碎法

高分子材料具有黏弹性,在常温下粉碎时,产生的粉碎热会增加其黏弹性,使其粉碎困难,同时被粉碎的粒子还会重新黏结而使粉碎效率降低,甚至会出现熔融拉丝现象,因此,采用常规的粉碎方法不能制得满足 SLS 工艺要求的粉末材料。

在常温下采用机械粉碎的方法难以制备微米级的高分子粉末,但在低温下高分子材料有一脆化温度 T_b,当温度低于 T_b 时,材料变脆,有利于采用冲击粉碎方式进行粉碎。低温粉碎法正是利用高分子材料的这种低温脆性来制备粉末材料。常见的高分子材料如聚苯乙烯、聚碳酸酯、聚乙烯、聚丙烯、聚甲基丙烯酸酯类、尼龙、ABS、聚酯等都可采用低温粉碎法制备粉末材料,它们的脆化温度如表 4-1 所示。

表 4-1 常见高分子材料的脆化温度

高分子材料	聚苯乙烯	聚碳酸酯	聚乙烯	聚丙烯	尼龙 11	尼龙 12
脆化温度/℃	−30	−100	−60	−30～−10	−60	−70

低温粉碎法需要使用制冷剂。液氮由于沸点低,蒸发潜热大(在 −190 ℃时潜热为 199.4 kJ/kg),而且来源丰富,因此通常用作制冷剂。

制备高分子粉末材料时,首先将原料冷冻至液氮温度(−196 ℃),将粉碎机内部温度保持在合适的低温状态,加入冷冻好的原料进行粉碎。粉碎温度越低,粉碎效率越高,制得的粉末粒径越小,但制冷剂消耗量越大。粉碎温度可根据原料性质而定,对于脆性较大的原料如聚苯乙烯、聚甲基丙烯酸酯类,粉碎温度可以高一些,而对于韧性较好的原料如聚碳酸酯、尼龙、ABS 等则应保持较低的粉碎温度。

低温粉碎法工艺较简单,能连续化生产,但需专用深冷设备,投资大,能量消耗大,制备的粉末颗粒形状不规则,粒径分布较宽。粉末需经筛分处理,粗颗粒可进行二次粉碎、三次粉碎,直至筛分出达到要求粒径的颗粒。

制备高分子复合粉末材料时,可先将各种助剂与高分子材料经过双螺杆挤出机共混挤出造粒,制得粒料,再经低温粉碎制得粉料,这种方法制备的粉末材料分散均匀性好,适合批量生产,但不适合需要经常改变烧结材料配方的情况。实验室研究通常采用另一种方法:将高分子粉末材料与各种助剂在三维运动混合机、高速捏合机或其他混合设备中进行机械混合。为了提高助剂的分散均匀性及其与高分子材料的相容性,有些助剂在混合前需要进行预处理。用量较少的助剂如抗氧剂,直接与高分子粉末材料混合难以分散均匀,可将抗氧剂溶于适当的溶剂如丙酮中,配成适当浓度的溶液,再与高分子粉末材料混合,然后干燥、过筛,得到高分子复合粉末材料。为了制备方便,抗氧剂、润滑剂等助剂可先与少量高分子粉末材料混合配成高浓度的母料,再与其他原料混合。

2. 溶剂沉淀法

溶剂沉淀法指将高分子材料溶解在适当的溶剂中,然后采用改变温度或加入第二种非溶剂(这种溶剂不能溶解高分子材料,但可以和前一种溶剂互溶)等方法使高分子以粉末状沉淀出来。这种方法特别适合于像尼龙一样具有低温柔韧性的高分子材料,这类材料较难进行低温粉碎,细粉产生率很低。

尼龙是一类具有优秀抗溶剂能力的树脂,在常温条件下,很难溶于普通溶剂,尼龙 11 和尼龙 12 尤其如此,但在高温下可溶于适当的溶剂。选用在高温下可溶解尼龙而在低温或常温下几乎不溶解尼龙的溶剂,在高温下使尼龙溶解,剧烈搅拌的同时冷却溶液,使尼龙以粉末的形式沉淀出来。

采用溶剂沉淀法制备尼龙 12 粉末的工艺流程如图 4-7 所示。

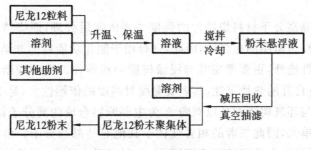

图 4-7 尼龙 12 粉末制备工艺流程

本制备方法以乙醇为主溶剂,辅以其他助溶剂、助剂。将尼龙 12 粒料、溶剂和其他助剂投入带夹套的不锈钢压力釜中,利用夹套中的加热油进行加热,缓慢升温至 150 ℃ 左右,保温 1～2 h。接着剧烈搅拌,以一定的速度冷却,得到粉末悬浮液。通过真空抽滤和减压回收,对已冷却的悬浮液进行固液分离,所得固态物为尼龙 12 粉末聚集体。聚集体经真空干燥后,研磨、过筛,即可得到粒径在 100 μm 以下、粒径分布适宜的尼龙 12 粉末。

上述方法制备的尼龙 12 粉末,其粒径大小及分布受溶剂用量、溶解温度、保温时间、搅拌速度、冷却速度等因素的影响,改变这些因素,可以制备不同粒径的粉末材料。一般来说,溶剂的用量越大,粉末粒径越小。提高溶解温度,尼龙 12 溶解完全,粉末粒径小;但由于是封闭容器,温度提高,系统压力也升高,增加了操作的危险性,同时过高的温度会使尼龙 12 发生氧化降解,影响其性能,因此溶解温度不宜过高。增加保温时间也可降低粉末粒径。

溶剂沉淀法制备的粉末颗粒形状接近于球形,可以通过控制工艺条件生产出所需粒径的粉末。为防止尼龙 12 氧化降解,应加合适的抗氧剂。

除了上述两种主要制备方法外,有些聚合工艺可直接制得高分子粉末材料。如采用自由基乳液聚合合成聚丙烯酸酯、聚苯乙烯、ABS 等高分子材料时,将高分子胶乳进行喷雾干燥可得到高分子粉末材料。这种方法制备的高分子粉末颗粒形状为球形,流动性很好。当采用界面缩聚生产聚碳酸酯时,也可直接得到聚碳酸酯粉末,但这种方法得到的粉末颗粒形状极不规则,表观密度很低。

4.2.2 高分子粉末材料的组成

SLS 高分子粉末材料由高分子粉末及稳定剂、润滑剂、分散剂、填料等助剂组成,其中高分子基体材料是影响烧结件性能的主要因素,其他助剂使高分子粉末材料适合 SLS 工艺要求,改善烧结件性能。

1. 高分子基体材料的选用

1) 非结晶高分子材料的选用

非结晶高分子材料的品种较多,常用的有聚苯乙烯、ABS、聚甲基丙烯酸甲酯类及其他丙烯酸酯类、聚氯乙烯、聚碳酸酯等。从理论上讲,这些高分子材料都可用于 SLS 工艺。但这些材料在进行激光烧结时表观黏度高,难以形成致密的烧结件,较高的孔隙率导致烧结件的力学性能远远低于材料本体的力学性能,因此,用非结晶高分子材料制作的烧结件不能直接用作功能件。但多孔的烧结件经过适当的后处理强度可大幅度提高,经过后处理的烧结件就有可能用作功能件。常用的后处理方法是用液态热固性树脂浸渗烧结件,固化后可获得高强度。环氧树脂易于调节固化温度,固化收缩小,且其本身具有优良的力学性能,非常适合用作浸渗剂。

由于提高非结晶高分子材料烧结件的强度主要依靠后处理,而烧结件强度提高的程度取决于烧结材料与浸渗树脂的相容性,因此,选择用于制作功能件的非结晶高分子材料除了要考虑其激光烧结性能外,更要考虑其与浸渗树脂的相容性。聚碳酸酯是一种综合性能优良的工程塑料,具有良好的热稳定性,其表观黏度对温度的依赖性大,易于激光烧结成形;更重要的是聚碳酸酯与环氧树脂都是以双酚 A 为主要原料合成的高分子材料,它们的分子结构中有相同的结构单元,因此二者的相容性优于其他非结晶高分子。由于聚碳酸酯的热变形温度较高,环氧树脂可在较高的温度下固化,有利于提高性能,而且其优良的韧性可弥补环氧树脂脆性大的缺点,烧结件经环氧树脂处理后有望获得优良的力学性能,因此,聚碳酸酯是常用非结晶高分子材料中最适合制作功能件的材料。实验中选用聚碳酸酯作 SLS 成形材料制备功能件,其基本性能如表 4-2 所示。

表 4-2　聚碳酸酯(PC)的基本性能

参数	值	参数	值
相对分子质量	$(2.6 \sim 2.9) \times 10^5$	拉伸强度/MPa	60
密度/(g/cm³)	1.18	拉伸模量/MPa	2130

续表

参数	值	参数	值
玻璃化温度 T_g/℃	145~150	断裂伸长率/(%)	85
黏性流动温度 T_f/℃	220~230	弯曲强度/MPa	95
热分解温度 T_d/℃	>300	弯曲模量/MPa	2100
脆化温度 T_e/℃	-100	缺口冲击强度/(kJ/m²)	45
比热容/(J/(g·℃))	1.17	热变形温度/℃	130
热导率/(J/(cm·s·℃))	1.92×10⁻³	成形收缩率/(%)	0.5~0.8
线膨胀系数/(1/℃)	(5~7)×10⁻⁵		

2) 结晶高分子材料的选用

结晶高分子材料经过激光烧结能形成致密的烧结件,烧结件的性能接近于模塑件的性能,因此可直接用作塑料功能件。由于高分子材料的性能决定了烧结件所能达到的性能,因此要得到高性能的烧结件,必须选用高性能的高分子材料。

常用的结晶性高分子材料有聚乙烯、聚丙烯、尼龙、热塑性聚酯、聚甲醛等。聚甲醛加工热稳定性差,在烧结温度下易发生热降解和热氧化,不适合作 SLS 成形材料。聚乙烯熔融黏度较大,力学性能一般,也不太适合用于烧结塑料功能件。尼龙和热塑性聚酯都是通用工程塑料,具有良好的综合性能,热稳定性能较好,熔融程度都很低,有利于激光烧结成形,因此有可能成为高性能的 SLS 成形材料。表 4-3 列出了尼龙和热塑性聚酯的主要品种的性能。

表 4-3   尼龙和热塑性聚酯的主要品种的性能

品种	尼龙 6	尼龙 66	尼龙 11	尼龙 12	聚对苯二甲酸乙二酯	聚对苯二甲酸丁二酯
密度/(g/cm³)	1.14	1.14	1.04	1.02	1.4	1.31
玻璃化温度/℃	50	50	42	41	79	20
熔点/℃	220	260	186	178	265	225
吸水率(23 ℃,24 h)/(%)	1.8	1.2	0.3	0.3	0.08	0.09
成形收缩率/(%)	0.6~1.6	0.8~1.5	1.2	1.2	1.5~2.0	1.7~2.3
拉伸强度/MPa	74	80	58	50	63	53~55
断裂伸长率/(%)	180	60	330	200	50~300	300~360
弯曲强度/MPa	125	130	69	74	83~115	85~96
弯曲模量/MPa	2.9	2.88	1.3	1.33	2.45~3.0	2.35~2.45
悬臂梁缺口冲击强度/(J/m)	56	40	40	50	42~53	49~59
热变形温度(1.86 MPa)/℃	63	70	55	55	80	58~60

从表 4-3 中可以看出,这几种树脂都具有良好的力学性能,能满足塑料功能件的性能要求。尼龙 6 和尼龙 66 由于分子中的酰胺基密度大而具有较高的吸水率,吸水会破坏尼龙分子间的氢键,在高温下还会促进水解反应导致相对分子质量下降,从而使制件的强度和模量显著下降,尺寸发生较大变化。粉末材料的比表面积大,更容易吸水,因此吸水率高对粉末材料的烧结极为不利。而且这两种尼龙的熔融温度都很高,烧结时需要很高的预热温度,也给烧结成形带来较大的困难。热塑性聚酯的吸水率很低,但其成形收缩率较大,成形精度较

难控制,而且它们的熔融温度也很高。在这几种树脂中,尼龙 12 的熔融温度最低,吸水率和成形收缩率都较小,最适合用作烧结材料。

2. 稳定剂

SLS 高分子粉末材料所使用的稳定剂主要是抗氧剂。高分子粉末材料比表面积大,在 SLS 成形过程中易发生热氧化降解,导致颜色变黄,性能变差。加入抗氧剂能较好地解决高分子材料的热氧化问题,同时还能防止烧结件在使用过程中的热氧老化。抗氧剂分为自由基俘获剂(也称链终止型抗氧剂)和氢过氧化物分解剂(又称预防型抗氧剂)两大类。前者的功能是俘获自由基,使其不参与氧化链反应循环;后者的作用是分解氢过氧化物,使其不产生自由基,通常用作辅助抗氧剂。链终止型抗氧剂主要有酚类和胺类,胺类抗氧剂的防护效能比酚类高,但大多数胺类抗氧剂受光和氧作用后都会发生不同程度的变色,不适用于浅色制件,在塑料中应用较少。预防型抗氧剂主要有亚磷酸酯类、硫酯类等,这类抗氧剂与链终止型抗氧剂并用常能产生协同效应。因此,选用由酚类与亚磷酸酯类或硫酯类组成的复合抗氧剂作为 SLS 高分子粉末材料的抗氧剂。

3. 润滑剂

润滑剂可选用硬脂酸钙、硬脂酸镁等金属皂盐。其主要作用是减少高分子粉末材料之间的相互摩擦,提高加工材料的流动性,有利于铺粉,还可提高高分子粉末材料的热稳定性。

4. 分散剂

分散剂通常选用粒径在 $10~\mu m$ 以下的无机粉末,如氢氧化铝、白炭黑、二氧化钛、高岭土、滑石粉、云母粉等。其主要作用是减少材料颗粒间的团聚,使高分子粉末材料在接近 T_g(非结晶高分子)或 T_m(结晶高分子)温度下仍具有流动性。

5. 填料的选用与表面处理

1) 填料的选用

无机填料的种类较多,常用的有碳酸钙、滑石粉、白炭黑、高岭土、硅灰石、云母、玻璃微珠、氢氧化铝、二氧化钛等。不同的填料具有不同的几何形状、粒径大小及分布,以及不同的物理化学性质,这些特性将直接影响填充高分子材料的性能。填充高分子材料的强度依赖于填料粒子和高分子基体之间的应力传递。如果外加应力可以从基体有效地传递到填料粒子上,而且填料粒子能够承受一部分外加应力,则填料的加入可以使基体强度提高,否则,基体强度会降低。一般来说,针状、纤维状等长径比较大的填料有利于提高基体高分子材料的强度,球状填料则有利于提高加工性能。大粒径刚性粒子易在基体中形成缺陷,造成应力集中,使材料的力学性能下降。粒径越小,表面缺陷越少,界面结合性越好,填充高分子材料的力学性能越好。但粒径越小,比表面积越大,粒子的内聚能越高,越容易团聚,要实现其均匀分散就越困难。而在比表面积一定时,填料的表面能越大,粒子相互间越容易团聚,越不易分散。高分子粉末材料的激光选区烧结成形完全不同于其他成形方法,因此,在选择填料时应综合考察填料对高分子粉末材料的烧结工艺及烧结件性能的影响。

2) 填料的表面处理

(1)表面处理原理。

无机填料与有机高分子的分子结构、物理形态及表面性质极不相同,两种材料不能紧密结合在一起,直接影响了复合材料的性能,因此,需对填料进行表面处理。偶联剂是一类具有两性结构的物质,其分子中的一部分基团可与无机物表面的化学基团反应,形成强固的化学键,另一部分基团则有亲有机物的性质,可与有机分子反应或物理缠绕,从而把两种性质大不相同的材料牢固结合起来。最常用的偶联剂为硅烷偶联剂。

硅烷偶联剂的结构通式为 $RSiX_3$,R 是与高分子有亲和力或反应能力的活性官能团,如氨基、巯基、乙烯基、环氧基、氰基、甲基丙烯酰氧基等。X 为能水解的烷氧基或氯。硅烷偶联剂特别适合于含硅酸成分多的填料,如玻璃微珠、石英粉、白炭黑、硅灰石等。

硅烷偶联剂的种类应根据高分子基体材料来选择,对尼龙基体材料可选用含氨基的硅烷偶联剂,如 γ-氨丙基三乙氧基硅烷(KH550)。用 KH550 处理填料时,乙氧基首先水解形成硅醇,然后再与填料表面上的羟基反应,反应式如下:

$$H_2N(CH_2)_3Si\begin{matrix}OC_2H_5\\—OC_2H_5\\OC_2H_5\end{matrix} +3H_2O \longrightarrow H_2N(CH_2)_3Si\begin{matrix}OH\\—OH\\OH\end{matrix} +3C_2H_5OH \quad (4\text{-}20)$$

$$H_2N(CH_2)_3Si\begin{matrix}OH\\—OH\\OH\end{matrix} + \begin{matrix}HO\\HO\end{matrix}\bigcirc \longrightarrow H_2N(CH_2)_3Si\begin{matrix}O\\—\bigcirc\\OH\ O\end{matrix} +2H_2O$$

填料

$$(4\text{-}21)$$

KH550 分子中的氨基则可以与尼龙分子中的羧基反应:

$$\bigcirc\begin{matrix}O\ OH\\|\\O\end{matrix}Si(CH_2)_3NH_2 + HOOC(CH_2)_{11}NH\sim\sim\sim \longrightarrow$$

$$(4\text{-}22)$$

$$\bigcirc\begin{matrix}O\ OH\\|\\O\end{matrix}Si(CH_2)_3NHC(CH_2)_{11}NH\sim\sim\sim +H_2O$$

这样以 KH550 为桥梁,将尼龙与无机填料牢固地结合起来,形成性能优良的复合材料。

(2) 表面处理方法。

用硅烷偶联剂处理填料时,其理论用量计算式为

$$硅烷偶联剂用量(g)=\frac{填料质量(g)\times填料比表面积(m^2/g)}{硅烷的可湿润比表面积(m^2/g)} \quad (4\text{-}23)$$

KH550 的可湿润比表面积为 353 m^2/g,将填料的比表面积代入式(4-23)中,即可确定 KH550 的用量。但由于填料的比表面积较难测定,KH550 的用量难以精确计算,在实际操作中采用 1%(质量分数,下同)的硅烷偶联剂处理填料。对于大多数填料而言,这一用量高于理论用量。

表面处理方法如下。

用 95%的乙醇和 5%的水配成乙醇水溶液,搅拌下加入硅烷偶联剂使其质量分数达 2%,水解 5 min 后,即生成含 Si—OH 的水解物。加入需要处理的填料,搅拌均匀,在室温条件下自然干燥 1~2 d,再在 60 ℃的烘箱中干燥 2 h,将干燥后的填料碾磨、过筛即可。

6. 其他助剂

根据需要,还可以加入增强剂、抗静电剂、颜料等助剂。

4.2.3 高分子粉末材料的表征

1. 粉末颗粒大小及形态

SLS 工艺对粉末材料的粒径大小及形态有较高的要求。粉末粒径大小影响烧结速度及烧结件的尺寸精度和外观质量,粉末形态则影响粉末的流动性。不同方法制得的高分子粉末,其形态和大小各异。图 4-8 所示是用日本 JSM-5510LV 型扫描电镜(SEM)观测到的高分子粉末的微观形貌。

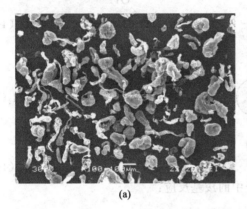 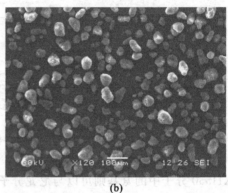

(a)   (b)

图 4-8　高分子粉末的 SEM 照片

图 4-8(a)所示是由界面缩聚得到的 PC 粉末,其粒子形状不规则且表面粗糙,粒径分布很宽。图 4-8(b)所示是用溶剂沉淀法制得的尼龙 12 粉末,其颗粒接近于球形,粒径主要集中在 40~70 μm,这样的粉末流动性好,有利于激光烧结。

2. 粉末的表观密度

高分子粉末的表观密度与粉末形态、粒径大小及分布、高分子材料的种类等因素有关。在 SLS 工艺中,粉末的表观密度影响烧结过程中的传热及烧结件的致密化,表观密度较大的粉末有利于提高烧结件的密度。

表 4-4 所示是几种高分子粉末材料的表观密度。

表 4-4　几种高分子粉末材料的表观密度

高分子粉末材料	PC	尼龙 12	加 30% 玻璃微珠的尼龙 12	加 30% 滑石粉的尼龙 12	加 30% 硅灰石的尼龙 12
表观密度/(g/cm³)	0.18	0.48	0.59	0.57	0.60

3. 粉末白度

高分子材料在受热条件下易发生热氧老化,颜色逐渐变黄,白度下降。氧化得越厉害,其白度值越低,因此白度能较好地反映高分子材料的热氧老化程度。高分子粉末在制备和激光烧结过程中均有可能发生热氧老化,氧化速度随温度升高而加快。采用溶剂沉淀法制备尼龙 12 粉末时,由于制备温度较高、时间较长,尼龙 12 有发生热氧老化的危险,尼龙 12 的白度是重要的控制指标。高分子粉末材料的白度采用 ZBD 型白度测定仪按 GB 2913—1982 进行测量。常见的几种高分子粉末材料的白度如表 4-5 所示。

表 4-5　几种高分子粉末材料的白度

粉末材料	PC	尼龙 12	加 30%玻璃微珠 的尼龙 12	加 30%滑石粉 的尼龙 12	加 30%硅灰石 的尼龙 12
白度/(%)	93.5	96.8	90.9	93.9	91.8

总之,采用低温粉碎、溶剂沉淀等方法可制备微米级的高分子粉末材料,将其与稳定剂、润滑剂、分散剂、填料等助剂混合,可制得高分子激光烧结粉末材料。PC 和尼龙 12 分别是常用非结晶高分子材料和结晶高分子材料中最适合制作功能件的高分子材料。稳定剂、润滑剂、分散剂通常是高分子粉末材料中不可缺少的助剂。填料可改善高分子粉末材料的烧结工艺性能和烧结件的性能,并降低材料成本。为增强填料与高分子材料的界面结合,须对填料进行表面处理。

4.3　激光选区烧结件的后处理材料及工艺

无论应用于何种场合,无定形高分子粉末材料的烧结件均存在相同的问题:①烧结时材料熔融收缩,颗粒间存在空隙,烧结件的实体密度比相应注塑件的密度低,强度也较差;②粒子本身的熔融不充分,使得烧结件的表面质量与实际要求相差很远。

为了提高烧结件强度和表面质量,需要对无定形高分子粉末材料烧结件进行一定的后处理。根据不同的用途,可将后处理分为两大类:①用作功能件,用树脂对烧结件进行增强处理;② 用于精密铸造,用蜡材对烧结件进行渗蜡处理。

4.3.1　树脂增强处理材料

华中科技大学快速制造中心开发的 HB1 材料的基体树脂为无定形聚合物,其尺寸稳定性非常好,收缩率约为 0.39%(0.1 mm/25.4 mm),吸湿率为 0.02%,能自由着色,其拉伸强度为 40 MPa 左右。HB1 材料虽然价格便宜、成形性好,但其烧结件强度低,表面粗糙,不能直接作为功能测试件应用。为满足应用需要,HB1 材料的烧结件必须进行后处理。

1. 对树脂增强处理体系的要求

由于后处理的对象为固体型材,结合烧结件基体材料的性能,用树脂对烧结件进行处理,树脂增强体系必须满足如下要求。

①无溶剂,固化过程中不能有小分子溢出。因为处理材料对烧结件不能有溶解、腐蚀作用;而固化过程中有挥发性小分子逸出,会在后处理制件的表面形成孔洞。

②渗透性好。由于对烧结件的处理不单是表面处理,而是对整体的填充、增强处理,因此处理材料应能渗入整个烧结件中。

③固化温度不能太高,树脂固化时收缩要小,对烧结件的精度影响小。

④树脂固化后强度高、性能好。

⑤操作性、稳定性好。

2. 树脂体系的选择

1) 树脂的选择

下面为几种常见树脂增强处理材料在 HB1 烧结件中的应用性能。

(1) 酚醛树脂。酚醛树脂由甲醛(或多聚甲醛)与 2~3 官能基苯酚及其衍生物经缩合而成。酚醛树脂硬度高,光泽好,固化速度快,耐水,耐酸碱。将酚醛树脂应用于 HB1 烧结件的后处理时,酚醛树脂的固化速度太快,不能满足厚度大的烧结件的浸渗。酚醛树脂的附着力差、质脆,作为增强树脂柔韧性不够。同时,酚醛树脂在使用过程中必须使用溶剂,固化时收缩比较大。

(2) 醇酸树脂。醇酸树脂是由多元醇、多元酸和一元酸缩聚而成的线型树脂,其综合性能好,可进行多种改性。但其在使用过程中必须加入甲乙酮或汽油作为溶剂,这两种溶剂都会溶解 HB1 材料。

(3) 聚氨酯树脂。分子结构中含有氨基甲酸酯重复链节的高分子化合物称为聚氨酯树脂,它由异氰酸酯和含活性氢的化合物逐步聚合而成。聚氨酯树脂附着力强,耐腐蚀,柔韧性好,可用于连接软质材料和硬质材料,但力学强度比较低,对 HB1 烧结件不能起到增强作用。

(4) 有机硅树脂。有机硅树脂是以 Si—O 键接成主链的高聚物。有机硅树脂具有比其他有机聚合物更高的热稳定性和抗氧性,耐水性也好。但其附着力差,固化时间长,尤其是固化温度高(150~250 ℃),无法在 HB1 烧结件的后处理中应用。

(5) 环氧树脂。环氧树脂是一种环氧低聚物(epoxy olygomer),与固化剂反应可形成三维网状的热固性塑料。环氧树脂由热塑性变为热固性,显示出优良的性能。其黏结力强,耐水性、热稳定性好,附着力优良,线收缩率小,在使用中可以选择活性稀释剂,不会溶解烧结件的基体材料。

经过对几种树脂的性能和使用条件进行比较,初步选定后处理材料为环氧树脂。

环氧树脂按化学结构可分为缩水甘油醚类、缩水甘油酯类、缩水甘油胺类、脂环族环氧树脂、环氧化烯烃类等,按状态可分为液态树脂和固态树脂。其中产量最大、应用最广、具有代表性的是双酚 A 缩水甘油醚型环氧树脂,这种树脂由双酚 A 和环氧氯丙烷反应制得,原材料来源方便、成本低。其型号与性能如表 4-6 所示。

表 4-6 双酚 A 型环氧树脂性能

统一型号	习惯型号	外观	色泽	软化点/℃	环氧值/(mol/(100 g))
E-51	618	淡黄至黄色透明黏稠液体	2	—	0.48~0.54
E-44	6101	淡黄至棕黄色透明黏稠液体	6	12~20	0.41~0.47
E-42	634		8	21~27	0.38~0.45
E-20	601	淡黄至棕黄色透明固体	8	64~76	0.18~0.22
E-12	604		8	85~95	0.09~0.14

虽然固态环氧树脂的相对分子质量较大,固化物的柔韧性比较好,但使用时需加入大量的稀释剂甚至溶剂,而大量的稀释剂和溶剂会导致烧结件的溶解、翘曲变形。而黏度较低的液态环氧树脂,只需少量的活性稀释剂即可,固化后也易于后续的打磨处理,因此选择 E-42 作为增强树脂。

2) 稀释剂的选择

环氧树脂材料要求的黏度依用途的差别而定。在高分子粉末材料烧结件的后处理中,要求环氧树脂能浸渗烧结件,因而要求较低的树脂黏度。环氧树脂的黏度可通过加入稀释剂来进行调节。稀释剂按机能分为非活性稀释剂和活性稀释剂。

非活性稀释剂与环氧树脂相容,但不参加环氧树脂的固化反应,与环氧树脂相容性差的部分在固化过程中分离出来,完全相容的部分依沸点的高低不同而从环氧树脂固化物中挥发。非活性稀释剂的加入会使环氧树脂固化物的强度和模量下降。常用的非活性稀释剂有邻苯二甲酸二丁酯、二辛酯、丙酮、松节油、二甲苯及酚类等。

活性稀释剂指的是含有环氧基团的低分子环氧化合物,它可以参加环氧树脂的固化反应,成为环氧树脂固化物交联网络结构的一部分。一般活性稀释剂分为单环氧基、双环氧基和三环氧基活性稀释剂。在选择活性稀释剂时应注意:①稀释效果好;②尽可能不损害环氧树脂固化物的性能;③卫生、安全,毒性、刺激性小。

在烧结件的后处理中,非活性稀释剂首先可能溶解烧结件,造成烧结件的变形;其次,非活性稀释剂中的挥发组分会使环氧树脂在固化过程中产生气泡。在这种情况下,使用活性稀释剂可以得到满意的效果。从不损害环氧树脂固化物性能出发,双环氧基和三环氧基活性稀释剂性能较好,但稀释效果明显会降低。活性稀释剂的性能如表 4-7 所示。

表 4-7 活性稀释剂的性能

活性稀释剂	挥发性	浸润性	固化效果(72 h)
5748	极小	一般	硬
501	较大	一般	一般
丙酮	较大	极好	发软
二甲苯+丙酮	一般	很好	发软

注:树脂 E-51:稀释剂:固化剂$=4a$:$(4a \times 0.2+2)$:a,单位为 g;固化剂为 5769;固化温度为 35 ℃;时间为 72 h。

由表 4-7 可知,活性稀释剂 501 挥发性较大,而活性稀释剂 5748 挥发性小,还具有与非极性表面的黏结效果好、固化后强度较高等优点。

虽然非活性稀释剂浸润效果好,但固化物较软,容易变形,故不宜采用。

3) 固化剂的选择

环氧树脂本身是一种热塑性高分子预聚体,只有加入固化剂固化后成为三维网状立体结构,才呈现出一系列优良的性能。固化剂不同,固化温度也不同,环氧树脂固化物的耐热性也会产生很大的差别。环氧树脂固化剂的品种较多,性能差别很大,按固化温度区分,可分为:①在室温以下能固化的低温固化剂;②在室温至 50 ℃固化的室温固化剂;③在 50~100 ℃固化的中温固化剂;④在 100 ℃以上固化的高温固化剂。

HB1 基体材料的玻璃化温度不大于 100 ℃,加上液态的后处理材料对烧结件也有影响,浸渗完树脂后烧结件的耐温性能会大幅下降。实验中,在温度为 80 ℃的烘箱中,浸渗了树脂的烧结件易发生软化,特别是支撑不好的烧结件甚至会发生坍塌。考虑到固化速度和固化后的树脂强度,室温固化剂是较好的选择。

室温固化剂的种类很多,如脂肪族多胺、脂环族多胺、低分子聚酰胺以及改性的芳香族多胺等。

①脂肪族多胺。一般脂肪族多胺固化的环氧树脂产物具有韧性好、黏结性优良的优点,对强碱和许多无机酸有优良的抗腐蚀性,但耐溶剂性较差。其最大的缺点是对皮肤有较强的刺激性和毒性。经改性的脂肪族多胺挥发性大大降低。

②脂环族多胺。脂环族多胺的特点是黏度低,色泽稳定,耐化学性好,但耐热性差,耐丙酮、缩水甘油醚性能也差。脂环族多胺与环氧树脂反应所生成的固化物之间性能差别很大。

③低分子聚酰胺。此处的聚酰胺为一种改性的多元胺。聚酰胺最大的特点是添加量的容许范围比较宽。随聚酰胺加入量的增加,固化物的挠性和冲击强度会提高。与脂肪族多

胺相比较,其耐水性优良,但耐热性和耐溶剂性差。

④改性的芳香族多胺。与脂肪族多胺相比,改性的芳香族多胺的碱性弱,反应受芳香环空间位阻的影响。固化分两个阶段:第一阶段为抑制放热,在较低温度下进行;第二阶段要达到高性能,必须在高温下进行。

表 4-8 所示为几种环氧树脂固化剂的性能比较。

表 4-8　环氧树脂固化剂的性能

牌号	5768	5769	5784	5618	5506	5220	5350	K54
类型	脂肪族多胺			脂环族多胺	低分子聚酰胺			改性的芳香族多胺
色泽加氏(max)	3	4	3	2	13	9	10	6
黏度 /(mPa·s)	250	600~900	30~100	300~600	250	330×10^3	$(9\sim15)\times10^3$	200
胺值 /(mgKOH/g)	620	975	290~320	260~285	420	245	365~395	630
加入量 /(190 g/eq/100 g)	50	25	40	60	55	95	50	5~15
活泼氢当量	95	41	76	115	105	185	95	—
凝胶时间(150 g,25 ℃)/min	7	41	90	40	400	与溶剂的选择有关	250	40
薄层干燥时间(25 ℃)/h	2	4	12	23	23		11	
热变形温度/℃	64	99	50	46	58	—	51	90
弯曲强度/(N/mm²)	108	102	71	92	73	13.4	75	—
性能特点	固化快,适用期短	收缩小,对皮肤刺激小	黏度低,色泽稳定,适用期长	色泽稳定	黏度低,固化慢	柔韧性高,适用期长,与环氧树脂混溶	适用期长,固化慢,潮气会影响反应活性	可作固化剂或活性剂

对 5769、5506、K54 和我们开发的有机胺 EC1 这四种固化剂进行对比固化实验。表 4-9 所示为这 4 种固化剂与 E-42 固化体系在室温下对 HB1 烧结件(50 mm×50 mm×5 mm)的作用效果。

表 4-9　不同固化剂对 HB1 烧结件的影响

固化剂	5769	5506	K54	EC1
凝胶时间/min	20	270	12	50
渗透时间/min	10	6	—	12
渗透性	均匀	上下不均	不均,泛花	均匀
溶胀性	无	有	无	无
表面干燥(24 h)	是	否	是	是

实验中,K54 与环氧树脂混合 2 min 后,有强发热现象,混合物马上变黏。而 5506 由于黏度低,反应慢,混合物在烧结件上附着力差,树脂无法封填烧结件的孔隙。只有固化剂 5769 与 EC1 的效果还可以。图 4-9 所示为几种固化剂与 E-42 固化体系对 HB1 烧结件处理后的表面电子显微结构。

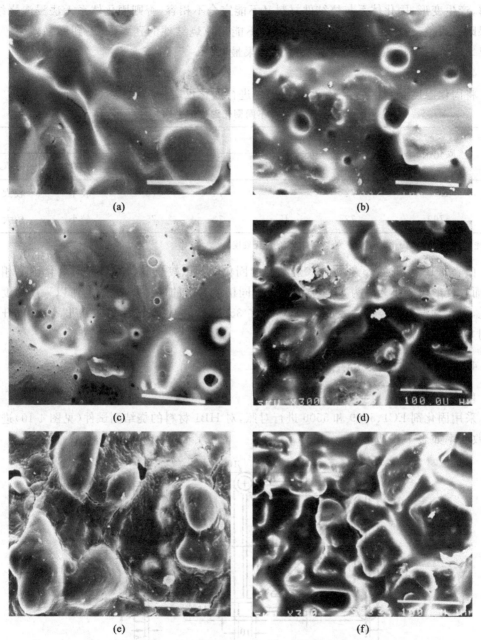

图 4-9 不同固化体系对 HB1 烧结件处理后的表面显微照片(×300)
(a)固化剂 5768;(b)固化剂 5769;(c)固化剂 5506;(d)固化剂 5220;(e)固化剂 K54;(f)固化剂 EC1

由图 4-9 可以看出,经固化剂为 5768、5506 和 5220 的固化体系处理的 HB1 烧结件表面都有孔洞形成,这是由于环氧树脂体系在固化过程中,有挥发性气体逸出,在薄膜上形成气泡,升温固化时树脂固化收缩,气泡破裂形成孔洞,尤其以固化剂为 5220 时孔洞最多。固化剂为 K54 的固化体系处理所得表面虽然没有孔洞生成,但有收缩形成的缝隙。只有固化剂为 5769 和 EC1 的固化体系处理所得表面是完整的,相比较而言,固化剂为 5769 的固化体系处理所得表面更平整。

后处理中要求固化体系与被处理烧结件材料之间的相容性不能太好,否则烧结件会被溶解,产生变形;固化体系与烧结件材料又不能完全不相容,否则固化体系无法浸渗烧结件,结果附着力差,树脂无法在烧结件上附着,不能封填烧结件的孔隙,起不到增强效果。实验结果表明,固化剂 5769 和固化剂 EC1 的效果最好。

4)固化温度

将固化温度分别设定为 35 ℃ 和 50 ℃,进行固化反应,结果如表 4-10 所示。

表 4-10　不同固化温度的影响

固化剂	t/h		HD		固化变形	
	35 ℃	50 ℃	35 ℃	50 ℃	35 ℃	50 ℃
EC1	72	48	74	76	较小	较大
5769	72	48	73	75	较小	较大

注:表中 t 为树脂固化时间,HD 为烧结件表面的邵氏硬度。

由表 4-10 可知在 35 ℃ 下浸渗烧结件的固化时间虽较长,但与 50 ℃ 时固化硬度相差较小,而且变形也较小。因为 SLS 烧结件有不同精度要求的多种复杂原型,所以采用梯度升温固化,先在常温下让烧结件表面固结,然后在 35 ℃ 下保温一天,让树脂初步固化,再升高温度到 50 ℃ 来提高树脂性能。

4.3.2　树脂增强烧结件的性能

1. 烧结件精度

采用固化剂 EC1、5769 和 5506 进行对照,对 HB1 材料的烧结测试件(见图 4-10)进行处理,收缩率如表 4-11 所示。

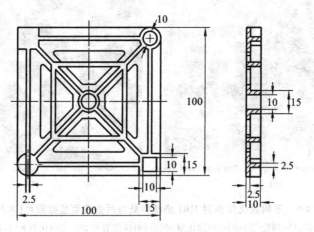

图 4-10　HB1 材料的烧结测试件示意图

表 4-11 三种固化剂对 HB1 烧结测试件收缩率的影响(35 ℃)

参数		A_0/mm	收缩率/(%)		
			EC1	5769	5506
边长	X	100	0.026	0.254	−0.033
	Y	100	0.042	0.186	−0.077
壁厚	X	2.5	1.069	1.514	−5.826
	Y	2.5	1.290	1.706	−5.360
高	Z	10	0.400	0.804	−0.196
角圆内径	R	10	0.189	1.010	3.419
中心圆	R_1	10	0.955	1.400	−2.627
	R_2	15	0.470	0.825	−0.263
角方孔 内径	X	10	0.434	0.706	2.17
	Y	10	0.605	1.010	2.276
角方孔 外径	X	15	0.421	0.585	−1.727
	Y	15	0.530	0.884	−1.634
底板厚	Z	2.5	0.301	0.492	−0.769

烧结件较厚的地方,树脂涂层厚度对体积变化无太大影响;烧结件较薄的地方,树脂涂层厚度和固化收缩对收缩率的影响则较大。相对于固化剂 EC1 来说,5769 的收缩更大一些;而 5506 的固化收缩规律不统一,或正或负。由对烧结测试件形状的实际分析可知,在烧结件的小尺寸部位有孔洞存在,树脂浸渗后,固化收缩大。烧结件微粒间除熔融黏结外,有大量的空隙,环氧固化体系由于毛细管作用浸入烧结件内部,填充大量的空隙。环氧树脂固化时体积会收缩,这会造成烧结件也有一个体积收缩过程。同时,树脂在烧结件表面形成涂层,会造成烧结件表面增厚。两种不同的效果会给烧结件的收缩带来正增长或负增长。

2. 烧结件硬度

塑料硬度是表示其抵抗其他较硬物体压入能力的性能,是材料软硬程度在一定条件下的定量反映。烧结后的材料表面有一定的硬度,采用邵氏硬度(HD)表示。表 4-12 所示为烧结件经树脂增强处理前后的硬度。

表 4-12 烧结件经树脂增强处理前后的硬度

烧结件	邵氏硬度(HD)				
	点 1	点 2	点 3	点 4	平均值
HBW	51.0	50.4	50.6	51.8	51.0
HB3A	74	73.9	73.6	74.4	74.0
HB3B	71.8	72.6	73.3	73.3	72.8

注:HBW 为未经处理的烧结件;HB3A 为经 5769 环氧树脂固化体系处理的烧结件;HB3B 为经 EC1 环氧树脂固化体系处理的烧结件。下同。

未经树脂处理的烧结件的邵氏硬度平均值(下同)为 51.0,经 5769 环氧树脂固化体系处理后的烧结件的邵氏硬度平均值为 74.0,经 EC1 环氧树脂固化体系处理的烧结件的邵氏硬度平均值为 72.8。从表中可知,经树脂处理后的烧结件的硬度约提高了 42.7%。

3. 烧结件压缩性能

图 4-11 所示为烧结件经树脂增强处理前后的压缩性能。未经树脂处理的烧结件 a 的最大受压为 26.894 MPa,经 5769 环氧树脂固化体系处理的烧结件 b 的最大受压为 47.207 MPa,经 EC1 环氧树脂固化体系处理的烧结件 c 的最大受压为 67.137 MPa。相对于未经树脂处理的烧结件 a,处理过后烧结件 b、c 的抗压能力分别为 a 的 1.76 倍和 2.50 倍。经树脂增强后,烧结件的压缩性能迅速增强。

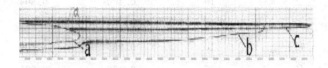

图 4-11　烧结件的压缩强度与形变的关系

a—HBW;b—HB3A;c—HB3B

4. 烧结件拉伸性能

经树脂处理后,烧结件所能承受的拉伸荷载成倍地增加,如表 4-13 所示。烧结件的微粒间除熔融黏结外,亦有大量的空隙存在;而经树脂处理后的烧结件 b 与 c,树脂填充了大量的空隙,烧结件的拉伸能力提高。相比较而言,烧结件 c 中环氧树脂与粉末材料相容得更好,冲击后微粒与树脂间无缝隙。

表 4-13　烧结件经树脂增强前后的拉伸性能

烧结件	p/N	δ/(%)	ε/MPa	σ/(%)
HBW	93.675	7.2936	2.1684	12.155
HB3A	673.34	11.827	14.265	20.926
HB3B	767.82	11.952	16.912	19.920

注:p 为最大荷载;δ 为断裂伸长率;ε 为断裂应力;σ 为断裂应变。

图 4-12 所示为烧结件经树脂增强处理前后的应力-应变曲线。烧结件中孔洞和烧结空隙的存在,使得烧结件的强度与同种材料注塑件的强度相比要小,力学性能较差。以 HB1 为基底材料的烧结件,经环氧树脂增强后烧结件的密度接近实体密度,力学性能分别为未经处理的 6.58 倍和 7.80 倍。

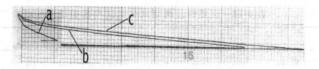

图 4-12　烧结件的应力-应变曲线

a—HBW;b—HB3A;c—HB3B

图 4-13 所示为 HB1 粉末材料烧结件的拉伸断面 SEM 照片。

从拉伸断面的 SEM 照片上可看出,烧结件 HBW 的微粒间除熔融黏结外,有大量的空隙存在;而经树脂处理后的烧结件 HB3A 与 HB3B,树脂填充了大量的空隙。烧结件 HB3A 与 HB3B 相比较而言,HB3B 的树脂与粉末材料相容得更好,冲击后微粒与树脂间无缝隙。从

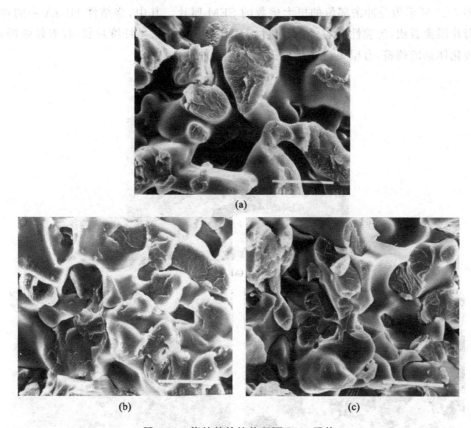

图 4-13　烧结件的拉伸断面 SEM 照片

(a)HBW(5 kV,×300)；(b)HB3A(5 kV,×300)；(c)HB3B(5 kV,×300)

断裂情况来看,烧结件 HB3A 中,烧结基体材料的断裂点多,拉伸时承受的力大;烧结件 HB3B 中,填充树脂有大面积的撕裂断面,说明受到拉伸应力时,环氧树脂承受了大部分的应力。

5. 烧结件冲击性能

冲击性能对复合材料的宏观缺陷和微观结构上的差异十分敏感,因而冲击韧性 α_k 值可用来控制加工成形工艺、成品质量,在脆性状况下,α_k 值可间接反映材料脆性抗断能力的大小。表 4-14 所示为烧结件经树脂处理前后的冲击韧性 α_k 值,其中"有"表示测试件有冲击缺口,"无"表示测试件没有冲击缺口。表 4-14 表明,经树脂处理后的烧结件 HB3A、HB3B 的冲击性能得到了改善。

表 4-14　烧结件经树脂增强前后的冲击性能

	HB1		HB3A		HB3B	
	有	无	有	无	有	无
冲击韧性						
$\alpha_k/(\mathrm{J/cm^2})$	2.78	3.00	5.40	7.99	5.48	8.16

图 4-14 所示为冲击断面的 SEM 照片。其中 HBW 没有经过树脂处理,从冲击断面的 SEM 照片可以看到粒子间有大量的孔隙;由环氧树脂处理过的烧结件 HB3A 和 HB3B,在受到冲击时,环氧树脂填充层最大限度地减少了冲击过程对微粒及微粒黏结部分的冲击。其中烧结件 HB3A 受到冲击后,树脂与基体粒子间产生了缝隙,而在烧结件 HB3B 中,树脂虽然因受到冲击应力而撕裂,但仍与基体粒子吻合紧密。

图 4-15 所示为受冲击部位的更大倍数的 SEM 照片。其中,烧结件 HB3A 中的树脂层呈云母片层撕裂状,为脆性断裂;而烧结件 HB3B 的树脂断层呈纤维片状,有着较强的韧性。通过固化体系的调整,有望更进一步地提高 HB3B 的冲击性能。

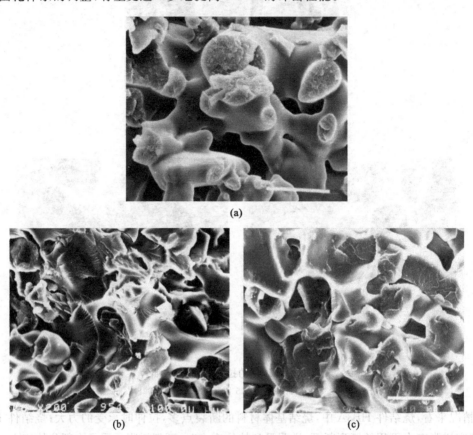

图 4-14 烧结件的冲击断面 SEM 照片
(a)HBW(5 kV,×300);(b)HB3A(5 kV,×300);(c)HB3B(5 kV,×300)

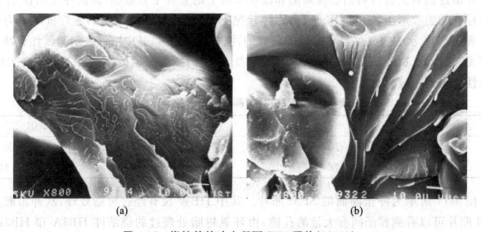

图 4-15 烧结件的冲击断面 SEM 照片(×800)
(a)HB3A(5 kV,×800);(b)HB3B(5 kV,×800)

4.3.3 后处理用蜡材

要得到表面质量较好的铸件,必须对烧结件进行后处理,一是提高其强度,二是改善其表面质量。激光选区烧结直接成形的高分子粉末材料烧结件,在烧结后具有 50%左右的孔隙率,而且大部分是连通的、开口的孔洞,其拉伸强度只有 2～3 MPa;烧结件的表面粗糙度也比较高,触摸时还有粉粒掉下,不能满足精密铸造的要求。如果要使烧结件应用于后续的铸造工艺,必须对高分子粉末材料烧结件进行渗蜡处理,以提高强度和降低表面粗糙度。

1. 后处理用蜡的选择

对熔模材料性能的基本要求包括热物理性能、力学性能和工艺性能等三方面。

① 热物理性能方面的要求主要指有合适的熔化温度和凝固区间、较小的热膨胀和收缩、较高的耐热性(软化点);模料在液态时无析出物,固态时无相变。

②力学性能方面的要求主要有强度、硬度、塑性、柔韧性等。

③工艺性能方面的要求主要有黏度(或流动性)、灰分、涂挂性等。

1) 蜡的软化点

蜡的软化点越高,固态蜡的强度也越高。使用的烧结材料 HB1 的软化点为 80 ℃,而且烧结件内部的颗粒间为融合连接,如果蜡的软化点过高,极易使连接点软化,引起烧结件在浸蜡时变形,蜡温过高甚至会引起烧结件开裂、崩塌。为保证烧结件的尺寸精度,蜡的软化点不应高于 75 ℃。蜡料凝固区间的宽度一般以 5～10 ℃为宜,太窄则蜡料凝固时二相区内固、液相比例变化快,浸渗时蜡料黏度不便掌握;太宽又会使软化点降低。

2) 蜡的熔融黏度

蜡料应具有良好的流动性和成形性,以保证浸渗时充填性良好,使烧结件表面光洁以及容易脱模。要准确测出蜡料的流动性相当困难,多以黏度来反映流动性。蜡液黏度越小,其流动性就越好,就越容易浸渗、填充烧结件的孔洞。蜡液黏度变化越平稳,烧结件后处理的工艺就越容易控制,处理同一种多个烧结件时的重复性越好。这样就可以通过实体尺寸放缩来弥补蜡材的收缩对烧结件的影响。如果黏度过低,蜡液对烧结件的黏附性差,也就是挂壁性差,会造成烧结件表面的挂蜡量不够,粗糙度增大,表面易产生流痕缺陷。实验表明,蜡液的黏度在 2～3 Pa·s 比较合适。

3) 蜡的热膨胀和收缩特性

蜡料热胀冷缩小,可以提高渗蜡件的尺寸精度,也有利于减少渗蜡件的表面缺陷,减小脱蜡时型壳胀裂的可能性。所以收缩率小是蜡料最重要的性能要求之一,一般应小于 1%。

4) 蜡料的强度和表面硬度

渗蜡件应具有足够的强度、表面硬度和韧性,使渗蜡件在操作过程中不致损坏、变形或划伤。蜡材强度不应低于 2.0 MPa,最好为 5.0～8.0 MPa,硬度太高容易变脆。

为得到适合激光烧结件渗蜡处理的蜡材,孙海宵对铸造蜡进行了改性。其渗蜡工艺如下:首先将烧结件在蜡温为 90～100 ℃时浸入蜡 A 中,微冷到 60 ℃后,再次快速浸入蜡温为 90～100 ℃的蜡 C 中,得到最终的渗蜡件。蜡 A、蜡 C 这两种材料的平均收缩率相近,所得渗蜡件的平均收缩率较小,低于 0.1%。但在浸渗时,蜡 A 和蜡 C 的温度很接近,二次浸蜡时间难以控制,导致实验结果重复度不好。而且由于浸渗时的蜡温高于 75 ℃,如果浸渗时间较长,烧结件就会变形。经过浸蜡处理,渗蜡件的拉伸强度为 6.4 MPa,可以满足熔模铸造的要求。由于渗蜡件表面挂蜡量不够,渗蜡件的表面粗糙度还有待降低。

为解决渗蜡件表面粗糙度问题和提高渗蜡件尺寸稳定性,再次对蜡料进行选择。为便于浸蜡操作和防止后期开裂,此次在整个操作过程中,研究人员只选用了一种切片石蜡,其软化点为 52 ℃,凝固区为 5 ℃,黏度与温度的关系平稳,如图 4-16 所示。

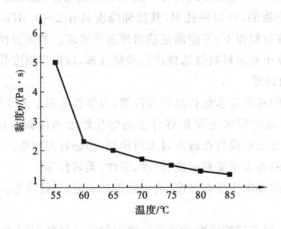

图 4-16　切片石蜡的黏度-温度曲线

2. 渗蜡工艺调整

在渗蜡处理中,渗蜡工艺也是很关键的。图 4-17 所示是无定形高分子粉末材料激光烧结件的渗蜡处理工艺流程。

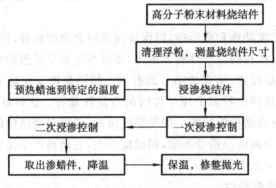

图 4-17　渗蜡处理工艺流程示意图

在图 4-17 所示的工艺流程中,以下几点比较关键。

① 蜡池温度。改用低温切片石蜡后,蜡池温度只需加热到 70 ℃,比原来下降了 20 ℃。由于此温度低于 HB1 材料的变形温度,薄壁烧结件在此蜡温下浸渗也基本不会变形。

② 一次浸渗和二次浸渗时间的控制。一次浸渗是为了使蜡液完全浸渗整个烧结件,并填充烧结实体内的孔隙。二次浸渗是为了满足渗蜡件表面的挂蜡量,二次浸渗时的蜡温比一次浸渗时的蜡温稍低 2～5 ℃,浸渗时间很短。如果表面挂蜡量不够,可再次进行一次浸渗和二次浸渗操作,由于蜡温较低,不会产生废品。

③ 降温后对渗蜡件的保温。浸渗成功的渗蜡件,缓慢冷却后,再次升温至 35 ℃并保温,保温时间视渗蜡件壁厚而定,保温目的是释放热应力,减小渗蜡件的变形。

其中,对一次浸渗和二次浸渗的蜡温和浸渗时间的调整,从根本上解决了渗蜡件表面挂蜡量不够的问题。在实际应用中,表面效果不好可以重新再浸渗,渗蜡时基本没有废品出现,而且此种工艺的重复性很好。

渗蜡后经过保温,再适当地打磨、抛光,就得到强度、表面质量合乎要求的可进行熔模铸造的渗蜡件。

由于无定形高分子粉末材料在烧结中形成的孔洞削弱了烧结件的力学性能,因此根据不同的应用需求,需对烧结件进行后处理。在树脂增强处理中,首先对各种树脂进行性能对比,确定了环氧树脂体系,然后对固化剂和稀释剂进行了选择,开发了一种后处理用树脂材料。研究了相应的固化工艺,得到精度高、力学性能优良的后处理增强烧结件。在渗蜡处理中,选用合适的蜡材后,通过改进渗蜡工艺,获得了强度较高、表面质量较好,满足精密铸造要求的渗蜡件。

4.4　尼龙 12 粉末材料及其 SLS 成形

4.4.1　尼龙复合粉末材料

尼龙粉末已被证明是目前 SLS 技术直接制备塑料功能件的最好材料,但纯尼龙的强度、模量、热变形温度等均不太理想,且易吸水,成形收缩率较高(1%左右)。实际应用的尼龙模塑材料多为玻璃纤维增强尼龙,玻璃纤维的加入很好地解决了以上问题。SLS 成形的纯尼龙 12 制件强度比模塑成形的还低,因此不能满足标准更高的塑料功能件的要求,且收缩率较大,精度不高,激光烧结过程中易发生翘曲变形。为此,国内外从事 SLS 研究的机构和公司都将尼龙增强复合材料作为重点研究的方向之一。

通过先制备尼龙复合粉末材料,再烧结得到的尼龙复合粉末材料制件具有某些比纯尼龙制件更加突出的性能,从而可以满足不同场合、用途对塑料功能件性能的需求。与非结晶高分子材料不同,结晶高分子材料的烧结件已接近完全致密,因而致密度不再是影响其性能的主要因素。添加无机填料确实可以大幅度提高其某些方面的性能,如力学性能、耐热性等。目前,常用来增强尼龙 SLS 制件的无机填料有玻璃微珠、碳化硅、硅灰石、滑石粉、二氧化钛、羟基磷灰石、累托石和部分金属等。

此外,近年来采用纳米粒子制备纳米尼龙复合材料的研究十分活跃。纳米材料的表面效应、体积效应和宏观量子隧道效应,使得纳米复合材料的性能优于相同组分常规复合材料的性能,因此制备纳米复合材料是获得高性能复合材料的重要方法之一。为此,国内外的许多机构和学者对此进行了大量的研究,并开发出了一些商品化的高性能纳米尼龙复合材料。但纳米材料的分散较困难,制备纳米粒子均匀分散的高分子基纳米复合材料,依然是一项艰难的工作。目前比较成功的是单体的原位聚合和插层聚合,所使用的纳米材料主要是层状的蒙托土和二氧化硅。

普通的无机填料使尼龙 12 烧结件的冲击强度明显下降,不能用于对冲击强度要求较高的功能件,因此有必要采用其他的增强改性方法,提高烧结件的性能。SLS 所用的成形材料为粒径在 100 μm 以下的粉末材料,不能采用玻璃纤维等高分子材料常用的增强方法增强,甚至于长径比在 15 以上的粉状填料也不适合 SLS 工艺。纳米无机粒子虽对高分子材料有良好的增强作用,但常规的混合方法不能使其得到纳米尺度上的分散,因而不能发挥纳米粒子的增强作用。近年来出现的高分子/层状硅酸盐纳米复合材料不仅具有优异的物理力学性能,而且制备工艺经济实用,尤其是高分子熔融插层,工艺简单、灵活、成本低廉,适用性强,为制备高性能的复合烧结材料提供了一个很好的途径。在激光烧结粉末材料中加入层状硅酸盐,若能在烧结过程中实现高分子与层状硅酸盐的插层复合,则可制备高性能的烧结件。

4.4.2　尼龙 12 粉末的制备工艺

目前,制备 SLS 专用的尼龙 12 粉末主要采用溶剂沉淀法。

1. 溶剂的选择

可选择的溶剂体系有甲醇、乙醇、乙二醇、二甲基亚砜、硝基乙醇、ε-己内酰胺等。崔秀兰等人研究了不同的溶剂体系对制备尼龙粉末的影响,包括二甘醇、二甘醇-水、乙醇-氯化钙、乙醇-盐酸四种溶剂体系,综合研究了粉末的性能,发现使用溶剂沉淀法制备的粉末形貌和粒径与溶剂有很大关系。二甘醇体系制备的粉末平均粒径为 43 μm,二甘醇-水体系制备的粉末粒径只有 17 μm 左右,乙醇-氯化钙体系制备的粉末粒径为 37 μm 左右,乙醇-盐酸体系制备的粉末平均粒径为 66 μm 左右。此外发现乙醇-氯化钙体系制备的粉末颗粒具有多孔结构。乙醇-盐酸体系制备的粉末在 230 ℃ 以上热稳定性较好。

以上溶剂体系中甲醇、二甲基亚砜、硝基乙醇等毒性较大,不适合人工操作生产;二甘醇等溶剂的沸点较高,不易于溶剂的回收,且价格高。用乙醇-盐酸体系制备的粉末粒度均匀,粒径适中,粉末稳定性较好,但粉末呈多孔结构,成形时变形较大,而且对设备有一定的腐蚀,此外盐酸容易挥发出氯化氢气体,有毒性、刺激性,此方法欠佳。为避免这些不足,丁淑珍等人研究了另一种醇溶液体系,制备的尼龙粉末粒径可控制在 53~75 μm,但是粉末颜色发黄,熔点高达 200 ℃ 以上。

乙醇为一种优良的溶剂,而且毒性和刺激性低,价格低,易于回收,因此我们仍然首选以乙醇为主的溶剂体系。

我们的先期研究表明,粒径分布集中在 30~50 μm 的粉末对 SLS 成形特别有利。因为在 SLS 成形过程中,粒径太小使粉末不仅变得蓬松,堆密度降低,而且容易黏附在铺粉辊上,不利于粉末的铺平。粒径过大,则成形性能恶化,制件的表面粗糙。

前人的研究报道表明,乙醇溶剂体系所制备的尼龙粉末很难达到 SLS 成形要求,一般平均粒径都在 75 μm 左右,因此 3D Systems 公司推出了精细尼龙(平均粒径为 40 μm)。它主要通过空气筛分获得,在粉末没有其他用途的情况下,这种方法效率太低、成本太高。虽然通过降低溶质溶剂比可以降低粉末的粒径,但报道的溶质溶剂比已经很低,为 1:20~1:10,因此再降低比例很不经济。溶剂极性对粉末粒径有着显著的影响,如溶剂中的水分会使粉末粒径增加,表 4-15 所示为不同水分含量(指质量分数)对粉末粒径的影响。

表 4-15　不同水分含量对粉末粒径的影响(溶解温度 145 ℃,2 h;尼龙:溶剂＝1:5)

溶剂水分含量/(%)	0.3	0.5	1	2	5
平均粒径/μm	53.5	56.7	78.8	125	>500

由表 4-15 可见,随着溶剂中水分的增加,所制备的尼龙粉末粒径迅速增加,实验中应将溶剂中的水分含量控制在 0.5% 以下,最多不能超过 1%。研究发现,溶剂体系中加入弱极

性溶剂,如丁酮、二甘醇等,有利于降低粉末的粒径。因此实验所采用的溶剂除乙醇外还有不超过 10%的丁酮和二甘醇,并且调节溶剂组分可达到制备不同粒径粉末的目的。

2. 溶解温度

溶剂沉淀法制备尼龙 12 粉末,其实质是尼龙 12 在高温下溶解、在低温下又析出的过程,因此温度控制在尼龙 12 粉末的制备过程中起着举足轻重的作用。用溶剂沉淀法制粉必须保证尼龙 12 完全溶解,温度越高、溶解时间越长,越有利于尼龙 12 的溶解。但尼龙 12 在高温下会发生氧化和降解,对性能的影响不利,因此在保证充分溶解的前提下应采用较低的溶解温度。如表 4-16 所示是溶解时间和溶解温度对粉末粒径的影响。

表 4-16 溶解温度和时间对粉末粒径的影响

溶解温度/℃	溶解时间/h	粉末粒径	粉末颜色
130	8	粗,大于 500 μm	白
135	4	粗,大于 200 μm	白
135	8	较粗,大于 100 μm	白
140	1	较粗,大于 80 μm	白
140	2	细	白
145	1	细	白
150	0.5	细	白
150	4	细	微黄
170	1	细	微黄

根据以上实验结果,溶解温度选择 140~145 ℃,溶解时间为 2 h。

3. 降温方式及速度

降温方式及速度对粉末的沉淀有着显著的影响,实验设计了以下几种降温方式。

1) 自然冷却降温

自然冷却降温的降温速度与环境温度有关,在气温低时可获得较快的降温速度,而在气温高时降温速度也很慢。尼龙 12 沉淀结晶时会放出结晶熔使体系温度升高,因此可根据温度的转折来判断尼龙的沉淀温度,如图 4-18 所示为环境温度为 13 ℃时反应釜内温度随时间的变化曲线,由图可见沉淀结晶温度为 106 ℃,降温速度为 26 ℃/h。结晶时放出的热量使整个体系的温度上升了 1 ℃以上,由此可见结晶熔十分巨大。

用自然冷却降温的方法生产出来的粉末大小不均匀,形貌不规则,如图 4-19 所示,粉末的 SLS 成形性能也不好。

进一步研究发现,用自然冷却降温的方法生产的尼龙 12 粉末的粒径及其分布受环境温度的影响很大,环境温度越高,降温速度越慢,生产出的尼龙 12 粉末越细,但粒径分布变宽,几何形貌不规则的微细(粒径小于 10 μm)粉末含量增加。如图 4-20 所示为环境温度为 31 ℃时反应釜内温度随时间的变化曲线(降温速度为 19 ℃/h)和制备的尼龙 12 粉末。

由图 4-20(b)可知,在环境温度较高时制备的粉末粒径很宽,粉末的形貌变得更不规则,有很大一部分粉末粒径在 10 μm 以下。此粉末的流动性不好,易结块,干燥后难以分散,SLS 成形时收缩大,易翘曲变形。

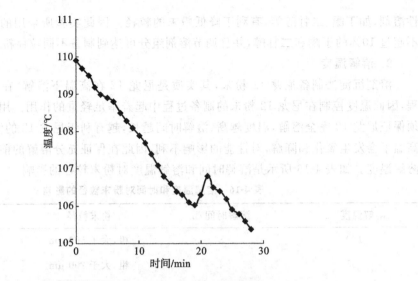

图 4-18　反应釜内温度随时间的变化曲线(自然降温,环境温度 13 ℃)

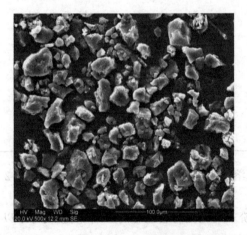

图 4-19　尼龙 12 粉末的照片(自然降温,环境温度 13 ℃)

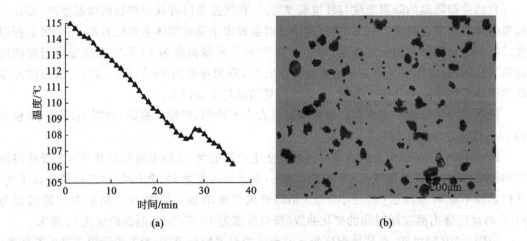

(a)　　　　　　　　　　　　　　　(b)

图 4-20　反应釜内温度随时间的变化曲线及尼龙 12 粉末的照片(自然降温,环境温度 31 ℃)

(a)降温曲线;(b)粉末照片

2）直接通冷却水降温

自然冷却降温不能控制降温速度，特别是在环境温度较高时，由于降温速度缓慢，沉淀时的结晶熔不能被及时带走，溶液体系温度上升明显，对粉末几何形貌和粒径都带来不利的影响，因此试图用反应釜内的冷却盘管来冷却，以期获得较快的降温速度。

但在冷却盘管中直接通冷却水发现，尼龙 12 全部围绕着冷却盘管沉淀，围绕冷却盘管最内层为一层尼龙 12 薄膜，而后是肉眼可见的粗粉末，再由内向外粉末逐渐变细。由此可知，随着冷却速度的增加，粉末粒径增大。

3）通过冷却夹套油降温

在反应釜内的冷却盘管中通冷却水的方法会造成温差过大，所以改用冷却夹套油温的方法来降温。

但实验发现，油温变得不均匀，在釜体中心部位也出现了一层尼龙 12 薄膜，而且很难通过油温来准确控制釜内温度。虽然粉末的几何形貌近似球形，但粒径较大，大部分在 70 μm 以上，甚至有一部分超过 100 μm。粉末的流动性较好，但 SLS 成形性能较差。

4）釜外冷却与蒸馏冷却

为获得窄粒径分布的近球形尼龙 12 粉末，就必须严格控制沉淀结晶时的冷却速度，特别是要能迅速带走结晶熔，防止沉淀结晶时温度回升，并且保证体系温度的均匀性。为此，实验中在冷却至接近沉淀温度时开启风扇，通过空气对流来带走热量。吹风后，降温过程中温度再度升高的幅度降低（见图 4-21（a）），粉末的粒径分布变窄，大部分粉末的几何形貌为近球形，但仍有部分不规则粉末，如图 4-21（b）所示。

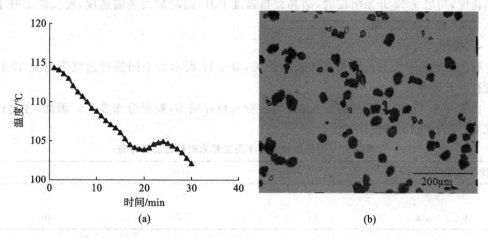

图 4-21 反应釜外强制对流冷却的降温曲线与制备的尼龙 12 粉末（环境温度 25 ℃）

(a)降温曲线；(b)粉末照片

虽然用风扇通风冷却后，粒径不规则粉末的数量有所减少，但粒径很不均匀，仍然存在部分几何形貌不规则的细粉末。通过大量的实验发现：尼龙 12 在沉淀过程中温度的再度升高对粉末几何形貌的规则性产生了十分不利的影响。显然，通过空气对流无法及时带走突然放出的结晶熔。因此，在反应釜外直接喷冷却水进行实验，具体办法是：待温度冷却到接近沉淀温度时，开始向釜盖外表面喷冷却水，直至沉淀结束。用此方法有效降低了沉淀过程中温度再次升高的幅度，升温幅度降至 0.5 ℃以内。待沉淀结束后打开反应釜，发现在釜盖内表面附着大量的粉末，且粒径较大。为此减少了釜的装填量，当装填量小于釜内体积的

70％后,釜盖表面不再有粉末,可能是由于搅拌时液体不会接触到釜盖。这种方法制备的粉末粒径较为均匀,细粉末基本消失,但粉末的粒径较大,平均粒径为 55 μm,如图 4-22 所示。

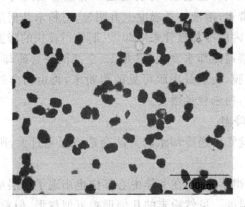

图 4-22　严格控制降温速度时制备的尼龙 12 粉末

上述方法能很好地解决小反应釜的降温问题,但对于大反应釜,其热容量太大,无法通过釜外空气强制对流传热。前面的实验表明,通过低温液体与釜体直接接触的传热方式对制粉不利。

而液体蒸发的潜热很大,蒸发时会吸收大量的热量,因此可用蒸馏冷却的方法来降温。同时蒸馏不会出现局部低温的现象,并可维持釜体温度的相对稳定,通过控制蒸馏的速度可以达到控制降温速度的目的,具体做法是:降温时开启蒸馏阀,调节蒸馏速度以达到合适的降温速度,当尼龙 12 开始沉淀时,结晶放热温度上升,此时加大蒸馏速度,使温度上升不超过 0.5 ℃,直到沉淀结束。

4. 搅拌

粉末粒径分布及其范围与搅拌速度相关,表 4-17 所示为不同搅拌速度下尼龙 12 粉末的粒径及其分布。

由表 4-17 可知,随着搅拌速度的增加,粉末粒径减小,粒径分布变窄。因此,在允许的情况下,应选择较高的搅拌速度。

表 4-17　不同搅拌速度下尼龙粉末的粒径及其分布

搅拌速度/(r/min)	500	600	700
$D_{0.5}/\mu m$	75	66	53
$D_{0.1\sim0.9}/\mu m$	83	67	40

5. 粉末沉淀过程中的成核

用溶剂沉淀法制备尼龙 12 粉末,当大分子链处于溶解状态时,运动是无规则的。在冷却过程中,随着温度的降低,分子链的运动逐渐被限制,当达到饱和时,在溶液中形成无数的由几个链段聚集在一起的有序的结晶,但由于结晶核太小,溶液仍处于过饱和状态,尼龙 12 不会沉淀出来。随着温度的继续降低,晶核的尺寸越来越大,一旦有晶区尺寸达到了临界值,便稳定存在,从而形成晶核,此时尼龙 12 便围绕这些晶核开始大量沉降。

以上是均相成核的机制。在沉淀过程中一般均相成核和异相成核同时存在,如尼龙 12 以冷凝盘管和反应釜内壁为中心的沉淀就是异相成核。直接通冷却水时,由于冷凝盘管和反应釜内壁的温度较低,因此尼龙 12 围绕其沉淀,即形成一层尼龙 12 薄膜。直接通冷却水时,越靠近管壁温度越低,即形成温度梯度,因而粉末也呈现梯度的沉降。因此为获得均匀的粉末,应保持夹套温度稍高于釜内温度,并且去掉釜内的冷却盘管。

在无外加成核剂和直接通冷却水的情况下,尼龙 12 的沉淀结晶以均相成核为主。因此晶核的生成就成为对尼龙 12 粉末的粒径及其分布进行控制的关键。

要制备粒径均匀的粉末,沉淀前的晶核就必须均匀。温度从溶解温度直接冷却到沉淀温度,降到溶液的饱和温度后,晶核开始出现,直到沉淀结束,这期间随着时间的延长和温度的降低,晶核数量不断地增加,晶核不断地长大,因此在不同阶段出现的晶核大小不一,先出现的晶核由于有足够的生长时间,颗粒较大,由于生长完全,表面光滑而几何形貌规则,后出现的晶核生长不完全,所以颗粒较小,形状也不规则。

为获得均匀的晶体,在实际沉淀前的某一温度下维持 $0.5 \sim 1$ h 的成核阶段,如表 4-18 所示为不同成核温度对尼龙 12 粉末的影响。

表 4-18 不同成核温度对尼龙 12 粉末的影响

成核温度/℃	尼龙 12 粉末
130	无变化
125	粒径稍小,几何形貌规则
120	粒径变小,大部分形状规则,但仍有部分细粉末
115	粒径小,细粉末多
110	粒径小,几乎全为细粉末,几何形貌不规则

通过进一步的实验,发现将成核温度控制在 $120 \sim 122$ ℃,维持 0.5 h 的成核阶段可获得较好的效果,所制备的粉末粒径较为均匀,几何形貌规则,大部分粒径可控制在 $30 \sim 50$ μm。

用晶核的形成机理同样可以解释沉淀时细粉末的出现。在较高的温度下,分子的热动运过于剧烈,晶核不易形成,或生成的晶核不稳定,容易被分子热运动所破坏。随着温度的降低,均相成核的速度逐渐增大,因此冷却速度越慢,形成的晶核越多,则粉末越细。沉淀结晶时,不同时期生成的晶核完善程度不同,过多的晶核又相互影响,多个不完善的晶核可能相互聚集在一起,因此粉末的几何形貌不规则,粒径分布变宽。如果在沉淀结晶时放出的热量不能及时被带走,温度回升,在这期间又将产生大量的晶核,从而产生大量的几何形貌不规则的细粉末。

6. 异相成核

以上研究表明,在沉淀过程中增加一个成核阶段,粉末的粒径及其分布可以得到改善,但用此方法制备的粉末粒径分布仍然较宽,特别是不能同时获得粒径小而几何形貌规则的粉末,满足不了 SLS 成形对尼龙粉末的需求,使用前必须经过筛分。为此,通过外加成核剂来调节粉末的粒径及其分布。

尼龙的成核剂有很多,常用的有二氧化硅(SiO_2)、胶体石墨、氟化锂(LiF)、氮化硼(BN)、硼酸铝和某些高分子等。普通无机物的粒径较大,几乎与所制备的粉末粒径相当,因此这里选用气相二氧化硅作为成核剂。

气相二氧化硅的粒径很小,溶于乙醇后迅速地膨胀分散,达不到晶核的尺寸,对后面激光烧结性能的影响较小。因此在沉淀过程中加入 0.1% 的气相二氧化硅,随后的实验发现,加入气相二氧化硅后自然冷却降温沉淀,粉末的粒径及几何形貌没有得到改善,但维持一段时间的成核阶段后,粉末的粒径分布及几何形貌得以改善。可能是气相二氧化硅的粒径很小,直接沉淀时达不到晶核的尺寸,但气相二氧化硅对晶核的形成具有促进作用,即可能是尼龙 12 围绕细小气相二氧化硅形成晶核,所以形成的晶核更加均匀和稳定。但若无成核阶段,尼龙 12 在低温下成核,由于温度较低,均相成核的速度较快,因此气相二氧化硅的作用很小。如图 4-23 所示为加入气相二氧化硅并经历成核阶段后制备的尼龙 12 粉末。

成核剂的用量对粉末的粒径有着显著的影响,随着成核剂用量的增加,粉末的粒径变小,但几何形貌的规则性变差。当用气相二氧化硅做成核剂时,用量超过 1% 后,溶液的黏度显著增加,堆密度迅速下降,制备的粉末由于比表面积大而大量吸收溶剂导致无法出料。因此气相二氧化硅的用量应尽量少。

7. 热历史对尼龙 12 粉末的影响

热历史对粉末的影响较大,将制备的粉末再次加入反应釜中多次制粉,得到的尼龙 12 粉末如图 4-24 所示,可见粉末的粒径分布变宽,不仅出现形状不规则的粉末,而且部分粉末颗粒中间出现了裂痕。

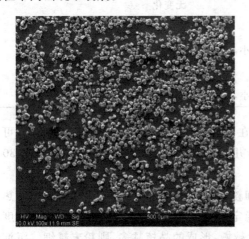 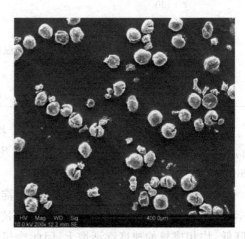

图 4-23　0.1% 的气相二氧化硅成核的尼龙 12 粉末　　　　图 4-24　反复加热制备的尼龙 12 粉末

4.4.3　尼龙 12 粉末的后处理工艺

1. 尼龙 12 的老化

尼龙 12 在氮气中以不同速度升温测得的热失重(TG)曲线如图 4-25 所示,由图 4-25 可知,在氮气气氛中,尼龙 12 具有较高的稳定性,在 350 ℃ 时几乎无质量损失。加热至 550 ℃ 时的热降解残留物仅为 1% 左右,表明尼龙 12 热降解主要产生挥发物,极少产生交联结构,这与尼龙 6 的热降解有较大区别。

激光选区烧结尼龙 12 粉末时由于预热温度很高,粉末的比表面积大,热氧老化十分严重。未经防老化处理的尼龙 12 粉末经一次使用后,制件及中间工作缸中的粉末明显变黄,不仅影响了制件的外观质量,对其力学性能也有较大的影响,而且变黄的粉末因成形性能下降而不能重复利用,大大增加了材料成本。因此,有必要对尼龙 12 的热稳定性进行深入研究,揭示其热氧老化机理及其影响因素,进而研究其稳定化方法,以提高尼龙 12 粉末的循环次数。

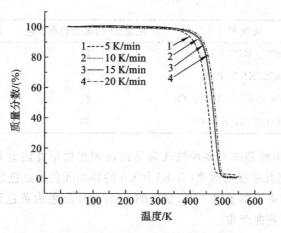

图 4-25 尼龙 12 的 TG 曲线

对于尼龙的热氧老化机理,前人已做了大量的研究,虽然机理仍不是十分清楚,但已研究出多种尼龙防老化的配方,可以作为借鉴。由于对尼龙的防老化研究多半是针对模塑成形的,在模塑成形中,防老化剂可以很好地与熔体混合,达到防老化的目的,但对于溶剂沉淀法制备的尼龙粉末,防老化剂会留在溶液中,因此其防老化性能大幅下降。因此要提高尼龙粉末的热稳定性十分困难,EOS 和 3D Systems 等国外公司都要求尼龙 SLS 成形时要有氮气保护,并且规定旧粉的回收率为 70%。而国产设备都没有氮气保护装置,因而材料本身的防老化就更加重要。

2. 尼龙 12 粉末的防老化处理

对尼龙 12 粉末进行防老化处理是最简单的办法,因此我们首先对进口尼龙 12 粉末进行防老化处理。方法为用溶剂溶解抗氧剂,而后与尼龙 12 粉末共混。为此分别测试了多种有机、无机抗氧剂,以及它们的复配组合物。老化实验在烘箱中进行,将尼龙 12 粉末和经防老化处理的尼龙 12 粉末置于 150 ℃烘箱中老化 4 h。

尼龙老化最主要的特征表现是颜色变黄和力学性能下降,因此通过颜色变化和力学性能测试来确定防老化剂的效果。其结果如表 4-19 所示。

表 4-19 抗氧剂对尼龙 12 粉末的防老化性能的影响

实验编号	抗氧剂	尼龙 12 粉末老化前颜色	尼龙 12 粉末老化后颜色
1	无	白	黄偏红
2	1098	白	黄
3	尼龙 1010	白	黄
4	DNP	略带暗绿	黄
5	1098∶168(1∶1)	白	黄
6	1098∶168(3∶1)	白	黄
7	1010∶168(1∶1)	白	黄
8	$CuCl_2$	浅绿	黄偏红
9	KI	白	黄
10	CuI	白	红

实验编号	抗氧剂	尼龙 12 粉末老化前颜色	尼龙 12 粉末老化后颜色
11	$CuCl_2 : KI(1 : 10)$	红	红
12	$CuCl_2/KI/K_3P_2O_6$	红	红
13	$1098/168/CuCl_2/KI/K_3P_2O_6$	红	红
14	$1098/168/KI/K_3P_2O_6$	白	黄

由表 4-19 可知,虽然测试了多种被认为是比较理想的尼龙防老化方案,但结果并不理想,尼龙的防老化性能几乎没有改变(含 KI 和 Cu 的样品颜色为红色是碘与铜作用的结果)。随后的 SLS 成形实验也证明了这一点,制备的 SLS 试样颜色为黄色至红色,二次循环使用的粉末在 SLS 成形时翘曲严重。

尼龙 12 粉末的防老化性能不佳可能与抗氧剂的分散有关,虽然抗氧剂已用溶剂溶解,但也只能与尼龙 12 粉末的表面接触,而要达到好的防老化效果必须要达到分子程度的结合。

因此在制粉过程中加入抗氧剂,结果如表 4-20 所示。

表 4-20　制粉过程中加入抗氧剂的尼龙 12 粉末的防老化性能

实验编号	抗氧剂	尼龙 12 粉末颜色	烧结试样颜色
1	无	白	上表面淡黄,下表面红
2	1098	白	上表面白,下表面淡黄
3	DNP	暗绿	暗黑色
4	$1010 : 168(1 : 1)$	白	上表面淡黄,下表面红
5	$1098 : 168(1 : 1)$	白	上表面白,下表面淡黄
6	$CuCl_2$	红	红
7	CuI	红	红
8	$CuCl_2/KI/K_3P_2O_6$	红	红
9	$KI/K_3P_2O_6$	表面黄,加热后消失	上表面白,下表面淡黄
10	$1098/168/KI/K_3P_2O_6$	表面黄,加热后消失	上表面白,下表面淡黄

由表 4-20 可知,加入抗氧剂后,含铜盐的尼龙 12 粉末均呈红色,说明铜盐已经分解。而含 KI 的粉末自然干燥时表面为黄色,加热烘干后消失,说明有碘生成。加入抗氧剂 1098 和含 $KI/K_3P_2O_6$ 的尼龙 12 粉末的防老化性能有所提高,但仍不理想,虽然经 SLS 成形后的尼龙 12 粉末未变黄,但试样却为黄色,这与报道的效果有很大的出入,其主要原因可能是大部分抗氧剂溶于溶剂中不能发挥作用。而含 1098 的尼龙 12 粉末具有一定的抗老化性能,可能是由于 1098 的酰胺结构与尼龙的结构相似,能够与尼龙 12 粉末一起沉淀。因含铜盐的尼龙 12 粉末颜色本身为红色,故不能靠颜色来判断其抗氧化的性能,但红色不利于红外加热管热量的吸收,对 SLS 成形不利。

如表 4-21 所示,由 $1098/168/KI/K_3P_2O_6$ 组成的四组分抗氧化体系具有较好的防老化效果,试样的力学性能较未加抗氧剂时明显提高,未加抗氧剂的体系在二次循环时就已无法进行,而加入抗氧剂的体系能够进行二次循环。由表 4-21 可知,老化对拉伸强度的影响较小,而对冲击强度的影响较大,因此老化主要使材料变脆。

表 4-21 抗氧剂对尼龙 12 粉末 SLS 试样力学性能的影响

抗氧剂	力学性能					
	一次激光烧结		二次激光烧结		三次激光烧结	
	拉伸强度 /MPa	冲击强度 /(kJ/m²)	拉伸强度 /MPa	冲击强度 /(kJ/m²)	拉伸强度 /MPa	冲击强度 /(kJ/m²)
无	41.5	23.6	成形失败			
1098/168	42.2	36.2	41.7	28.5	41.3	20.1
KI/K₃P₂O₆	43.1	35.3	42.4	29.6	40.5	21.3
1098/168/KI/K₃P₂O₆	44.5	37.2	42.3	33.6	40.8	26.9

4.4.4 尼龙 12 粉末的熔融与结晶特性

尼龙 12 粉末的 SLS 过程是一个熔融固化过程,因此尼龙 12 粉末的熔融与结晶特性对其烧结性能和烧结质量起决定性作用。

1. 尼龙 12 粉末的 DSC 特性

结晶高分子的熔融过程不同于低分子晶体的熔融过程。低分子晶体熔融约在熔融温度 ±0.2 ℃左右的狭窄温度范围内进行,熔融过程几乎保持在两相平衡的某一温度下,直到晶体全部熔融为止。而结晶高分子的熔融发生在一个较宽的温度范围内,此温度范围称为熔程。在熔程内,结晶高分子出现边熔融边升温的现象。这是因为结晶高分子中含有完善程度不同的晶体,比较不完善的晶体在较低的温度下熔融,而比较完善的晶体则在较高的温度下熔融。结晶高分子的熔点和熔程与其相对分子质量大小及分布关系不大,而与结晶历程、结晶度的高低及球晶的大小有关。结晶温度越低,熔点越低、熔程越宽;结晶度越高、球晶越大,则熔点越高。图 4-26 所示是采用美国 Perkin Elmer DSC-7 型差示扫描量热仪,在升温速度为 10 ℃/min 时测得的尼龙 12 粉末烧结材料的 DSC 升温曲线。

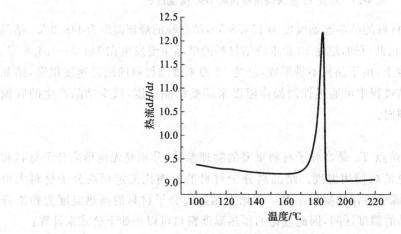

图 4-26 尼龙 12 粉末烧结材料的 DSC 升温曲线

由图 4-26 可知,尼龙 12 粉末烧结材料熔融峰的起始温度、顶峰温度、结束温度分别为 174.2 ℃、184.9 ℃和 186.7 ℃,由 DSC 测得的熔融潜热为 93.9 J/g。尼龙 12 粉末烧结材料的熔融峰较陡,熔融起始温度较高,熔程较窄,而且熔融潜热大,这些特征都有利于烧结工艺。由于熔融起始温度较高,可提高粉末的预热温度,减少烧结层与周围粉末的温度梯度。高的熔融潜热可阻止与激光扫描区域相邻的粉末颗粒因热传导而熔融,有利于控制烧结件的尺寸精度。

尼龙 12 从熔融状态冷却时会产生结晶,结晶速度对温度有很大的依赖性。由于结晶速度是晶核形成速度和晶粒生长速度的总和,因此尼龙 12 结晶速度对温度的依赖关系是二者对温度依赖性共同作用的结果。在接近熔点的温度下,尼龙 12 分子链段运动剧烈,晶核不易形成或形成的晶核不稳定,成核的数目少,使总的结晶速度较小;随着温度下降,晶核形成速度大大增加,同时,由于高分子链具有足够的活动能力,容易向晶核扩散和排入晶格,因此晶粒生长速度也增大,所以总的结晶速度增大,直到某一温度下,结晶速度达到最大;当温度继续降低时,虽然成核速度继续增加,但因熔体黏度增大,高分子链段扩散能力下降,晶粒生成速度减慢,致使总的结晶速度下降;当温度低于 T_g 时,链段运动被"冻结",晶核形成和晶粒生长度都很低,结晶过程实际不能进行。图 4-27 所示是尼龙 12 粉末烧结材料从 220 ℃熔融状态以 10 ℃/min 的速度降温至室温的 DSC 曲线。

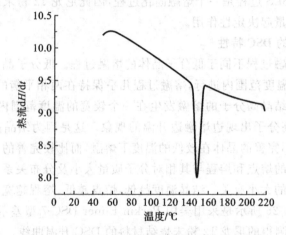

图 4-27　尼龙 12 粉末烧结材料的 DSC 降温曲线

尼龙 12 粉末烧结材料的结晶起始温度为 154.8 ℃,结晶峰的峰顶温度为 148.2 ℃,结晶终止温度为 144.3 ℃。由此可知,尼龙 12 粉末烧结材料的结晶主要发生在 144.3～154.8 ℃。在 154.8 ℃以上的温度下,由于晶核不易形成,尼龙 12 粉末烧结材料的结晶速度很慢,结晶过程难以进行。在烧结过程中可通过控制操作温度来调整结晶速度,减少结晶产生的收缩应力使烧结件翘曲的倾向。

2. 预热温度

玻璃化温度 T_g 和熔点 T_m 是高分子材料重要的物理参数,分别是无定形高分子材料和结晶高分子材料的理论最高使用温度。结晶高分子材料的收缩比无定形高分子材料大得多,而且主要的收缩来源于熔体的凝固结晶。理论上结晶高分子材料的预热温度为粉末开始熔化与熔体开始结晶的温度区间,因此理论的预热温度窗口可以用如下公式来计算:

$$\Delta T_0 = T_{im} - T_{ic} \tag{4-24}$$

式中:T_{im} 为熔化温度;T_{ic} 为结晶初始温度。

但事实上,由于尼龙为半结晶高分子材料,结晶部分的熔点高于非结晶部分的熔点,因此在 T_{im} 之前,由于非结晶部分分子链的活动,粉末就已开始结块,因此实际的最高预热温

度要低于 T_{im} 。

结晶高分子材料实际的预热温度窗口比理论计算的结果要窄得多,且与材料的性能、成形工艺等多种因素有关。

4.4.5 激光烧结性能

1. 激光烧结过程中的收缩与翘曲变形

SLS成形过程中的收缩与翘曲变形是成形失败的主要原因。无定形高分子材料的收缩主要有熔固收缩和温致收缩,且由于熔化不完全,因此收缩较小,不易翘曲变形。结晶高分子材料在成形过程中的收缩主要有:①致密化收缩;②熔固收缩;③温致收缩;④结晶收缩。且由于在成形过程中粉末完全熔化,因此收缩较大,极易发生翘曲变形。

翘曲变形是SLS成形过程中的常见现象,结晶高分子材料的熔体在冷却时产生收缩应力,若这个应力不能释放,并且大到足以拉动熔体宏观移动,就会产生翘曲。SLS成形时,结晶高分子材料由于完全熔化,其熔固收缩、温致收缩、结晶收缩都比无定形高分子材料的大,因此结晶高分子材料的翘曲倾向更大,翘曲更严重。

尼龙在激光烧结中因致密化产生的体积收缩主要发生在高度方向,即尼龙12粉末经激光烧结后高度降低,这对烧结体在水平面上的翘曲影响不大。而当熔体的温度继续下降,熔体黏度上升,甚至不能流动,收缩的应力就不能通过微观的物质流动来释放,从而引起烧结件在宏观上的位移,即发生翘曲变形。这正是SLS成形时,预热温度远高于尼龙12粉末结晶温度的重要原因。尼龙12粉末在SLS成形过程中很容易出现翘曲现象,尤其是最初几层,其原因是多方面的:一是第一层粉床的温度较低,激光扫描过的烧结体与周围粉末存在较大温差,烧结体周边很快冷却,产生收缩而使烧结体边缘翘曲。二是第一层的烧结体收缩发生在松散的粉末表面,只需要很小的应力就可以使烧结层发生翘曲,因此第一层的成形最为关键。在随后的成形中,由于有底层的固定作用,翘曲倾向逐渐减小。

严格控制粉床温度是解决尼龙12粉末在SLS成形过程中翘曲问题的重要手段。当粉床温度接近尼龙12粉末的熔点,激光输入的能量恰好能使尼龙12粉末熔融,即激光仅提供尼龙12粉末熔融所需要的热量时,由于熔体与周围粉末的温差小,单层扫描过程中尼龙12粉末处在完全熔融状态,烧结后熔体冷却,其应力逐渐释放,这样就可以避免翘曲变形的发生。

2. 粉末几何形貌的影响

虽然尼龙12粉末烧结时翘曲变形的主要来源是粉末熔化之后的固化收缩和温致收缩,但大量的研究表明粉末几何形貌对激光烧结翘曲变形有着显著的影响。

如图4-28所示为深冷粉碎法制备的尼龙12粉末(法国阿托公司进口),可见粉末几何形貌不规则,呈无规则形。深冷粉碎法制备的尼龙12粉末,虽然粒径很小,但SLS成形性能仍然不好,预热温度超过170 ℃时,粉末已经结块,烧结体边缘处仍然严重翘曲以致发生卷曲,如图4-29所示。由于粉末过细,铺粉性能也不好,在不加玻璃微珠的情况下大量粉末附在铺粉辊上,铺粉时伴有大量扬尘。

深冷粉碎法制备的尼龙12粉末SLS成形时的卷曲十分严重,特别是扫描边线的中间位置,卷曲的形状如半月形,说明中心位置的应力较大。仔细观察发现,卷曲几乎与激光扫描同时发生,即卷曲发生在粉末的熔化过程中。这一现象可以通过粉末烧结的几个阶段来解释。

(1)颗粒之间自由堆积阶段:粉末完全自由地堆积在一起,相互之间各自独立。

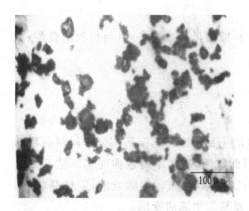

图 4-28　深冷粉碎法制备的尼龙 12 粉末

图 4-29　深冷粉碎法制备的尼龙 12 粉末的单层扫描照片

（2）形成黏结颈：粉末颗粒相接触的表面熔化，颗粒相互黏结，但还未发生体积收缩。

（3）粉末球化：随着温度进一步升高，晶体熔化，但此时黏度很高，熔体不能自由流动，在表面张力的驱动下，粉末趋向于减小表面积收缩成球形，即所谓的球化。

（4）完全熔合致密化：熔体黏度降低，粉末完全熔化成液体，挤出粉末中的空气，粉末完全熔合成一体。

图 4-30 和图 4-31 所示分别为非球形粉末和球形粉末的激光烧结示意图。非球形粉末烧结时，粉末首先相互黏结，而后发生球化，进而再熔合。因粉末在球化前已相互黏结，故粉末球化的应力使收缩不仅发生在高度方向，而且同样发生在水平方向，从而导致激光烧结时发生边缘卷曲现象。而球形粉末烧结过程只有烧结颈长大与粉末完全熔化致密化过程，没有球化过程，因而在水平方向上的收缩小，并且球形粉末的堆密度要高于非球形粉末，致密化的体积收缩小。综合以上原因，球形粉末激光烧结时的收缩小于非球形粉末。

图 4-30　非球形粉末的激光烧结示意图

图 4-31　球形粉末的激光烧结示意图

3. 粉末粒径及其分布的影响

粉末粒径大小对 SLS 成形有着显著的影响。为研究粉末粒径对预热温度的影响，制备了窄粒径分布的尼龙 12 粉末，所有粉末的 D90 都小于 10 μm，测定不同粒径粉末的预热温度，如表 4-22 所示。

表 4-22　粉末粒径对 SLS 成形预热温度的影响

平均粒径/μm	28.5	40.8	45.2	57.6	65.9
预热温度/℃	166～168	167～169	167～169	168～169	～170

如表 4-22 所示,随着粉末粒径的增加,预热温度升高,但同时结块温度也有所增加,而预热温度窗口却变窄。当粒径大于 65.9 μm 后,粉末的预热温度就超过 170 ℃,SLS 成形过程就无法进行了。

为测定粒径分布对预热温度的影响,将不同粒径的粉末混合进行 SLS 成形实验,结果如表 4-23 所示。

表 4-23 不同粒径粉末混合对预热温度的影响

粒径/μm	28.5/65.9	28.5/65.9	28.5/65.9	28.5/40.8/65.9	28.5/40.8/65.9
配比	1:2	1:1	2:1	1:1:1	2:1:1
预热温度/℃	—	—	167~168	~168	167~168
结块温度/℃	169	168	168	168	168

由表 4-23 可知,粉末的结块温度主要受小粒径粉末的影响,而预热温度的下限则受大粒径粉末限制,因此粒径分布窄的粉末预热温度窗口宽,而粒径分布宽的粉末预热温度窗口窄。

粉末越细,表面积越大,相应的表面能也越大,烧结温度也越低,因此烧结致密度随粉末粒径的减小而降低。激光功率一定时,激光穿透深度随着粉末粒径的增加而增加,而扫描第一层时烧结体最容易翘曲变形,穿透深度的增加使得表面所获得的能量降低,熔体的温度降低;同时穿透深度越大,烧结深度也就越大,收缩应力就越大,因此粉末粒径越大,烧结第一层时越容易翘曲变形。由于烧结时热量由外向内传递,所以粗粉末烧结时熔化较细粉末慢,若粉末过粗,烧结时部分粉末可能不能完全熔化,在冷却的过程中起晶核的作用,从而加快粉末的结晶速度。总之,大粒径粉末对 SLS 成形十分不利。

对于已成形多层的情况,粉末完全熔化后,其收缩结晶与粉末粒径完全无关,细粉末的烧结温度低,有利于第一层的烧结,但为防止粉末的结块,成形时往往需要维持较低的预热温度,这可能会造成烧结件整体的变形。因此,为获得良好的激光烧结性能,尼龙 12 粉末的粒径需要维持在一定的范围之内,根据实验,尼龙 12 粉末粒径在 40~50 μm 时可以获得较好的烧结效果。

4. 粉末分散与团聚的影响

用溶剂沉淀法制备的粉末经干燥后易于团聚,这种团聚属于软团聚,经球磨后可以分散,但粉末粒径很小时,球磨的效果不好,粉末甚至会被球磨所压实。粉末在激光烧结过程中,若温度过高,也会结块,结块的粉末只过筛而不球磨,则颗粒间也相互团聚。团聚的粉末空隙大,密度低,对激光烧结有不利影响。

如图 4-32 所示为团聚粉末的单层扫描结果,可见边角处卷曲,该现象与非球形粉末的结果类似。

即便是提高预热温度,这种现象也不能消失,因此团聚粉末的 SLS 成形性能不好。

5. 成核剂与填料

成核剂在结晶高分子材料中已得到广泛应用,

图 4-32 团聚粉末的单层扫描结果示意图

可以大幅提高高分子材料的力学性能。前面已知,在制粉时加入成核剂可以获得粒径分布更窄、几何形貌更规则的粉末,在球磨阶段加入少量的二氧化硅等粉末可以提高球磨的效率和粉末的流动性。如表 4-24 所示为在制粉阶段加入成核剂后的激光烧结情况。

表 4-24 成核剂对激光烧结的影响

成核剂	无	气相二氧化硅	硅灰石	硅灰石	蒙脱石	滑石粉
成核剂质量分数/(%)	—	0.1	0.1	0.5	0.5	0.5
预热温度/℃	167~169	167~169	168~169	169~170	~170	~170
预热温度窗口/℃	2	2	1	1	<1	<1

由表 4-24 可知,在制粉时加入成核剂,除气相二氧化硅外,其他成核剂使预热温度窗口变窄,成形性能恶化。

溶剂沉淀法制备的尼龙 12 粉末干燥后容易团聚,球磨时容易被压实而不易分散,可以加入分散剂,破坏粉末间的结合力,并提高球磨的效率。

在球磨的过程中加入 0.1% 的气相二氧化硅后,粉末的流动性增加,团聚块全部消失。用此粉末进行 SLS 成形实验,前几层的预热温度明显升高,预热温度为 169~170 ℃,与加入其他成核剂类似。可见,气相二氧化硅在激光烧结过程中起到了成核剂的作用。多层烧结后发现烧结体与周围粉体出现裂痕,烧结体也呈透明,取出后发现透明的烧结体已经凝固。此现象说明气相二氧化硅的加入加快了结晶的速度,并细化了球晶。因此无机分散剂的加入会使预热温度窗口变窄,不利于 SLS 成形,应避免使用。

填料也具有成核剂的功能,与成核剂的差别主要在于含量的多少和粒径的大小。填料的加入一方面加快了熔体的结晶,使预热窗口温度变窄;另一方面起填充作用,降低了熔体的收缩率。同时填料对高分子粉末起到了隔离的作用,相当于在粉末中加入了分散剂,可阻止尼龙 12 粉末颗粒间的相互黏结,提高尼龙 12 粉末的结块温度。表 4-25 所示是加入了 30% 不同填料的尼龙 12 粉末材料的烧结情况。

表 4-25 不同填料对烧结的影响

填料种类	玻璃微珠(200~250 目)	玻璃微珠(400 目)	滑石粉(325 目)	硅灰石(600 目)
预热温度 /℃	167~170	168~170	成形失败	成形失败

玻璃微珠对尼龙 12 粉末的结块温度影响较小,但扩大了预热温度窗口,这可能是因为玻璃微珠尺寸较大,表面光滑且为球形,对结晶的影响较小。非球形的滑石粉、硅灰石的加入使成形性能恶化。

6. 尼龙 12 粉末热氧老化的影响

尼龙的老化不仅会影响制件的力学性能和颜色,而且对激光烧结性能也有显著的影响。

尼龙的老化主要是热氧化交联和降解,交联会使高分子的熔点和黏度上升,如将尼龙 66 放于 260 ℃ 的空气中加热 5~10 min,尼龙 66 就变成不溶不熔的状态,因此热氧化交联会使激光烧结时尼龙的熔体黏度显著增大,烧结所需的温度增加。而尼龙的氧化降解会产生部分低聚物,低聚物的熔点会下降,结晶速度加快,并且结晶时产生大量的球晶,增加高分子的收缩,降低高分子的强度。

老化的尼龙 12 粉末 SLS 成形时表现为易结块、难熔化、流动性较差、易翘曲,多次循环使用的尼龙 12 粉末需要更高的激光能量才能完全熔化。即使在尼龙 12 粉末结块时进行激光扫描,烧结体仍然会发生翘曲。所以老化对尼龙 12 粉末的成形十分不利,国内外在用尼龙粉末进行激光烧结时,均需要氮气保护,并且在旧粉末中加入至少 30% 的新粉末才能使用。

4.4.6 制件力学性能

表 4-25 所示是尼龙 12 粉末的 SLS 原型件与模塑件之间的性能比较。由表 4-26 可知,尼龙 12 粉末的 SLS 原型件的密度为 0.96 g/cm³,达到尼龙 12 粉末模塑件密度的 94%,表明烧结性能良好,这与无定形高分子的 SLS 成形有很大的差别。尼龙 12 粉末的 SLS 原型件的拉伸强度、弯曲模量和热变形温度等性能指标与模塑件比较接近。但 SLS 原型件的断裂行为与模塑件有较大的差别,模塑件的断裂伸长率达到 200%,而 SLS 原型件在拉伸过程中没有颈缩现象,在屈服点时即发生断裂,断裂伸长率仅为模塑件的十分之一。SLS 原型件的断裂行为属于脆性断裂,这是因为 SLS 原型件中少量的孔隙起到了应力集中作用,使材料由韧性断裂变为脆性断裂,冲击强度也大大低于模塑件。

表 4-26 尼龙 12 的 SLS 原型件与模塑件之间的性能比较

性能	密度/ (g/cm³)	拉伸强度/ MPa	断裂伸长率/ (%)	弯曲强度/ MPa	弯曲模量/ GPa	冲击强度/ (kJ/m²)	热变形温度 (1.85 MPa)/℃
SLS 原型件	0.96	41	21.2	47.8	1.30	39.2	51
模塑件	1.02	50	200	74	1.4	不断	55

4.4.7 制件精度

精度不高是制约激光烧结尼龙 12 粉末应用的重要问题,影响制件精度的主要因素有:制件变形、尺寸收缩和未烧结粉末的熔融。如前所述,翘曲变形可能使 SLS 成形过程完全失败。而尺寸收缩对制件的影响也十分显著,尼龙 12 粉末结晶时伴有较大的收缩,虽然在成形前已经进行了尺寸的放缩,但收缩导致制件变形的情况还是时常发生。为减小收缩应力造成的变形,成形时,需将制件倾斜,避免扫描大的平面。

尼龙 12 粉末 SLS 成形时的预热温度很高,并且接近熔点,激光扫描后热量的传导常使得烧结体周边的粉末也开始熔化。虽然尼龙 12 粉末的熔融潜热大,有利于阻止这种现象的发生,但对于大面积的烧结,由于热量集中,这种现象仍然很难避免。熔融区的热传导使周围的粉末熔融烧结,使制件的尺寸变大,降低激光功率和预热温度可缓解这一现象。

SLS 成形中产生的体积收缩将使制件的实际尺寸小于设计尺寸,即尺寸误差为负值。尼龙 12 粉末 SLS 成形时水平方向的平均收缩率为 2.5% 左右,高度方向的收缩率为 1%~1.5%。这种由材料收缩产生的尺寸误差可通过在计算机上设定制件的尺寸修正系数进行补偿。对于热传导导致的未扫描区域的熔化,除新截面外,应降低预热温度,对大面积扫描应适当降低激光功率,但若在扫描大面积的同时出现新截面,二者就很难兼顾,这一问题十分难以解决,因此激光烧结尼龙 12 粉末不适用于制造大尺寸零件。

4.5 思 考 题

（扫描二维码可查看参考答案）

1. 请简述激光选区烧结工艺的过程。
2. 相对于其他快速成形技术，SLS 技术的特点是什么？请简述之。
3. 请简述高分子粉末材料激光选区烧结机理。
4. 对于 SLS 成形，高分子及其复合粉末材料的哪些特性对其造成了影响？

第 5 章
紫外光固化成形
光敏树脂实验

5.1　实验基本理论

5.1.1　光固化成形工艺原理

1. 光固化成形系统组成及其工作原理

如图 5-1 所示,光固化成形系统硬件部分主要由激光器、光路系统(1、2、3、4、5)、扫描照射系统 6 和分层叠加固化成形系统(8、9、10)几部分组成。光路及扫描照射系统可以有多种形式,光源主要采用波长为 325～355 nm 的紫外光,设备有紫外灯、He-CO 激光器、亚离子激光器、YAG 激光器和 YVO4 激光器等,目前常用的有 He-CO 激光器和 YVO4 激光器。辐照方式主要有 X、Y 扫描仪和振镜扫描两种,目前最常用的是振镜扫描系统。

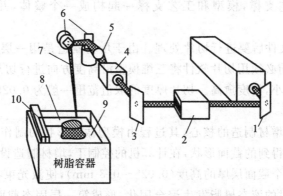

图 5-1　光固化成形系统结构示意图

1—反射镜;2—光阑;3—反射镜;4—动态聚焦镜;5—聚焦镜;
6—振镜;7—激光束;8—光固化树脂;9—工作台;10—涂敷板

激光束从激光器发出,通常光束的直径为 1.5～3 mm。激光束经过反射镜 1 折射并穿过光阑 2 到达反射镜 3,再折射进入动态聚焦镜 4。激光束经过动态聚焦系统的扩束镜扩束准直,然后经过聚焦镜 5。聚焦后的激光束投射到第一片振镜,称 X 轴振镜,再从 X 轴振镜

折射到 Y 轴振镜,最后激光束 7 投射到液态光固化树脂 8 表面。计算机程序控制 X 轴和 Y 轴振镜偏摆,使投射到树脂表面的激光光斑能够沿 X、Y 轴做平面扫描移动,将三维模型的截面形状扫描到光固化树脂上使之发生固化。然后计算机程序控制托着成形件的工作台 9 下降一个设定的高度,使液态树脂能漫过已固化的树脂;再控制涂敷板 10 沿平面移动,使已固化的树脂表面涂上一层薄薄的液态树脂。计算机再控制激光束进行下一层的扫描,依此重复直到整个模型成形完成。

2. 成形过程

光固化成形的全过程一般分为前处理、分层叠加成形、后处理三个主要步骤。

1) 前处理

前处理包括成形件三维模型的构造、三维模型的近似处理、成形方向的选择、三维模型的切片处理和生成支撑结构。图 5-2 所示为前处理的流程。

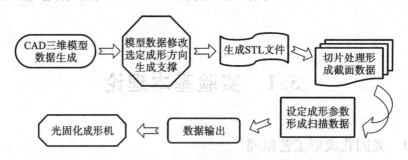

图 5-2　前处理流程示意图

由于增材制造系统只能接受计算机构造的原型的三维模型,然后才能进行其他的处理和造型,因此,必须首先在计算机上用三维计算机辅助设计软件,根据产品的要求设计三维模型;或者用三维扫描系统对已有的实体进行扫描,并通过反求技术得到三维模型。

在将模型制造成实体前,有时要进行修改。这些工作都可以在市售的三维设计软件上进行。模型确定后,根据形状和成形工艺的要求选定成形方向,调整模型姿态。然后使用专用软件生成工艺支撑,模型和工艺支撑一起构成一个整体,并转换成 STL 格式的文件。

生成 STL 格式文件后要进行切片处理。由于增材制造是用一层层截面形状来进行叠加成形的,因此加工前必须用切片软件将三维模型沿高度方向进行切片处理,提取截面轮廓的数据。切片厚度愈小,精度愈高。切片厚度的取值范围一般为 $0.025\sim0.3$ mm。

2) 分层叠加成形

分层叠加成形是增材制造的核心,其过程由模型截面形状的制作与叠加合成。增材制造系统根据切片处理得到的截面形状,在计算机的控制下,增材制造设备的可升降工作台的上表面处于液面下一个截面层厚的高度($0.025\sim0.3$ mm),使激光束在 X-Y 平面内按截面形状进行扫描,扫描过的液态树脂发生聚合固化,形成第一层固态截面形状之后,工作台再下降一个层厚的高度,使液槽中的液态光敏树脂流入并覆盖已固化的截面层。然后成形设备控制一个特殊的涂敷板,按照设定的层厚沿 X-Y 平面平行移动,使已固化的截面层树脂覆上一层薄薄的液态树脂,该层液态树脂保持一定的厚度精度。再用激光束对该层液态树脂进行扫描固化,形成第二层固态截面层。新固化的这一层黏结在前一层上,如此重复直到完成整个制件。

3）后处理

树脂固化成形为完整制件后，从增材制造设备上取下的制件需要去除支撑结构，并置于大功率紫外灯箱中作进一步的内腔固化。此外，制件还可能存在如下问题：制件的曲面上存在因分层制造引起的阶梯效应（见图 5-3（a）），以及 STL 格式的三角面片化可能造成的小缺陷；制件的薄壁和某些小特征结构的强度、刚度不足；制件的某些形状尺寸精度不够，表面硬度也不够，或者制件表面的颜色不符合用户要求等。因此，一般都需要对制件进行适当的后处理。制件表面有明显的小缺陷而需要修补时，可用热熔塑料、乳胶以细粉料调和而成的腻子，或湿石膏予以填补，然后打磨、抛光和喷漆（见图 5-3（b））。打磨、抛光的常用工具有各种粒度的砂纸、小型电动或气动打磨机以及喷砂打磨机。

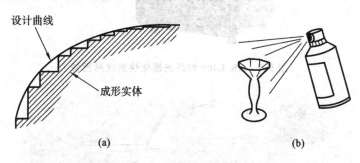

图 5-3 制件的后处理

（a）因分层制造引起的台阶效应；（b）打磨、抛光和喷漆

5.1.2 实验设备简述

如图 5-4 所示为 HK L400 紫外光固化快速成形设备。由计算机控制激光逐层扫描固化液槽中的光敏树脂，每一层固化的截面由三维 CAD 模形软件分层得到，直至最后得到光敏树脂实物原型。该设备由武汉华科三维科技有限公司研发并制造。我们可以用这台设备完成实验，该设备的具体参数如表 5-1 所示。液态树脂光固化 3D 打印成形系统由计算机控制系统、主机、激光器控制系统三部分组成，其原理如图 5-5 所示。

表 5-1 HK L400 紫外光固化快速成形系统的具体参数

参数	值
型号	HK L400
激光器	紫外激光器，500 mW
扫描系统	焦平面光斑尺寸≤0.1 mm；最大扫描速度：8 mm/s
分层厚度	0.06～0.15 mm
精度	±0.1 mm（$L \leq 100$ mm），±0.1%（$L > 100$ mm）
成形室尺寸	400 mm×400 mm×450 mm
成形材料	光敏树脂
操作系统	Windows XP
控制软件	HUST 3DP（自主研发）
软件功能	直接读取 STL 文件，在线式切片；在成形过程中可随时改变参数，如层厚、扫描间距、扫描方式等；三维可视化
主机外形尺寸	1460 mm×1200 mm×2166 mm

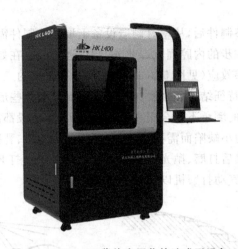

图 5-4   HK L400 紫外光固化快速成形设备

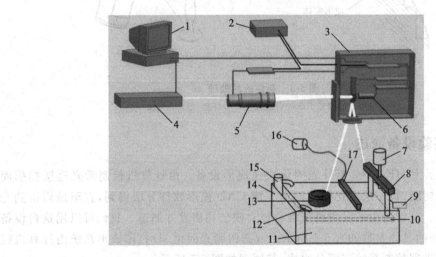

图 5-5   液态树脂光固化 3D 打印成形系统原理示意图

1—控制计算机；2—电源；3—扫描头；4—激光器；5—动态聚焦镜；6—振镜系统；7—步进电动机；

8—升降架；9—液面检测传感器；10—升降工作台；11—液槽；12—功率检测传感器；13—成形件；

14—副液槽；15—充液泵；16—抽气泵；17—补液刮板

1. 计算机控制系统

计算机控制系统由高可靠性计算机、各种控制模块、电动机驱动单元、各种传感器组成，配以 HPRLA2002 软件。该软件用于三维图形数据处理、加工过程的实时控制及模拟。

2. 主机

主机由五个基本单元组成：涂覆系统、检测系统、扫描系统、加热系统、机身与机壳。它主要完成系统光固化成形制件的基本动作。

3. 激光器控制系统

激光器控制系统主要由激光器和振镜扫描机构组成。振镜扫描机构用来控制紫外激光固化树脂。

激光扫描系统由控制计算机、电源、扫描头、激光器、动态聚焦镜、振镜系统和功率检测传感器等组成。其中振镜系统由两组反光镜和驱动器构成，一组控制激光束在 X 轴方向移动,另一组控制激光束在 Y 轴方向移动;激光器为 350 nm 的紫外光固化激光器;动态聚焦镜用于动态补偿激光束从液面中心扫描到边缘时产生的焦距差;功率检测传感器定时监测激光器的功率变化,为扫描过程提供动态数据;电源给控制板提供所需要的电压。

光固化成形系统主要由步进电动机、升降架、液面检测传感器、升降工作台、液槽、成形件、副液槽、充液泵、抽气泵和补液刮板等组成。其中步进电动机、升降架和升降工作台构成的升降机构主要起到承载成形件的作用并进行上升、下降操作。当成形件的每一层固化后,升降机构将成形件下降到设定的高度,使固化层浸入液面下,并控制固化层面与液态树脂面保持设定的距离,这个距离一般在 0.1 mm 以下。液面检测传感器、副液槽和充液泵构成补液系统,以确保液面能在设定的高度精确定位;当树脂有消耗并检测到液面出现下降且偏离设定的高度时,即可用充液泵从副液槽中抽取树脂,补充到液槽,以使液面回到设定的高度。由抽气泵和补液刮板组成的铺液系统的主要作用是,当某层树脂被激光束扫描固化后,在其表面铺上一层液态树脂。

如图 5-6 所示,补液刮板是一种空心夹层结构,当刮板在成形件固化层以外的区域移动时,抽气泵从刮板空心夹层处抽出适量空气使之能吸入适量的液态树脂;当含有液态树脂的刮板移动到成形件的固化层面上时,刮板立即释放出一层薄薄的液态树脂铺覆在已固化层上,等待激光束的下一轮扫描固化。

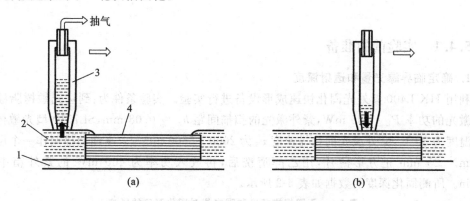

图 5-6 补液刮板铺液工作原理示意图

(a)刮板吸液过程;(b)刮板铺覆过程

1—可升降工作台;2—液态树脂;3—补液刮板;4—固化层

5.2 实验目的与要求

1. 了解光固化成形工艺原理和成形全过程。

2. 了解 HK L400 紫外激光固化快速成形设备的主要结构,各种部件的名称、作用。

3. 掌握 HK L400 紫外激光固化快速成形设备的工作原理、操作方法和步骤。

4. 对 SL7510 型光敏树脂的重要物性参数有一定的理解,学会光固化成形光敏树脂性能测试的一般方法。

5.3　实验用材料、工具及仪器设备

5.3.1　实验材料

SL7510 型光敏树脂，一种环氧树脂-丙烯酸酯混杂型光敏树脂，从美国 Huantsman 公司购买。

5.3.2　实验成形设备及主要测试设备

HK L400 紫外光固化快速成形设备，由武汉华科三维科技有限公司研发并制造；NDJ-1A 型旋转黏度计，由上海安德仪器设备有限公司制造；TMA7 型热机械分析仪（美国制造）；电子万能试验机，由深圳市瑞格尔仪器有限公司制造。

5.4　实验内容及步骤

5.4.1　实验前的准备

1. 确定临界曝光量和透射深度

利用 HK L400 紫外光固化快速成形设备进行实验。实验条件为：到达光敏树脂液面时紫外激光的功率 $P_L = 95$ mW，紫外激光的扫描间距 $h_S = 0.08$ mm，SL7510 型光敏树脂的工作温度为 30 ℃，紫外激光的扫描速度 v_S 为 2000～5500 mm/s。平面扫描制作一个层厚的 25 mm× 25 mm 正方形薄片，用乙醇清洗后，再放入功率为 400 mW 的紫外箱中固化 30 min。所测固化深度的数据如表 5-2 所示。

表 5-2　不同扫描速度和曝光量对固化深度的影响

编号	v_s/(mm/s)	E_0/(mJ/cm^2)	$\ln E_0$	固化深度 C_d/mm
1	2000	59.4	4.08	0.24
2	2500	47.5	3.86	0.21
3	3000	39.6	3.68	0.18
4	3500	33.9	3.52	0.16
5	4000	29.7	3.39	0.14
6	4500	26.4	3.27	0.12
7	5000	23.8	3.17	0.11
8	5500	21.6	3.07	0.10

根据表 5-2 数据，结合式（2-17）可绘出固化深度 C_d 与曝光量自然对数 $\ln E_0$ 的关系，如图 5-7 所示。

从图 5-7 可知，C_d 与 $\ln E_0$ 成线性关系，直线的斜率为 D_p，直线与横坐标轴的交点为 E_c，

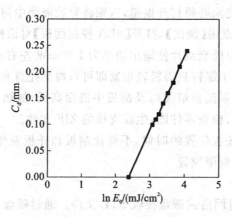

图 5-7 光敏树脂的曝光量自然对数与固化深度的关系曲线

从而可得到 SL7510 型光敏树脂的特性参数临界曝光量和透射深度分别为 $E_c = 10.9 \ mJ/cm^2$，$D_p = 0.14 \ mm$。根据用紫外光固化快速成形设备制作制件时，所设定的分层厚度 d 必须小于 D_p 这个条件，对于 SL7510 型光敏树脂，HK L400 紫外光固化快速成形设备运行时，设定的分层厚度可为 0.10 mm，而不能设为 0.20 mm。

2. 计算固化体积收缩率

从分子角度讲，光敏树脂的固化过程是从小分子体向长链大分子的聚合体转变的过程，其分子结构发生很大变化，因此，固化过程中的收缩是必然的。光敏树脂的密度和体积收缩率也是光敏树脂的重要参数。固化成形制件的内应力与光敏树脂的固化体积收缩率有着密切的关系：光敏树脂固化体积收缩率大，则成形制件的内应力大，成形制件易翘曲变形；光敏树脂固化体积收缩率小，则成形制件的内应力小，成形制件不易翘曲变形，成形制件精度高。

利用比重瓶法在 25 ℃下对 SL7510 型光敏树脂固化前、后的密度进行了测试，其测试结果为固化前的密度 $\rho_1 = 1.19 \ g/cm^3$，固化后的密度 $\rho_2 = 1.24 \ g/cm^3$，则固化体积收缩率 $S_v = (\rho_2 - \rho_1)/\rho_1 \times 100\% = (1.24 - 1.19)/1.19 \times 100\% \approx 4.23\%$。

其值小于文献所报道的光敏树脂的固化体积收缩率，说明用 SL7510 型光敏树脂来制作制件能保持较高的精度。

5.4.2 光固化成形实验步骤

1. 开机操作

1）开机前的准备工作

（1）确认液槽中的树脂是否灌满；刮板要放在机床前部初始位置。

（2）检查激光束光路是否被物体隔断。

注意：每次开机之前，必须仔细检查工作腔内、工作台面上有无杂物，以免损伤导轨。

2）开机操作

（1）启动设备外部的总电源。

（2）打开操作面板电源。

（3）启动计算机，在【制造】菜单下选择【打开强电】【打开振镜】。

（4）手动打开激光器，按照激光器操作指南依次打开激光器各个按钮。

注意:在打开激光器之前必须打开振镜,否则将导致液槽中树脂固化。

(5)在【制造】菜单下点击【调试】,打开【SLA 控制面板】对话框。点击【激光功率】,检测激光功率,调整激光器出口处衰减片使输出功率为 100 mW 左右;点击【Z 轴移动】【向上】升起底座,安装制件托板(四个螺钉只需轻轻带紧即可);检测托盘和液面间距,调整托盘;打开蠕动泵、真空泵,检查蠕动泵流量情况以及刮板中液面高低;加热树脂,手动打开加热开关,直到系统温度达到设定值;检查零件图,生成支撑的 ZIF 文件。

注意:在调整刮板和托板位置的时候,不要让刮板和托板发生碰撞。在升降托板时,必须将刮板放在液槽前面的极限位置。

2. 图形预处理

HK L400 系统可通过网络或磁盘接收 STL 文件。通过磁盘或网络将准备加工的 STL 文件调入计算机,按照操作指南完成开机操作后,通过【文件】下拉菜单,读取 STL 文件,并显示在屏幕实体视图框中。如果零件模型显示有错误,请退出 HUST 3DP 软件,用修正软件自动修正,然后再读入,直到系统不再提示有错误为止。通过【实体转换】菜单,将实体模型进行适当的旋转,以选取理想的加工方位。加工方位确定后,点击【文件】下拉菜单中的【保存】或【另存为】保存该零件,以作为即将用于加工的数据模型。如果是【文件】下拉菜单中的文件列表中已有的文件,用鼠标直接点击该文件即可。

3. 制件制作

1)新制件制作步骤

(1)点击【文件】菜单,选择【打开】,打开将要加工的制件。

(2)点击【设置】菜单,选择【制造设置】,进行制件制作参数设置,包括扫描参数设置、再涂层设置,设置完后确定,调入相关的文件。

(3)模拟加工过程,检查是否有明显的错误。点击【模拟】菜单,选择【模拟制造】,即可进行该制件的模拟制造。

(4)选择【制造】菜单,选择【制造】,进入【制造】对话框。在【制造】对话框中,设置好起始高度(一般不改变它的初始值),按【连续制造】按钮开始全自动制造,关上门,制造完成后,系统自动停止工作。【单层制造】为制造实体某一设置高度的那一层的截面。

注意:工作过程中,要尽量减少前门的开启次数,以减少热量的散失,保持设备内部温度均匀,避免引起制件的变形。

在加工过程中,需要随时注意以下几个问题:

①刮板和制件是否相碰(按急停开关中断加工);

②刮板是否超出有效范围(手动调整刮板位置);

③扫描时是否出现剥离、分层或变形(通过界面改变参数);

④如果有紧急情况出现,立即按下操作面板上的急停开关停止设备的运行。

2)系统暂停和继续加工

在全自动制造过程中,如果想暂时停止制作,点击【制造】对话框上的【暂停】按钮,系统在加工完当前层后停止加工。

如果想继续制造,再点击【暂停】按钮重新开始制造。

3)制件的取出

(1)制件制造完成后,系统自动停止运行。在【制造】对话框中选择【关闭】按钮并确认。

如果是中途停机,则点击【中止】,首先将制造停止,然后点击【关闭】按钮退出【制造】对话框。

(2)点击【制造】菜单,选择【关闭振镜】,并手动把刮板放置在液槽前面极限位置。

(3)点击【制造】菜单,选择【调试】,Z 轴向上移动升起工作台,使其离开液面,等待 30 min 左右,使树脂从底座充分流完,取下螺钉,取下制件托板。

(4)戴上塑料手套和口罩,用酒精先初步清洗托板和制件,然后将其整体放置在平整平面上,用铲子把制件铲下,注意不要损坏托板和制件。

(5)用有机溶剂如乙醇清洗制件,除去残留在制件上的液态树脂(此时如果有比较容易去除的支撑,可以用铲子将其铲掉),待乙醇挥发干净后,将制件放在专用紫外烘箱中固化。

注意:在取出制件的整个过程中,需要戴上塑料手套和口罩,以防止有机溶剂和树脂对人体造成伤害。

4. 关机

取出制件后,在【制造】菜单下点击【关闭强电】,最后点击窗口右上角的关闭按钮【×】或【文件】中的【退出】,自动退出 HUST 3DP 系统,回到 Windows 界面。手动关闭激光器,手动关闭系统操作面板电源,再手动关闭计算机。

注意:在制件加工过程中,可以点击【设置】菜单,随时调整制作参数。

5.4.3 制件的后处理

固化完毕后,从紫外烘箱中取出制件。用铲子等工具轻轻地将制件支撑除去。然后用砂纸从粗到细打磨制件,直到制件表面均匀、无明显缺陷为止,如有严重缺陷,可通过修补或黏结来消除。打磨完后用水清洗制件,如需要进一步提高表面质量,可以进行抛光、喷砂、上色等工艺处理。

清洗托板、镊子、螺丝刀等工具。

注意:打磨时制件要放在平整的平面上,用力要均匀,不能太大或太猛。抛光后的制件尽量不要用手直接拿取,以免抛光面受到损伤。在整个后处理的过程中,操作人员需要戴口罩和手套。

5.4.4 工艺流程简图

光固化成形的工艺流程如图 5-8 所示。

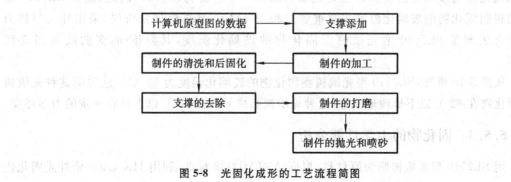

图 5-8 光固化成形的工艺流程简图

5.5　性　能　测　试

5.5.1　黏度测试

黏度是衡量光敏树脂可流动性、可加工性能的一个重要指标。适中的光敏树脂黏度有利于提高制作速度和制件的精度。利用 NDJ-1 A 型旋转黏度计对 SL7510 型光敏树脂进行了黏度测试，测试结果如图 5-9 所示。

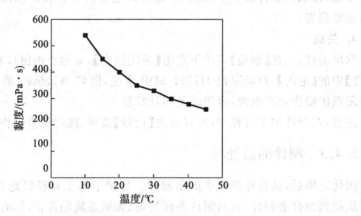

图 5-9　温度的变化对光敏树脂黏度的影响

从图 5-9 可知，随着温度的升高，SL7510 型光敏树脂黏度逐渐变小，在 30 ℃时，黏度值为 335 mPa·s。这说明 SL7510 型光敏树脂为非牛顿流体，且黏度适中。

5.5.2　固化物的热性能分析

玻璃化转变是高聚物的一种普遍现象。高聚物在发生玻璃化转变时，许多物理性能都发生了急剧变化，特别是力学性能。在只有几度范围的转变温度区间前、后，模量将改变1～2 个数量级，材料可能从坚硬的固体突然变成柔软的弹性体，完全改变了使用性能。光敏树脂固化物的玻璃化温度（T_g）也是光敏树脂的一个重要物性参数，因此，测定 SL7510 型光敏树脂固化物的玻璃化温度非常重要。利用 TMA7 型热机械分析仪，采用针入型热力学分析法测量 SL7510 型光敏树脂固化物的玻璃化温度，其温度-形变曲线如图 5-10 所示。

从图 5-10 可知，SL7510 型光敏树脂固化物的玻璃化温度为 62 ℃。这说明这种光敏树脂固化物在 62 ℃以下呈现玻璃态，这种光敏树脂成形件在 62 ℃以下具有一定的力学强度。

5.5.3　固化物的力学性能分析

用 SL7510 型光敏树脂为原材料，根据 ASTMD638 标准，利用 HK L400 紫外光固化快速成形设备，参照所测定出来的临界曝光量和透射深度值，设定设备的运行参数 $P_L = 95$ mW，$h_s = 0.08$ mm，$d = 0.10$ mm，$v_s = 4000$ mm/s，光敏树脂工作温度为 30 ℃，制作了 5 根测试样条。把这 5 根测试样条从液槽中取出后，放入紫外烘箱中固化 90 min，再用如

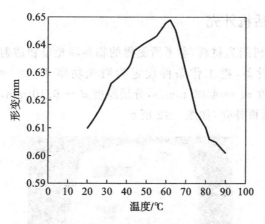

图 5-10 光敏树脂固化物的温度-形变曲线

图 5-11 所示的电子万能试验机进行拉伸测试。所测试的力学性能数据如表 5-3 所示,测试温度为 30 ℃,拉伸速度为 20 mm/min。

图 5-11 电子万能试验机

表 5-3 测试样条拉伸性能测试数据

测试样条编号	拉伸强度/MPa	弹性模量/MPa	断裂伸长率/(%)
1	42	2007	13.9
2	39	1973	13.3
3	45	2109	14.1
4	41	1994	13.7
5	37	1963	13.1

从表 5-3 可得,在温度为 30 ℃时,所制测试样条的拉伸强度平均值为 40.8 MPa,弹性模量平均值为 2009.2 MPa,断裂伸长率平均值为 13.62%,这说明 SL7510 型光敏树脂固化物在此温度下具有较好的力学性能,成形制件将具有一定的强度。

5.5.4 制作电话机外壳

以 SL7510 型光敏树脂为材料,参考所测得的临界曝光量和透射深度值,利用 HK L400 紫外光固化快速成形设备,把工作条件设定为激光功率 $P_L = 90$ mW,扫描间距 $h_S = 0.07$ mm,激光扫描速度 $v_S = 4500$ mm/s,分层厚度 $d = 0.10$ mm,盛装光敏树脂的液槽温度为 30 ℃,制作了电话机外壳,如图 5-12 所示。

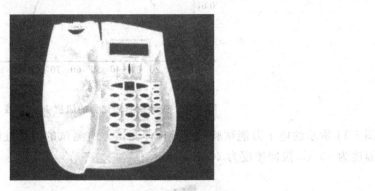

图 5-12 电话机外壳

图 5-12 所示的制件,它的尺寸与计算机 CAD 软件设计的尺寸吻合,且制作轮廓清晰。这说明所设定的光固化成形工艺参数,特别是分层厚度 $d = 0.10$ mm,比较准确。

5.6 思 考 题

(扫描二维码可
查看参考答案)

1. 振镜系统与伺服系统在实际二维轮廓的制造过程中有何差异?
2. 对非对称结构的三维模型如何分层?
3. HK L400 设备的液位控制系统有何作用?

第 6 章
数字光处理成形
光敏树脂实验

6.1 实验基本理论

6.1.1 光固化材料的基本组分

光敏树脂在紫外光作用下产生物理或化学反应,其中能从液体转变为固体的树脂称为紫外光固化性树脂。它是一种由光聚合性预高分子或低聚物、光聚合性单体以及光引发剂等组成的混合液体,如表 6-1 所示。其主要成分有低聚物、丙烯酸酯和环氧树脂等种类,它们决定了光固化产物的物理特性。低聚物的黏度一般很高,所以要将单体作为光聚合性稀释剂加入其中,以改善树脂整体的流动性。在固化反应时单体也与低聚物的分子链反应并硬化。体系中的光引发剂能在光照下分解,成为全体树脂聚合开始的"火种"。有时为了提高树脂反应时的感光度,还要加入增感剂,其作用是扩大被光引发剂吸收的光波长带,以提高光能吸收效率。此外,体系中还要加入消泡剂、稳定剂等。

表 6-1　紫外光固化材料的基本组分及其功能

名称	功能	常用质量分数/(%)	类型
光引发剂	吸收紫外光能,引发聚合反应	≤10	自由基型、阳离子型
低聚物	材料的主体,决定了固化后材料的主要功能	≥40	环氧丙烯酸酯、聚酯丙烯酸酯、聚氨丙烯酸酯、其他
稀释单体	调整黏度并参与固化反应,影响固化膜性能	20~50	单官能度、双官能度、多官能度
其他	根据不同用途而异	0~30	—

随着现代科技的进步,数字光处理成形技术得到了越来越广泛的应用。为了满足不同需要,对树脂的要求也随之提高。下面分别介绍光敏树脂主要组分的特性及数字光处理成形对树脂材料的要求。

6.1.2 光敏树脂主要组分的特性

1. 低聚物

低聚物又称预聚物,是含有不饱和官能团的高分子,多数为丙烯酸酯的低聚物。在各组分中,低聚物是光敏树脂的主体,它的性能很大程度上决定了固化后材料的性能。一般而言,低聚物相对分子质量越大,固化时体积收缩越小,固化速度越快;但相对分子质量越大,黏度越高,需要更多的单体稀释剂。因此低聚物的合成或选择无疑是光敏树脂配方设计中重要的环节。表 6-2 所示为常用的光敏树脂低聚物的结构和性能。

表 6-2　常用的光敏树脂低聚物的结构和性能

类型	固化速度	拉伸强度	柔性	硬度	耐化学性	抗黄变性
环氧丙烯酸酯	快	高	不好	高	极好	中至不好
聚氨丙烯酸酯	快	可调	好	可调	好	可调
聚酯丙烯酸酯	可调	中	可调	中	好	不好
聚醚丙烯酸酯	可调	低	好	低	不好	好
丙烯酸树脂	快	低	好	低	不好	极好
不饱和聚酯	慢	高	不好	高	不好	不好

2. 稀释单体

单体除了调节体系的黏度以外,还能影响固化动力学反应、聚合程度以及高分子的物理性质等。虽然光敏树脂的性质基本上由所用的低聚物决定,但主要的技术安全问题却必须考虑所用单体的性质。自由基固化工艺所使用的丙烯酸酯、甲基丙烯酸酯和苯乙烯,阳离子聚合所使用的环氧化物以及乙烯基醚等都是常用的稀释单体。由于丙烯酸酯具有非常高(丙烯酸酯＞甲基丙烯酸酯＞烯丙基＞乙烯基醚)的反应活性,工业中一般使用其衍生物作为稀释单体。单体分为单、双官能团单体和多官能团单体。一般增加单体的官能团会加速固化过程,但同时会给最终转化率带来不利影响,导致高分子中含有大量残留单体。

3. 光引发剂

光引发剂指任何能够吸收辐射能,经过化学变化产生具有引发聚合能力的活性中间体的物质。光引发剂是任何光敏树脂体系都需要的主要组分之一,它对光敏树脂体系的灵敏度(即固化速度)起决定作用。相对于稀释单体和低聚物而言,光引发剂在光敏树脂体系中的质量分数较低(一般不超过 10％)。在实际应用中,光引发剂本身(固化后引发化学变化的部分)及其光化学反应的产物均不应该对固化后高分子材料的化学和物理性能产生不良影响。

6.1.3 数字光处理成形对树脂材料的要求

(1) 固化前性能稳定,在可见光照射下不发生反应。

(2) 黏度低。由于是分层制造技术,光敏树脂进行的是分层固化,因此要求液体光敏树脂黏度较低,从而能在前一层上迅速流平;而且树脂黏度低,可以给树脂的加料和清除带来便利。

(3) 光敏性好。对紫外光的光响应速度高,在光强不是很高的情况下能快速固化成形。

(4) 固化收缩小。树脂在后固化处理中收缩程度小,否则会严重影响制件尺寸和形状精度。

（5）溶胀小。成形过程中固化产物浸润在液态树脂中，如果固化物发生溶胀，将会使制件产生明显形变。

（6）最终固化产物具有良好的力学强度、耐化学腐蚀性，易于洗涤和干燥，并具有良好的热稳定性。

（7）毒性小。减少对环境和人体伤害，符合绿色制造要求。

6.2　实验目的与要求

（1）了解数字光处理（DLP）成形的原理和过程。

（2）熟悉以双酚 A 型环氧树脂 E51 为基体的树脂的实验室配制及固化方法。

（3）掌握光敏树脂固化度的测定方法，明确环氧树脂的紫外光固化的一般特性。

（4）了解紫外光固化工艺与传统热固化工艺成形树脂浇铸体在固化收缩率和综合力学性能上的区别。

6.3　实验用材料、工具及仪器设备

6.3.1　实验材料

本次实验配置光敏树脂所用到的材料如表 6-3 所示。

表 6-3　实验用材料类型、名称及生产厂家

材料类型	材料名称	生产厂家
树脂基体	双酚 A 型环氧树脂 E51	南通星辰合成材料有限公司
光引发剂	三芳基硫鎓六氟锑酸盐（Chivacure 1176）	奇钛科技股份有限公司
活性稀释剂	660A（环氧丙烷丁基醚）	成都鸿瑞化工
活性稀释剂	烯丙基缩水甘油醚	上海晶纯试剂有限公司
热固化剂	650 低分子聚酰胺	蓝星化工无锡树脂厂精细化工研究所

6.3.2　实验成形设备及主要测试设备

本实验的成形设备可以采用浙江讯实科技有限公司研制的型号为 MoonRay 的桌面级 DLP 打印机，如图 6-1 所示，其相关参数如表 6-4 所示。其中紫外光光源采用 1 kW 高压汞灯，由东莞市尔谷光电科技有限公司生产，该灯光谱范围在 350～450 nm，主峰值为 365 nm。树脂的加热处理及热固化采用上海精密试验设备有限公司的 DHG-9246A 型电热恒温鼓风干燥箱。树脂的真空脱泡处理采用江苏东台市电器厂的 668 型真空干燥箱。热固化树脂固化度的测定采用德国耐驰公司的 DSC 200F3 型差示扫描量热仪，升温速度为 5 ℃/min，N₂ 气氛。红外光谱的测试采用美国斯派超公司的 Spectro FTIRα Q410 型傅里叶阿尔法红外

油品分析仪,全扫描。力学性能的测试采用深圳新三思公司的 CMT5105 型电子万能试验机。

图 6-1   浙江讯实科技有限公司研制的型号为 MoonRay 的桌面级 DLP 打印机

表 6-4   MoonRay 桌面级 DLP 打印机相关参数

基本参数	尺寸	380 mm×380 mm×500 mm
	质量	15 kg
	温度控制	10~30 ℃
	适配电源	220 V,300 W
	光机性能	自主研发 UV LED 蓝光光机,光均匀 性能好,使用寿命可达 50000 h
打印性能	构建尺寸	128 mm×80 mm×200 mm
	X、Y 分辨率	100 μm
	打印厚度(轴分辨率)	20 μm、50 μm、100 μm
	支撑件	自动生成、易于去除
软件	计算机系统	Windows XP(SP3)以上
	软件系统	Mac OSX10.6.8 以上
	文件格式	STL、SLC

6.4   实验内容及步骤

以 100 份质量的双酚 A 型环氧树脂 E51 为参考标准,按一定质量比加入活性稀释剂和光引发剂,搅拌均匀后置于电热恒温鼓风干燥箱,60 ℃下静置 30 min,以除去其中的气泡,配制好的树脂为透明澄清状。将配制好的树脂置于紫外光固化设备中,辐射距离为 12 cm,按固化工艺要求光照一定时间,制得所需的固化样品。

6.5 性能测试

6.5.1 光固化树脂固化度的测定

采用红外光谱法测定固化后树脂的固化度。当红外光通过样品时,样品中不同基团会对不同波长的红外光产生选择性吸收,因此,随着固化反应进行,环氧基团逐渐被打开,其吸收谱带的强度逐渐减弱,能够灵敏地反映环氧基团含量的变化。

红外光谱的测定采用薄膜法。将按质量比例配制好且经加热脱泡处理后的树脂滴于涂有脱模剂的玻璃板上,其上再覆盖另一块同样涂有脱模剂的玻璃板,使树脂形成厚度为 0.1 ~0.2 mm 的液膜,置于紫外灯下光照一定时间固化,制成红外光谱测试试样。采用 Spectro FT1Rα Q410 傅里叶阿尔法红外油品分析仪测试树脂光照前后的红外光谱,对于未光照的树脂,直接将其滴于测试仪器的样品池上进行测试。图 6-2 所示为树脂光照前后的红外光谱图。

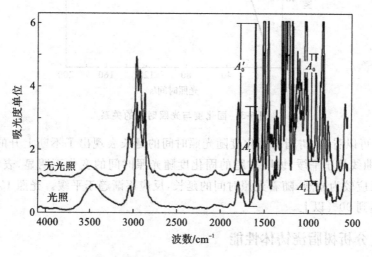

图 6-2 树脂光照前后的红外光谱图

从图 6-2 中可以看出,在 913 cm⁻¹ 附近(环氧基团的吸收谱带)的吸光度具有明显的变化。

根据 Lambert-Beer 定律,吸光度 A 可以表示为

$$A = \lg \frac{I_0}{I} = abc \tag{6-1}$$

式中:I_0 和 I 分别为入射光和透射光的强度;c 为物质的浓度,mol/L;b 为试样厚度,cm;a 为吸光系数,L/(mol·cm)。实验证明,不同浓度的同一物质在相同波数处具有相同的吸光系数。

为了消除样品厚度变化引起的环氧基团吸光度的变化,采用内标法,即用环氧基团的吸光度与反应过程中不参与反应的苯环的吸光度之比来表示环氧基团的相对吸光度,其中吸光度采用基线法直接从红外光谱图中测量。在红外光谱图中直接测量出环氧基团

（913 cm⁻¹）和苯环（1610 cm⁻¹）光照前后的吸光度，代入式（6-2）即可计算出相应条件下树脂体系的固化度（环氧基团的转化率）：

$$G = 1 - \frac{A_t/A'_t}{A_0/A'_0} \tag{6-2}$$

式中：G 为树脂的固化度；A_0 和 A'_0 分别为环氧基团和苯环的初始吸光度；A_t 和 A'_t 分别为光照一定时间 t 后环氧基团和苯环的吸光度。

6.5.2 测试环氧树脂的紫外光固化特性

对于选定的树脂体系，测定其在不同光照时间下的固化度，以研究树脂体系的紫外光固化特性。树脂的固化度与光照时间的关系如图 6-3 所示。

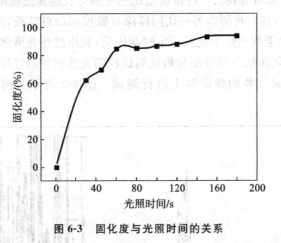

图 6-3　固化度与光照时间的关系

由图 6-3 可以看出，树脂的固化度随光照时间的延长表现出了不断上升的趋势，但光照一定时间后，曲线趋于平缓，说明树脂的固化度随光照时间的变化不明显，表明树脂体系在初始阶段的反应较为剧烈，随着光照时间的延长，反应逐渐趋于平缓。光照 150 s 后，树脂的固化度即可达到 90% 以上。

6.5.3 分析树脂浇铸体性能

1. 测定固化收缩率

采用线收缩率来表征树脂浇铸体的固化收缩率。实验中采用矩形模具，精确测量树脂固化前的长度（即模具的长度）L_0 及树脂固化后的长度 L，则树脂的线收缩率 η 可以表示为

$$\eta = (L_0 - L)/L_0 \times 100\% \tag{6-3}$$

式中：L_0 为树脂固化前的长度，mm；L 为树脂固化后的长度，mm。

实验在室温条件下进行，每组实验均取 5 个试样，各项数据分别测量 3 次取算术平均值。按式（6-3）计算得到紫外光固化工艺及热固化工艺制备的树脂浇铸体的固化收缩率分别为 0.45%（离散系数 5.8%）和 0.58%（离散系数 2.7%），相对于传统热固化工艺，紫外光固化树脂浇铸体的固化收缩率降低了 22.4%。实验数据验证了阳离子型紫外光固化工艺具有固化收缩率低的特点。

2. 测试力学性能

在浇铸体试样制备过程中，为了制得精度较高的试样，避免试样因固化收缩不均匀而发

生翘曲变形,浇铸体试样的制备采用双面光照固化的方式。在镂空的模具表面涂好脱模剂,置于同样涂有脱模剂的平整玻璃板上。将配制好且经加热脱泡处理过的树脂倒入模具中,置于上下两盏高压汞灯之间,双面同时进行光照,树脂表面与高压汞灯之间的距离为 12 cm。为保证试样内部的树脂也达到较高的固化度,光照时间选择为 4 min。固化后的试样如图6-4所示。

图 6-4 紫外光固化树脂浇铸体试样

对固化好的浇铸体试样,采用 CMT5105 型电子万能试验机分别测试其拉伸性能和弯曲性能,并与传统热固化浇铸体试样的性能进行比较。力学性能测试参照 GB/T 2567—2008《树脂浇铸体性能试验方法》进行。实验在室温干燥环境下进行,加载速度为 2 mm/min,实验装置如图 6-5 所示。力学性能测试结果如表 6-5 所示,表中括号内数据为相应的离散系数。

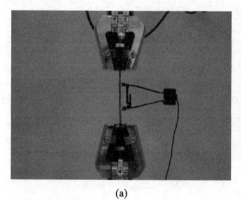
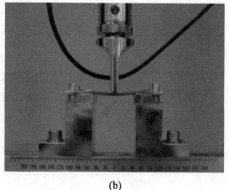

(a)   (b)

图 6-5 力学性能测试实验装置

(a)拉伸试验;(b)三点弯曲试验

表 6-5 环氧树脂浇铸体力学性能测试结果

固化类型	拉伸强度/MPa	拉伸模量/GPa	断裂伸长率/(%)	弯曲强度/MPa	弯曲模量/GPa
紫外光固化	32.34	1.80	0.82	60.64	1.73
	(8.2%)	(4.4%)	(6.3%)	(3.9%)	(5.4%)
传统热固化	38.80	1.81	3.33	62.74	1.84
	(4.1%)	(3.6%)	(5.2%)	(4.1%)	(3.9%)

从表 6-5 中的数据可以看出,采用紫外光固化工艺制备的环氧树脂浇铸体具有良好的力学性能,其拉伸强度和弯曲强度分别可达到 32.34 MPa 和 60.64 MPa,拉伸模量和弯曲模量分别为 1.80 GPa 和 1.73 GPa,而树脂的固化时间仅为 4 min,相对于传统热固化工艺大大缩短。

此外，采用紫外光固化工艺制备的环氧树脂浇铸体的断裂伸长率远小于传统热固化工艺制备的浇铸体的断裂伸长率，这可能是固化产物结构的差异所导致的。传统热固化工艺所使用的聚酰胺固化剂因其结构中含有较长的脂肪酸碳链和氨基，可使固化产物具有较好的韧性，而紫外光固化工艺在大分子链中不引入其他基团。

综合固化时间和固化产物的力学性能可以看出，与传统热固化相比，紫外光固化可以大幅度缩短树脂体系的固化时间，同时，制得的树脂浇铸体具有良好的综合力学性能。

6.6 思 考 题

（扫描二维码可
查看参考答案）

1. 简述光固化树脂的组成和分类。
2. 简述光固化成形中树脂收缩变形对成形精度的影响。
3. 影响光固化成形精度的因素有哪些？为提高成形精度，各因素是如何控制的？
4. 简述 DLP 技术和 SLA 技术的主要区别。

第 7 章
熔融沉积成形
聚乳酸(PLA)材料实验

7.1　实验原理

7.1.1　熔融沉积成形基本原理

熔融沉积成形(FDM)技术利用热塑性材料的热熔性、黏结性的特点,通过计算机的控制,进行层层堆积,最终生成所需的实体或模型。熔融沉积成形技术最大特点是将成形材料熔融后,直接堆积成三维实体模型。

FDM 工作原理如图 7-1 所示。成形材料和支撑材料通过送丝机构送进相应的喷头,在喷头内被加热至熔融状态;喷头通过成形系统的控制,根据提前设定的轮廓信息和填充轨迹做平面运动,而且经由喷头挤出的材料均匀地平铺在每一层截面轮廓上;此时被挤出的丝材在短时间内快速冷却,并和上一层固化的材料黏结在一起,层层堆积最终生成所需的实体零件。

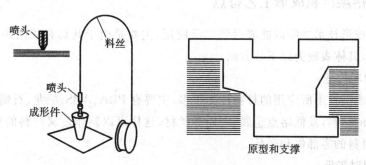

图 7-1　FDM 工作原理示意图

当成形的高度逐渐增大时,每一层的截面大小和形状都会出现一些变化,在形状变化比较大的情况下,上一层的截面轮廓就无法满足当前层定位要求,因此需要构建一些辅助支撑结构,这些支撑结构能满足后面成形层的定位需要,从而保证成形过程能够顺利进行。成形材料和支撑材料会按照既定的程序铺覆在工作台上,待冷却后即形成一层界面轮廓。当一层加工完成后,工作台就会按照设定好的截面厚度下降一定高度,然后再进行下一层平铺,如此循环下去,最后生成三维实体产品。

7.1.2 熔融沉积成形常用材料

熔融沉积成形所用材料为热塑性高分子材料,主要是 PLA、ABS、PETG(聚对苯二甲酸乙二醇酯-1,4-环己烷二甲醇酯)、PC 等。

ABS(丙烯晴-丁二烯-苯乙烯共聚物)是 FDM 技术最常用的热塑性塑料之一。ABS 的强度、韧性、耐高温性及机械加工性等十分好。但 ABS 在 FDM 过程中冷却收缩问题严重,易产生翘曲、开裂等问题。此外,ABS 在 FDM 过程中还会产生有刺激性气味的气体。为了改善 ABS 在成形中出现的问题,许多研究者对 ABS 材料进行了相关的改性研究,通过填充改性及共混改性提高其性能和打印效果是常见且有效的途径。

PLA 是早期用于 FDM 技术效果最好的材料,它本身具有良好的光泽质感,易于着色成多种颜色。PLA 是一种环境友好型塑料,它主要源于玉米淀粉和甘蔗等可再生资源,而非化石燃料。借助于 3D 打印机的风扇对 PLA 所打印模型进行快速冷却和定型,能够有效避免模型的翘曲变形,因此使用 PLA 可以完成一系列其他材料难以打印的复杂形状零件。

PETG 属于共聚脂类热塑性高分子材料,是一种新型的环保透明工程塑料,具有优异的韧性、透明度,易加工,并且在打印过程中无气味,无翘曲。

PC 材料具备高强度、高抗冲、耐高低温、抗紫外线等优异的性能,其制件能够作为最终零部件用在工程领域。PC 材料制造的制件,可以直接在交通工具及家电行业的产品中装配使用。PC 材料的强度比 ABS 材料的高 60%,广泛应用于航空航天、汽车内外饰、电子产品、家电、食品、医疗等领域。

另外,FDM 用高分子 3D 打印材料还包括热塑性聚氨酯(TPU)、PA、聚醚醚酮(PEEK)等。

7.1.3 熔融沉积成形工艺特点

熔融沉积成形技术之所以能够得到广泛应用,主要是由于其具有其他快速成形工艺所不具备的优势,具体表现为以下几方面。

1. 成形材料广泛

熔融沉积成形技术所应用的材料种类很多,主要有 PLA、ABS、尼龙、石蜡、铸蜡、人造橡胶等熔点较低的材料,及低熔点金属、陶瓷等丝材,这样可以制作金属材料的模型件或 PLA 塑料、尼龙等材料的零部件和产品。

2. 成本相对较低

因为熔融沉积成形技术不使用激光,与其他使用激光器的快速成形技术相比较而言,它的制作成本很低;除此之外,其原材料利用率很高并且几乎不产生任何污染,而且在成形过程中没有化学变化的发生,在很大程度上降低了成形成本。

3. 后处理过程比较简单

熔融沉积成形所采用的支撑结构很容易去除,原型制件的支撑结构只需要经过简单的剥离就能去除。目前出现的水溶性支撑材料使结构更易剥离。模型的变形比较微小。

当然,和其他快速成形技术相比,熔融沉积成形在以下方面还存在一定不足:

(1) 只适用于中小型模型件的制作;

(2) 成形件的表面条纹比较明显;

(3) 厚度方向的结构强度比较薄弱;

(4) 成形速度慢、成形效率低。

7.2 实验目的

研究熔融沉积成形 PLA 制件的尺寸精度、成形时间及相关影响因素。设计正交试验,进行熔融沉积成形 PLA 制件尺寸精度及成形时间相关工艺参数的优化。以自行设计的标准件为考察对象,研究分层厚度、路径宽度、轮廓数对尺寸精度、成形时间的影响,得到目标最优时的方案。

7.3 实验材料及设备

7.3.1 实验材料

聚乳酸(PLA)是一种生物相容性好的生物降解材料,对人体和环境友好,在熔融沉积成形时无不良刺激气味,制作大尺寸原型件时不易翘边,具有较好的成形性能,且成品颜色艳丽,因此,PLA 越来越多地被用作 3D 打印耗材。

本实验选用 PLA 作为成形材料,其直径为 3.0 mm,成形温度为 $190\sim210$ ℃,密度为(1.25 ± 0.05)g/cm^3,拉伸强度为 60 MPa。

7.3.2 实验成形设备及主要测试设备

实验所用设备为安徽西锐三维打印科技有限公司所生产的 Vision300 3D 打印机,如图 7-2 所示。该设备尺寸为1020 mm×1050 mm×1750 mm,成形尺寸为 500 mm×500 mm×500 mm,采用双喷头设计,喷头工作温度为 $190\sim230$ ℃,分层厚度为 $0.1\sim0.4$ mm,打印速度可在 $40\sim110$ mm/s的范围内调节,可打印 PLA、ABS 等多种材料。

图 7-2　Vision300 3D 打印机

7.4 实验内容及步骤

7.4.1 正交试验方法

在熔融沉积成形系统中，很多工艺参数都会对成形件的尺寸精度有比较大的影响，但在成形过程中，可以改变及控制的参数并不是很多，本实验选择分层厚度、路径宽度、轮廓数三个参数，研究其对成形件的尺寸精度和成形时间的影响。

在工业生产和科学研究过程中，需要考察的因素往往较多，而且各因素下的水平数一般不止一个，如果将所有因素中的每个水平全部相互匹配进行全面实验，最终需要的实验次数往往比较多。除此之外，后面还需要应用统计学理论对数据进行研究与分析，这会消耗很长的时间，同时也是非常繁重的工作，会耗费大量的资源。假如能通过正交设计来安排实验，就会大幅度减少试验次数，并且后期的统计计算也会变得简便。

正交试验是一种采用正交表对实验中出现的多个因子进行合理规划和分析的实验方法，已经成为现行实验过程中一种比较常用的设计方法和手段。本实验就是通过正交试验对影响尺寸精度的工艺参数进行分析，得出较优的方案。

正交试验的基本步骤可以归纳如下。

1. 明确实验目的和实验指标

所有的实验的共同目标是解决一个或几个问题，或者是得出或验证某个结论。因此，任何一个实验都理所当然具有确切的目的。

实验指标，是指在正交试验中，评估实验结果的特征量。实验指标可以分为定量指标和定性指标，定量指标是可以采用数量来表示的指标，定性指标是不能够直接利用数量来表示的指标。

2. 确实实验因素和水平

在实验过程中，多个因素对实验指标都会产生影响，但是由于实验条件的局限无法对所有的因素进行全方位考察，因此应该针对实际出现的问题，选择不同的分析方法，提取主要的影响因素，去除不重要的因素，从而减少需要考察的因素数量。在实验过程中，需研究的实验因素不应该太多，通常情况下为 3～7 个。

在确定因素后，还需要明确每种因素下的水平数，对于主要的影响因素，可以适当多选取一些水平。当各因素下的水平数一样时，这种情况下的数据处理起来比较简单。然后列举出因素水平编码表。

3. 选择正交表，进行表头设计

按照设计的因素数和水平数，选取合适的正交表。一般情形下，当正交表的列数大于或等于因素数时，因素的水平数与正交表中相对应的水平数应该相同，在同时满足上述要求的情形下，尽可能选用较小的表。

所谓表头设计，是指把实验中的因素分布到所选正交表相应的列里。如果因素数与正交表的列数相等，应该在第一列里放置一些水平改变比较困难的因素，最后一列放置水平改变比较容易的因素，剩余的因素可以随意放置。

4. 确定实验方案,进行实验

按照设计出的正交表和已经确定的表头,明确每个实验过程的方案安排,随后依次进行实验,最终得出实验结果。

5. 利用统计学知识分析实验结果

通常状况下,采用两种方法对实验结果进行研究分析。一种为直观分析法,也叫作极差分析法;另一种为方差分析法。根据对实验结果的分析,能够得出各因素间的主次关系以及最优方案等有价值的结论。

6. 进行实验校验

对实验结果分析后得到的最优方案是通过理论解释得到的,所以还应该进行验证,从而确保预测得到的最优方案与实际结果吻合,如果出现不一致的情况,还要重新进行正交试验。

7.4.2 工艺参数对成形制件的尺寸精度和成形时间的影响

1. 选取工艺参数

分层厚度会导致成形制件出现台阶现象,进而会对制件的宏观尺寸产生影响。Vision300 3D 打印机的分层厚度为 0.1~0.4 mm,在本次实验中选取的分层厚度为 0.15 mm、0.25 mm、0.35 mm。路径宽度就是挤出丝材的宽度,本次实验所使用的丝材宽度为 0.4 mm、0.6 mm、0.8 mm。本次实验中使用的轮廓数分别为 1 层、3 层和 5 层。

2. 设计标准测试样件

为了能够合理地确定制件的尺寸精度和成形时间,需要设计一个标准测试样件,方便进行测量与计算。标准测试样件的选取要包含日常生活中较为常见的形状特征,并且要易于测量,同时样件尺寸需要达到一定的大小要求,这样能够减少测量产生的误差。通过对以上因素进行综合考虑,设计的标准测试样件包含三个形状特征,分别为圆柱、方块和圆筒。圆柱和圆筒的直径尺寸都是 20 mm,方块的长、宽同样也是 20 mm,本次实验只对其宽度方向的尺寸进行测量。通过三维建模软件 SolidWorks 进行建模,如图 7-3 所示,然后导出并保存为 STL 格式,最后利用熔融沉积成形设备制作。

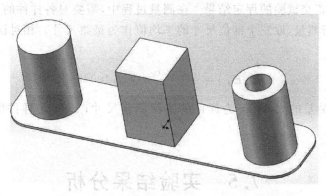

图 7-3 尺寸精度标准测试样件的三维模型

3. 设计正交试验

根据上述对需要因素和水平的分析,建立因素水平表,如表 7-1 所示。

表 7-1　尺寸精度的因素水平表

水平	(A)分层厚度/mm	(B)路径宽度/mm	(C)轮廓数
1	0.15	0.8	3
2	0.25	0.4	1
3	0.35	0.6	5

根据因素水平表和表头设计原则,得到正交试验方案 L934,如表 7-2 所示。由正交试验方案,可以获得加工成形的样件。

表 7-2　尺寸精度的正交试验方案 L934

序号	A	B	空列	C
1	1	1	1	1
2	1	2	2	2
3	1	3	3	3
4	2	1	2	3
5	2	2	3	1
6	2	3	1	2
7	3	1	3	2
8	3	2	1	3
9	3	3	2	1

4. 实验步骤

按照上述正交试验方案进行实验,然后将加工好的样件在遮阳通风的条件下放置 12 h,然后分别对圆柱、圆筒的直径和方块的宽度尺寸进行测量,并计算其尺寸相对误差的绝对值,以此作为本次正交试验的评定结果。在测量过程中,需要对各样件的上部、中部和下部三个部位分别进行测量,取三个部位尺寸的平均值作为最终尺寸。相对误差绝对值的计算公式为

$$|E_{R}| = \frac{|x - x_{CAD}|}{x_{CAD}} \times 100\% \tag{7-1}$$

式中：E_R 为相对误差的大小；x 为样件的实际测量尺寸；x_{CAD} 为样件的 CAD 模型设计尺寸。

7.5　实验结果分析

7.5.1　尺寸相对误差和成形时间的正交试验结果

尺寸相对误差绝对值和成形时间如表 7-3 所示。

表 7-3 尺寸相对误差绝对值和成形时间的正交试验结果

序号	A	B	空列	C	圆柱尺寸相对误差绝对值/(%)	圆筒尺寸相对误差绝对值/(%)	方块尺寸相对误差绝对值/(%)	成形时间/min
1	1	1	1	1	0.45	1	0.64	126
2	1	2	2	2	0.5	0.3	0.35	160
3	1	3	3	3	0.35	0.4	0.5	165
4	2	1	2	3	0.9	1.1	0.55	85
5	2	2	3	1	0.75	0.95	0.3	131
6	2	3	1	2	0.85	1.05	0.25	78
7	3	1	3	2	0.8	0.75	0.4	49
8	3	2	1	3	1.05	1.05	0.1	114
9	3	3	2	1	0.85	1	0.15	73

7.5.2 基于综合平衡法的正交试验结果分析

综合平衡法的原理是对每个指标进行直观分析,获得所有指标影响因素的主次顺序和最佳水平组合,随后凭借理论和实践经验,全面比较和分析每个指标的研究结果,从而获得较优方案。

综合平衡法与单指标试验的分析方法相同,首先对每个指标进行直观分析,得到因素间的主次顺序和较优方案,如表 7-4 所示,然后画出各个因素与各个指标的趋势图,如图 7-4 所示。

表 7-4 基于综合平衡法的正交试验结果分析

指标		A	B	空列	C
	K_1	1.3	2.15	2.35	2.05
	K_2	2.5	2.3	2.15	2.15
	K_3	2.7	2.05	1.9	2.3
圆柱尺寸相对误差绝对值/(%)	k_1	0.43	0.72	0.78	0.68
	k_2	0.83	0.77	0.75	0.72
	k_3	0.9	0.68	0.63	0.77
	极差 R	0.47	0.09	0.15	0.09
	因素主次顺序		ABC/ACB		
	较优方案		A1B1C1/A1C1B1		
	K_1	1.7	2.85	3.1	2.95
	K_2	3.1	2.3	2.4	2.1
	K_3	2.8	2.45	2.1	2.55
圆筒尺寸相对误差绝对值/(%)	k_1	0.57	0.95	1.03	0.98
	k_2	1.03	0.77	0.8	0.7
	k_3	0.93	0.82	0.7	0.85
	极差 R	0.46	0.18	0.33	0.28
	因素主次顺序		ACB		
	较优方案		A1C2B2		

指标		A	B	空列	C
	K_1	1.5	1.6	1	1.1
	K_2	1.1	0.75	1.05	1
	K_3	0.65	0.9	1.2	1.15
方块尺寸相对 误差绝对值/(%)	k_1	0.5	0.53	0.33	0.37
	k_2	0.37	0.25	0.35	0.33
	k_3	0.22	0.3	0.4	0.38
	极差 R	0.28	0.28	0.07	0.05
因素主次顺序			ABC/BAC		
较优方案			A2B2C2/B2A2C2		

由表 7-4 能够得到，针对不同的指标，不同因素的影响程度是有差别的，因此，单纯地把三个指标影响重要性的主次顺序统一起来是不可行的。同时，不同指标情况下的较优方案也不同，可以利用综合平衡法获得综合的最优方案。具体平衡过程如下。

因素 A：对于前两个指标，都是 A1 最优，而且对圆柱、圆筒和方块的尺寸相对误差绝对值大小而言，因素 A 都是最主要的影响因素，在确定最优水平时，应该重点考虑；对于方块尺寸相对误差绝对值大小而言，则是 A3 较优，根据"少数服从多数"的原则和 A 因素对不同指标的影响大小，选择 A1 作为最优水平。

因素 B：对圆筒和方块尺寸相对误差绝对值大小而言，B2 都是最优水平；对于圆柱尺寸相对误差绝对值大小，B3 为最优水平。另外，B 因素对方块尺寸相对误差绝对值大小的影响占据着最重要的地位，应该重点考虑。但对于圆柱尺寸相对误差绝对值大小而言，B 是处于末位的次要因素，从趋势图中可以看出，B 为 B2、B3 时，圆柱尺寸相对误差绝对值大小相差不大，B2 对应的路径宽度为 0.4 mm，B3 对应的路径宽度为 0.6 mm，本着降低消耗的原则，选取 B2 水平作为最优水平。

因素 C：对圆筒和方块尺寸相对误差绝对值大小而言，C2 都是较优的水平；对圆柱尺寸相对误差绝对值大小而言，C1 为较优水平，且因素 C 对圆柱尺寸相对误差绝对值大小的影响处于末位，从极差以及趋势图中可以看出，C 取 C1、C2 时，对圆柱相对误差绝对值大小影响差别不大，C1 对应的轮廓数为 3，C2 对应的轮廓数为 1，从降低消耗的层面考虑，选取 C2 水平作为最优水平。

综合以上分析，可以得到最终的最优方案为 A1B2C2，即分层厚度为 0.15 mm，路径宽度为 0.4 mm，轮廓数为 1。

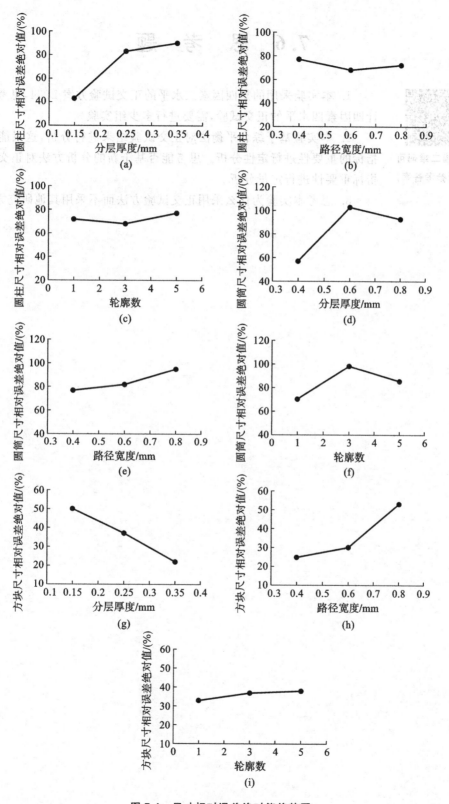

图 7-4　尺寸相对误差绝对值趋势图

7.6 思 考 题

（扫描二维码可
查看参考答案）

  1. 本实验采用的是四因素三水平的正交试验方案 L934，思考如果设计四因素四水平的正交试验，需要进行多少组实验。

  2. 本实验基于综合平衡法对正交试验结果进行分析，这只能对三个指标的重要性进行定性分析。思考能否基于新的分析方法对正交试验的指标重要性进行定量分析。

  3. 思考本实验为什么采用正交试验方法而不采用其他研究方法。

第8章

熔融沉积成形聚碳酸酯(PC)材料实验

8.1 实验基本理论

8.1.1 聚碳酸酯的基本性能

聚碳酸酯(PC)是指分子链中包含碳酸酯基的一类高聚物,分为脂肪族、脂环族、脂肪族-芳香族及芳香族等几类。其中仅有芳香族中的双酚 A 型聚碳酸酯(分子结构如图 8-1 所示)得到了大规模工业化生产。通常所述聚碳酸酯都为芳香族双酚 A 型聚碳酸酯。

聚碳酸酯是一种非晶、透明、无毒、无味的热塑性工程塑料,具备均衡的力学性能、热性能及电性能。

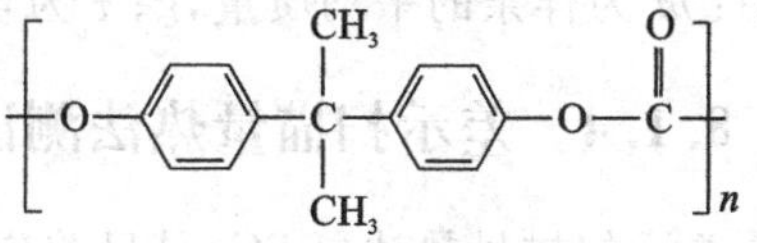

图 8-1 双酚 A 型聚碳酸酯的分子结构

力学性能:聚碳酸酯力学性能优异,抗冲击性特别突出,在工程塑料中屈指可数,而且尺寸稳定,蠕变性小,低温下性能仍保持良好。

热性能:聚碳酸酯可在 120 ℃以上长期使用,耐热性较高的同时也能保持良好的耐寒性。

电性能:聚碳酸酯的分子极性小,吸水率低,玻璃化转变温度高达 140 ℃,因此电性能良好。

耐溶剂性:聚碳酸酯在油类介质及酸中稳定,耐碱性不佳,易溶于卤代烃,长期浸入沸水中会降解和开裂。

光学性能:聚碳酸酯制件无色透明,具有良好的可见光透过能力,透光率可达 85%～90%,接近有机玻璃。

聚碳酸酯可采用多种成形方法进行加工:加热至黏流态时,可用注塑、挤出的方法加工;当其处于玻璃化转变温度与黏流温度之间时,可采用吹塑和辊压等成形方法加工;室温下的聚碳酸酯强迫高弹形变能力相当强,冲击韧性很高,因此可采用冷拉、冷压等冷成形方法加工。

8.1.2　聚碳酸酯的改性

聚碳酸酯熔体黏度太高,不利于成形加工,并且其制件缺口敏感性差,易于开裂,价格也较高。因此采用各种改性技术来改善其存在的问题,并提高其性能,就显得尤为重要。

聚碳酸酯可通过共聚、共混、增强等多种改性方法,形成数量众多的各种产品。玻璃纤维增强聚碳酸酯,可提高其拉伸强度、弹性模量、弯曲强度、疲劳强度等力学性能,显著改善其开裂问题,并且可较大幅度地提高其耐热性。有机硅嵌段共聚碳酸酯,可降低聚碳酸酯的软化温度,提高伸长率,增加弹性,加宽加工温度范围。PC/ABS 复合材料可以改善 ABS 的耐热性和耐冲击性,也可明显改善 PC 的熔体流动性和成形加工性,有利于成形薄壁长流程制件。

本实验以 PC 材料为基体,通过添加不同含量的聚己内酯(PCL)改善 PC 的流动性和打印时的翘曲问题,并将改性后制得的丝状材料用于 FDM 成形,然后对制得的成形件进行各项性能测试。

8.1.3　熔融指数的测试原理

熔融指数(MFR)是一种表示塑胶材料加工时的流动性的参数,也称为熔体流动速率,通常用 MFR(MI)或 MVR 值表示。其测试方法是先让塑料粒在一定时间(10 min)内、一定温度及压力(不同材料标准不同)下,融化成塑料流体,然后通过一直径为 2.095 mm 圆管,测试所流出的克数。其值越大,表示该塑胶材料的加工流动性越佳,反之则越差。

熔融指数 MFR(MI)以每 10 min 流出的熔体的质量(g)表示:

$$MFR = 600\frac{m}{\tau}(g/10\ min) \tag{8-1}$$

式中:m 为样条的平均质量,g;τ 为切割时间间隔,s。

8.1.4　差示扫描量热法测试

差示扫描量热法(DSC)是目前应用最广泛的吸热和放热反应的测量技术,例如测量固体和液体的相转变温度以及熔随温度的变化。差示扫描量热法的基本原理是:样品发生相变、玻璃化转变和化学反应时,会吸收和释放热量,补偿器就可以测量出如何增加或减少热流才能保持样品和参照物温度一致。

以高分子为例,典型的反应有以下几种。

(1) 没有相变和其他反应:此时要保持样品和参照物温度一致,只需要克服二者之间的比热区别即可,此时显示出 DSC 的基线。为了保证基线平坦,参照物应该是在实验温度范围内不发生化学变化,且具有基本不变的比热的物质。

(2) 玻璃化转变:高分子达到玻璃化转变温度时,比热增大,需要吸收更多热量来保持温度一致,因此常表现为 DSC 基线的转折。

(3) 结晶:有些经过过冷处理形成的非结晶高分子加热时会开始结晶,放出结晶热,补偿器测量到必须减少热流才能保持样品和参照物温度一致,在 DSC 曲线上就出现了一个放热峰。

(4) 熔融:随着温度进一步升高,结晶的部分开始熔融,补偿器测量出必须增加热流克服熔融所需的相变熔才能保持温度一致,于是在 DSC 曲线上就会出现吸热峰。

（5）氧化和交联：有的高分子在温度较高时会发生氧化和交联反应，DSC 曲线出现放热峰。

（6）分解：温度足够高之后，高分子链会断裂，DSC 曲线出现吸热峰。

差示扫描量热法曲线的横坐标是温度或者时间，纵坐标是样品吸热和放热的速率，也被称为热流。可以通过下面的公式（Speil）来计算相变焓：

$$\Delta H = KA \tag{8-2}$$

式中：ΔH 是相变焓；K 是差示扫描量热法常数；A 是峰的面积。不同的仪器有不同的差示扫描量热法常数，可以通过标准样品测定。

测量玻璃化转变温度（T_g）是 DSC 技术最常见的应用，对于无定形高分子来说，其物理性质随着时间会发生变化，样品向平衡态松弛，即热焓松弛。热焓松弛伴随着玻璃化转变过程，在传统 DSC 热流曲线上形成叠加。为了得到准确的 T_g，一般要先将样品加热至 T_g 以上去除热历史，降温后再次升温测试，取第二次升温曲线来标定 T_g。

8.2 实验目的与要求

8.2.1 制备流动改性的 PC 丝材

加入不同含量的聚己内酯（PCL）改善 PC 的流动性和打印时的翘曲问题。使用双螺杆挤出机混炼得到改性粒子，然后将改性粒子通过单螺杆挤出机加工成直径约 1.75 mm 的丝状材料。

8.2.2 研究流动改性 PC 丝材的各项性能

通过对改性 PC 熔融指数的测试、打印试样的情况及试样的力学性能数据分析得出流动改性 PC 的合适配方。

8.3 实验材料、工具及仪器设备

8.3.1 实验材料

实验所用材料如表 8-1 所示。

表 8-1 实验材料设备一览表

材料名称	厂家	备注
PC	台湾奇美实业股份有限公司	工业级
PCL	美国杜邦公司	工业级
抗氧剂 1330	市售	工业级
抗氧剂 168	市售	工业级

8.3.2 实验成形设备及主要测试设备

在制备 FDM 用 3D 打印改性 PC 丝材，以及在测试过程中所用到的实验仪器设备如表 8-2 所示。

表 8-2 实验仪器设备一览表

仪器设备名称	仪器型号	生产厂家
高速混合机	SHR-25A	江苏联冠机械有限公司
双螺杆挤出机	AK36, $L/D=40$	南京科亚化工成套装备有限公司
单螺杆塑料挤出机	SJ-45, $L/D=25$	上海迪荣塑料机械有限公司
差示扫描量热仪	Q2000	美国 TA
电子万能试验机	CMT4104	深圳市新三思材料检测有限公司
塑料冲击试验机	XJ-40A	吴忠材料试验机厂
熔融指数仪	RL-Z1B1	上海思尔达科学仪器有限公司

8.4 实验内容及步骤

8.4.1 流动改性 PC 材料制备

1. 双螺杆挤出机制备改性 PC 材料

制备改性 PC 材料之前，PC 原料需在 110 ℃烘干，烘干时间不少于 4 h。

使用双螺杆挤出机熔融共混配方原料，制备改性粒子，按照配方组成均采用一步混合方法制备。双螺杆挤出机的第一段温度为 150～190 ℃，第二段温度为 220～225 ℃，其余各段温度为 225～235 ℃，主机转速为 200～220 r/min，喂料频率为 7～9 r/min。熔体自口模挤出后经冷水冷却，风机吹干，最后至切粒机切粒。过程中挤出机保持真空状态。

2. 单螺杆挤出机制备改性 PC 丝材

改性粒子需先在 65～75 ℃温度下烘干 2～4 h。

制备直径为 1.75 mm 的 3D 打印 PC 丝材的条件如表 8-3 所示。

表 8-3 单螺杆挤出机制备 1.75 mm PC 丝材的工艺条件

机筒温度/℃				主机转速/	牵引速度/
第一段	第二段	第三段	第四段	(r/min)	(m/min)
180	230	238	232	8.6～8.8	13.4～13.8

粒子加入挤出机，自口模熔融挤出后，在牵引机一定速度的牵引下先后经温水、冷水冷却定型，形成直径约为 1.75 mm 的丝状后经自动收卷机收卷。

8.4.2 流动改性 PC 材料各项性能测试与表征

1. 熔融指数(MFR)的测试

由于有未加抗氧剂或加入较多 PCL 的组分，采用纯 PC 材料相关的熔融指数测试的标准条件,会使所制备的改性 PC 及其合金材料流动过快,并有分解的迹象。本实验中 3D 打印时所设温度为 250 ℃,负荷则使用 1.2 kg,以使大部分数值在常见的范围,更具有实际的参考意义。

2. 差示扫描量热法测试

使用 TA 公司的 Q2000 型差示扫描量热仪对 PC 及其合金的改性粒子进行测试。测试时通高纯 N_2 保护,流速为 30 mL/min。测试温度范围为常温至 200 ℃,升温速度为 10 ℃/min。

玻璃化转变温度 T_g 的测试方法:参照标准 GB/T 19466.2—2004《塑料 差示扫描量热法(DSC)第 2 部分:玻璃化转变温度的测定》,将制备好的改性塑料粒子置于测试仪器中,以 10 ℃/min 的速度从常温(25 ℃)升温至 200 ℃,以去除样品中的热历史,待样品冷却至室温后,再次以 10 ℃/min 的速度从常温(25 ℃)升至 200 ℃,实验结果即为第二次升温过程所得数据。

3. 力学性能测试

微注塑或 3D 打印样条的力学性能测试包括拉伸性能测试和简支梁缺口冲击性能测试。

拉伸强度按 GB/T 1040—2006 标准,采用宽度为 5 mm、厚度为 2.5 mm、标距为 25 mm 的小样条,拉伸速度为 2 mm/min。同一种材料不少于 5 个测试数据,取平均值作为最终结果。

缺口冲击强度按 GB/T 1043.1—2008 标准,采用简支梁冲击试验机进行测试,样条尺寸为 80 mm×10 mm×4 mm,缺口深度为宽度的 20%。同一种材料不少于 5 个测试数据,取平均值作为最终结果。

4. 3D 打印测试

采用加入 PCL 改善流动性的 PC 丝材,使用 3D 打印的方式制备样条进行测试,使用 makerbotreplicator2 打印机制备拉伸、冲击等性能测试需要的样条。打印喷头挤出熔丝填充样条的方式采用默认的层与层之间垂直交替的方式,如图 8-2 所示。

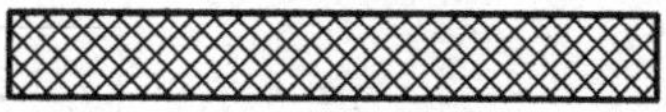

图 8-2 3D 打印样条的填充方式

打印温度为 250 ℃,打印速度为 90 mm/s,打印机冷却风扇关闭,填充率为 100%,并在底板喷涂一层光油改善打印的翘曲问题。打印过程中观察是否有打印喷头堵塞、漏料,表面粗糙、翘曲等问题。

8.5   实验结果分析

8.5.1   流动改性 PC 的熔融指数及 DSC 测试分析

使用 PCL 对 PC 进行流动改性的配方组成如表 8-4 所示。由于 PCL 是易降解的高分子,因此加入抗氧剂防止其在高温加工过程中热氧化降解。

表 8-4   加入 PCL 及抗氧剂改性 PC 的配方组成

配方名称	组成成分	比例
L1	PC:PCL:抗氧剂	100:10:0.7
L2	PC:PCL:抗氧剂	100:15:0.7
L3	PC:PCL:抗氧剂	100:20:0.7

配方名称	组成成分	比例
L4	PC∶PCL∶抗氧剂	100∶25∶0.7

注:本实验抗氧剂采用酚类和亚磷酸酯复配的抗氧剂,组成为:抗氧剂 1330∶抗氧剂 168=5∶2。配方组成以基体树脂为 100 份表示,PC 基体的配方以 PC 为 100 份表示;PC/ABS 以 PC 和 ABS 总量为 100 份表示,PC/PS 表示方法同 PC/ABS。

经流动改性后 PC 的熔融指数如图 8-3 所示,测试过程参照 8.4.1 节所述的熔融指数测试。

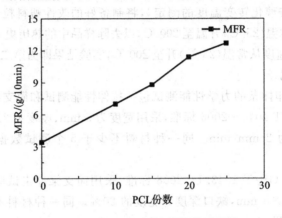

图 8-3 添加 PCL 改性 PC 的熔融指数

以 10 ℃/min 的升温速度进行 DSC 测试,测试方法参照 8.4.2 节所述的 DSC 测试,图 8-4 所示为各配方改性 PC 材料的 DSC 测试曲线。

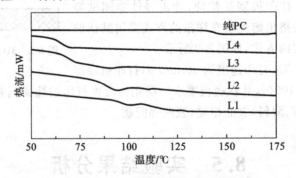

图 8-4 添加 PCL 改性 PC 的 DSC 测试曲线

已知完全相容的两种高分子的玻璃化转变温度只有一个,在两种纯组分高分子玻璃化转变温度之间;完全不相容的两种高分子,出现两个玻璃化转变温度,分别与两种纯组分高分子的玻璃化转变温度相同;部分相容的两种高分子,出现两个玻璃化转变温度,并向中间靠近。由于 PC 与 PCL 有良好的相容性,所以体系只出现一个玻璃化转变温度。由图 8-4 可以看出加入 PCL 后的改性 PC 的玻璃化转变温度明显降低,纯 PC 的玻璃化转变温度约为 140 ℃,随着加入 PCL 份数的增多,玻璃化转变温度不断降低,直至 PCL 加入 25 份时,玻璃化转变温度只有约 60 ℃。结合图 8-3,随着加入 PCL 份数的增多,PC 的熔融指数则快速增长。熔融指数为 3.4 g/10 min 的纯 PC,加入 25 份 PCL 后,熔融指数增长至 12.7 g/10 min。产生以上结果的原因如下:PC 中的大量苯环结构使其分子链刚性较大,分子链不易内旋转,碳酸酯基团的存在又使其分子具有一定的极性,分子间极性基团的相互作用使 PC 材料的内聚力进一步增大,因而其玻璃化转变温度较高,且熔体黏度大。已知刚性分子对剪切不敏感,因此 PC 熔体经螺杆挤出机加工或流经细小的 3D 打印加热喷头时所受到的剪切应力对其流动性无明显影响,增加流动性依赖于大幅度提高温度。加入 PCL 后,因 PC 的溶解度参数 $\delta_{PC}=19.4$,PCL 的溶解度参数 $\delta_{PCL}=19.5$,二者十分接近,且 PCL 中的酯基还会有少量与 PC 进行酯交换反应,因此 PCL 与 PC 完全互溶。PCL 为柔性分子链,溶于 PC 基体中的 PCL 在较低温度下,分子链段即可运动。柔性的 PCL 分子链溶于 PC 分子链间,减弱了 PC 分子间的内聚力,使得体系的玻璃化转变温度降低,且熔融指数增大。再者,加入柔性分子的 PC,经螺杆挤出机加工或流经打印喷头的细小孔径时,所产生的剪切应力更利于流动性的增加。实际实验时,加入 PCL 后,改性 PC 适宜于螺杆挤出机的加工温度也明显降低(由原来合适的加工温度 240~260 ℃降至 230 ℃左右),并且按照 8.4 节所述的打印测试条件,已可以在 3D 打印机上顺利打印样条。

8.5.2 流动改性 PC 的力学性能分析

完全相容的两种高分子,其复合材料的性能往往介于两种纯材料的性能之间,所以 PCL 的加入不可避免地会降低 PC 的力学性能,而且通过 FDM 成形的制件目前仍然比常规注塑和模压制件的力学性能要低。如果材料的流动性较好,使得通过 FDM 技术打印时,制件层与层之间的黏结性改善,则力学性能(尤其是拉伸强度)依然能保持一半以上。参照 8.4.2 节力学性能测试,所得 3D 打印样条的拉伸强度和缺口冲击强度如图 8-5 和图8-6所示。

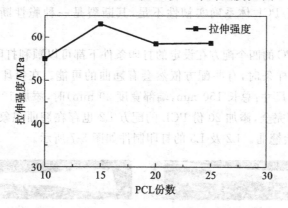

图 8-5 添加 PCL 改性 PC 样条的拉伸强度

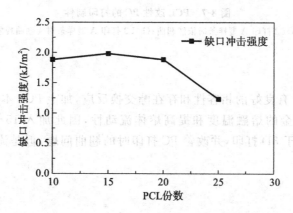

图 8-6 添加 PCL 改性 PC 样条的缺口冲击强度

由图 8-5 及图 8-6 可以看出样条拉伸强度和缺口冲击强度的数值都随加入 PCL 份数的增加而先增加后减小,在 PCL 加入 15 份时样条力学性能最佳。3D 打印对材料的流动性要求很高,PC 中加入 10 份 PCL 的体系依然不能在所设定的条件下快速熔融,不具备足够的流动性,使打印的样条中丝与丝、层与层之间的黏结力不佳,甚至出现缺陷,此时样条的力学性能相对于最大值仍有差距,也就是改性材料还不适合于 250 ℃ 的 3D 打印。加入 15 份及以上 PCL 后,PC 可在 250 ℃ 快速塑化,熔融指数翻倍,使打印样条层与层之间的黏结力提升;但是当加入 25 份 PCL 时,PCL 不良的力学性能使体系冲击性能严重下降。

PC 分子是一种刚性分子链,具有很大的内聚力,所以 PC 的拉伸强度高,又由于 PC 中的碳酸酯基团在 −100 ℃ 的 β 松弛运动,PC 具有高韧性,但是其分子链不易运动的缺点,也会使其在成形温度较低或快速降温时产生内应力,并会保留比理论值更高的自由体积。PCL 的加入显著提高了 PC 的熔体流动性,使 PC 分子链的运动变得容易,在降温过程中有利于调整构象,因此材料内应力得以松弛,并降低了自由体积,使体系中的分子链更加致密,再加上 3D 打印时,熔体从打印喷头的细微孔径中快速流出,使分子链有很高的取向,故加入 PCL 的 PC 体系拉伸强度与所用纯 PC 相比,下降不超过 20%(纯 PC 的拉伸强度为 60~70 MPa)。但是 3D 打印样条内部丝与丝、层与层之间存在空隙,以及 PCL 加入后材料内部自由体积降低,限制了碳酸酯基团等的次级松弛,使得极短时间内的作用力不能及时通过次级松弛吸收耗散,致使 PCL 改性 PC 的缺口冲击强度不足注塑纯 PC 的 1/20。总体来说,PC/PCL 体系确实韧性不足,其断裂是一种脆性断裂,还需要进行增韧改性。

添加 PCL 改性 PC 的四个配方在设定的打印条件下都可以顺利打印尺寸较小的样条,但是在打印尺寸较大的样条时,有些配方依然会有翘曲的可能。在打印标准 GB/T 1040.1—2006 中的 A 型样条(尺寸:总长 150 mm,端部宽度 20 mm)时,添加 10 份 PCL 的配方 L1 严重翘曲以致难以打印完全,添加 20 份 PCL 的配方 L2 也存在翘曲现象,而添加更多 PCL 的配方 L3 与 L4 则不会翘曲。L2 及 L3 的打印制件如图 8-7 所示。

(a)   (b)

图 8-7　PCL 改性 PC 的打印制件

(a)L2 打印 A 型样条时依然翘曲;(b)L3 打印 A 型样条时无翘曲现象

8.5.3　总结

由于 PCL 与 PC 有良好的相容性和存在酯交换反应,加上 PCL 本身的熔点很低,可以良好降低 PC 及其合金的熔融温度和提高熔体流动性,因此加入 15~20 份 PCL 时可使 PC 及其合金能够用于 3D 打印,并改善 PC 打印时的翘曲问题,但是流动改性后的材料冲击性能下降严重。

8.6 思 考 题

1. FDM 成形工程塑料要在不超过 250 ℃的条件下进行,不可避免地会使材料的热力学性能有所降低,思考如何在改善 PC 流动性的同时进行增强,以及如何提高材料耐热性。

2. 对于聚碳酸酯,为什么在生产中使用这种材料要对其进行改性处理? 改性处理能增强聚碳酸酯的什么性能?

3. 在本实验中,需要研究流动改性 PC 材料的哪些性能? 如何表征这些性能?

(扫描二维码可查看参考答案)

第 9 章
熔融沉积成形丙烯腈-丁二烯-苯乙烯共聚物(ABS)材料实验

9.1 实验目的

了解熔融沉积成形用柔性 ABS 材料的制备方法与性能。选择增塑剂来制备用于熔融沉积成形的柔性 ABS 线材。测试制件的力学性能,期望降低设备的能耗,使柔性 ABS 制件的打印成为可能。

9.2 实验要求

采用两种增塑剂二丙二醇二苯甲酸酯(DPGDB)和柠檬酸三乙酯(TEC)增塑 ABS 打印材料。两种增塑剂分别与 ABS 按质量比 100∶0、95∶5、85∶15、75∶25,依次用带有直径为 1.75 mm 的小孔挤出头的双螺杆挤出机进行熔融共混,最后挤出得到合格的用于熔融沉积成形的 ABS 线材。采用热变形用维卡软化点试验机、差示扫描量热仪、平行平板流变仪、熔体流动速率仪、热重分析仪、电子拉力机以及摆锤冲击试验机等仪器设备研究所得增塑 ABS 线材的热性能、流变性能、力学性能等。通过维卡测试分析研究增塑剂质量分数与增塑剂种类对增塑 ABS 线材的影响。通过对增塑 ABS 线材的玻璃化转变温度 T_g 等的分析,可以大致确定打印喷头温度和打印平台温度。通过对增塑 ABS 线材的流变性能、熔融指数的分析,研究增塑 ABS 线材打印过程中的熔融过程。通过热重分析,可以研究增塑 ABS 线材的稳定性。通过力学性能、迁移性能、收缩性能等方面的分析,可以研究注塑与打印两种方式制备的样品力学性能的区别,样品成形后增塑剂的迁移性随时间的变化以及样品打印完成后的收缩率变化,来衡量打印的质量。

9.3 实验材料及主要测试设备

9.3.1 实验材料

实验所需的主要材料如表 9-1 所示。

表 9-1 实验用主要材料

材料名称	生产厂家	备注
ABS	宁波乐金甬兴化工有限公司	HI-130
柠檬酸三乙酯(TEC)	山东博沂化工有限公司	>98%
二丙二醇二苯甲酸酯(DPGDB)	邹平铭兴化工有限公司	>98%
乙醇	天津市江天化工技术有限公司	>99%
偶联剂 HK-560	南京优普化工有限公司	HK-560

9.3.2 实验成形设备及主要测试设备

实验要用到的主要仪器及设备如表 9-2 所示。

表 9-2 实验用主要仪器及设备

实验仪器及设备	生产厂家	型号或规格
超声波清洗机	昆山市超声仪器有限公司	KQ-300DV
微型锥形同向双螺杆挤出机	武汉市瑞鸣机械制造公司	SJSZ-8B
热重分析仪	美国 TA 公司	TGA Q500/Q50
复合式破碎机	台州市淑江日成塑料机械厂	ZYGP400
热压机	武汉启恩科技发展有限责任公司	R-3202
差示扫描量热仪	德国耐驰公司	DSC 204 F1
微机控制电子万能试验机	深圳市新三思材料检测有限公司	CMT4503
平板流变仪	德国 HAKKE MARS 公司	Rheometer
真空干燥箱	河南郑州兄弟仪器设备有限公司	ZKXF
邵氏硬度计	长沙腾扬仪器仪表有限公司	Shore D
摆锤冲击试验机	深圳市新三思材料检测有限公司	SANS
微型注塑机	武汉市瑞鸣机械制造公司	SZ-I5
熔融沉积成形打印机	浙江闪铸三维科技有限公司	creator 创造者

9.4 增塑 ABS 线材的制备及性能测试

9.4.1 实验步骤

本实验流程如图 9-1 所示。

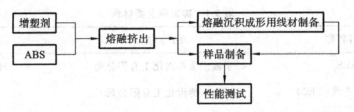

图 9-1 本实验流程示意图

本实验的主要研究内容如图 9-2 所示。

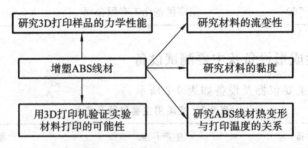

图 9-2 本实验的主要研究内容

9.4.2 增塑 ABS 线材的制备

将纯 ABS 材料放置在 80 ℃的真空干燥箱中干燥 12 h,使材料充分烘干。将真空干燥后的 ABS 与两种增塑剂柠檬酸三乙酯(TEC)和二丙二醇二苯甲酸酯(DPGDB)分别按质量比 100∶0、95∶5、85∶15、75∶25 依次进行机械混合,将所得的均匀的共混物在 80 ℃的真空干燥箱中放置 4 h,使得增塑剂能够充分渗入 ABS 粒料中。用带有 1.75 mm 直径小孔挤出头的微型锥形同向双螺杆挤出机对以上共混物进行熔融共混,同时双螺杆及喷头的温度分别设定为 180 ℃、185 ℃、185 ℃及 180 ℃,然后就可以得到合格的用于熔融沉积成形的增塑 ABS 线材。制备的增塑 ABS 线材如表 9-3 所示。

表 9-3 制备的增塑 ABS 线材

质量比	DPGDB 增塑 ABS 线材	TEC 增塑 ABS 线材
95∶5	ABS/DPGDB-5	ABS/TEC-5
85∶15	ABS/DPGDB-15	ABS/TEC-15
75∶25	ABS/DPGDB-25	ABS/TEC-25

9.4.3 热变形温度的测试

参照 GB/T 1634.2—2004 标准进行测试,升温速度为 50 ℃/h。每种材料取 3 个 2 cm 的注塑样品,放在测试探针下,再加放 1 kg 砝码于放砝码的平台上,调节粗调、微调旋钮以调节位移,最后将样品放入油浴中进行加热,待探针压入样品 1 mm 时记录此时温度,即为热变形温度。

9.4.4 差示扫描量热测试

取 5~10 mg 需要测量的样品,先进行淬火处理,再用 204 F1 型差示扫描量热仪对样品进行测试,实验需在 N$_2$ 气氛保护下进行,以 10 ℃/min 的升温速度来测定玻璃化转变温度 T_g。

9.4.5 平板流变测试

测试前,先用平板硫化机将经过干燥处理的增塑 ABS 线材在 180 ℃下经过热压成形并快速冷却后制得直径为 25 mm、厚度为 1 mm 的圆柱测试样品,再采用平板流变仪 (Rheometer 型)对其进行测试。进行动态频率扫描测试,角频率 $\omega = 0.5~100$ rad/s,应变为 5%,研究储能模量(G')、损耗模量(G'')以及表观黏度($\eta*$)与角频率之间的关系。

9.4.6 熔融指数的测试

参照 GB/T3682.1—2018 标准进行测试,将熔体流动速率仪打开(其中仪器的负荷为 2160 kg),当温度达到设定温度(增塑 ABS 线材的设定温度为 190 ℃)时,恒温几分钟后,把料筒清理干净;放好漏斗,往料筒中装入称好的试样,然后将压料杆插入料筒,将料压实 (不用太使劲);固定好套筒,开始计时,每 20 s 切割一次,总共切割 9 次。分别取 5 个无气泡的切割段称重,最大值与最小值之差不超过平均值的 10%,按公式(9-1)计算熔融指数 MFR:

$$MFR(\theta, mnom) = tref \times \frac{m}{\tau} = 600 \times \frac{m}{\tau} (g/10 \ min) \tag{9-1}$$

式中:θ 为实验温度(℃);mnom 为标称负荷(kg);m 为 5 个切割段的平均质量(g);tref 为参比时间;τ 为每个切割段的时间(s)。

9.4.7 热失重的测试

采用 TA 公司的 Q500 热重分析仪,将 7 mg 样品放入铝制坩埚中,对增塑 ABS 线材的热稳定性进行测试,实验以 10 ℃/min 的升温速度从室温升至 500 ℃,且实验在 N$_2$ 气氛下进行,N$_2$ 流量为 50 mL/min。

9.4.8 拉伸、弯曲性能测试

拉伸性能参照 GB/T1040—2006 标准进行测试,分别使用微型注塑机注塑和熔融沉积成形设备打印得到哑铃形测试样条,再采用深圳市新三思材料检测有限公司的 SK-1608 电子拉力机对样条进行力学性能测试,实验过程中拉伸速度设定为 10 mm/min,每种样品测量

5 次取平均值。弯曲性能按标准 GB/T 9341—2008 进行测试,分别使用微型注塑机注塑和熔融沉积成形设备打印得到弯曲测试样条,实验过程中弯曲速度为 2 mm/min。

9.5　实验结果分析

9.5.1　热变形分析

材料的热性能在材料的加工及使用过程中起着重要作用,这一点在熔融沉积成形工艺中显得尤其重要。材料的热变形温度与它的耐热性有着密切的关系。热变形温度即对材料施加一定的负荷,以一定的速度升温,材料达到规定形变时所对应的温度,它是衡量材料的热稳定性(耐热性)的重要指标,涉及材料的使用范围与环境,关系到制件的品质与精度。因此热变形温度不仅能直接用于评价材料的实际使用温度,还可以用来指导材料的质量控制,可作为熔融沉积成形工艺的一个评价标准。

如图 9-3 所示,随着增塑剂质量分数的增加,增塑 ABS 线材的热变形温度呈逐渐下降的趋势,其中 ABS/TEC 体系的热变形温度比 ABS/DPGDB 的要低,还可以发现增塑 ABS 线材的最低热变形温度达到 39.5 ℃,这说明增塑剂的加入对 ABS 热变形温度有着显著影响,间接表现了 ABS 材料的柔性。同时结合 3D 打印的情况,我们可以适当地调低打印平台的温度,这有利于降低 3D 打印的能耗,保证熔融沉积成形设备的寿命,更安全,更经济。

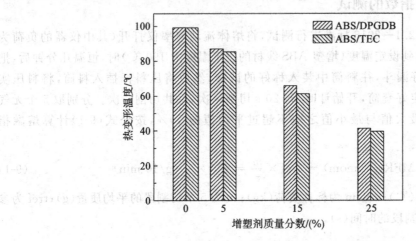

图 9-3　ABS 和增塑 ABS 线材的热变形温度曲线

9.5.2　差示扫描量热分析

对于纯 ABS 而言,其本身没有固定的熔点,故玻璃化温度(T_g)对衡量与表示 ABS 的热性能具有显著的意义。玻璃化温度是高分子比较特殊的特征温度之一。高分子在发生玻璃化转变时,许多物理性质都发生了急剧的变化,特别是力学性能。根据自由体积理论,高分子的玻璃化温度为自由体积降至最低值时的临界温度。在玻璃化温度以下,高分子分子链在自由体积提供的空间中已不足以发生构象调整,随着温度的升高,高分子的分子"占有体积"膨胀。而在玻璃化温度以上,链段运动在自由体积开始膨胀的前提下得到空间保证,链段由冻结状态进入运动状态,随着温度的升高,高分子的体积膨胀除了分子占有体积的膨胀外,还有自由体积的膨胀,体积随温度的变化率比玻璃化温度以下时大。在玻璃化温度附近,1～2个数量级模量的改变将使材料从坚硬的固体突然转变成柔软的弹性体,完全改变材料的使用性能。因此,增塑剂增塑 ABS 体系材料的玻璃化温度是熔融沉积成形线材的一个重要物性参数。

通过纯 ABS 和增塑 ABS 线材的 DSC 曲线(见图 9-4)可以看出,纯 ABS 及增塑 ABS 线材的玻璃化温度随着增塑剂质量分数的增加而呈逐渐下降的趋势,且 ABS/TEC 体系的玻璃化温度随增塑剂质量分数的增加而下降的趋势比 ABS/DPGDB 的要快,但总体来说二者相差不大,这也说明增塑效果比较好。表 9-4 所示为纯 ABS 和增塑 ABS 线材的具体玻璃化温度数据,可以发现同种增塑材料玻璃化温度与其热变形温度基本相差不大。

熔融沉积成形的增塑 ABS 线材的喷头温度一般为 220 ℃,平台温度为 100 ℃。通过以上热变形温度和 DSC 的数据分析,再结合实际打印操作的情况,可确定具体的平台打印温度与喷头温度。喷头温度随着增塑剂质量分数的降低而呈下降趋势,这很符合材料熔融温度低的要求。最终设定的平台打印温度如表 9-5 所示。

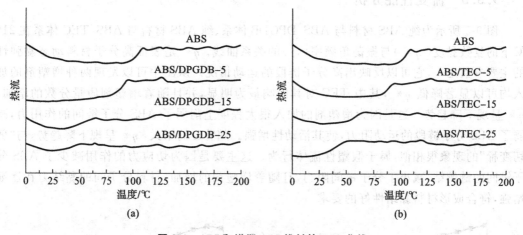

图 9-4　ABS 和增塑 ABS 线材的 DSC 曲线

(a)ABS/DPGDB;(b)ABS/TEC

表 9-4　ABS 和增塑 ABS 线材的玻璃化温度

样品	玻璃化温度/℃
ABS	107.7
ABS/DPGDB-5	90.7
ABS/DPGDB-15	64.1
ABS/DPGDB-25	43.1
ABS/TEC-5	88.8
ABS/TEC-15	55.5
ABS/TEC-25	42.0

表 9-5　ABS 和增塑 ABS 线材的平台打印温度

样品	平台打印温度/℃
ABS	100
ABS/DPGDB-5	90
ABS/DPGDB-15	70
ABS/DPGDB-25	50
ABS/TEC-5	90
ABS/TEC-15	70
ABS/TEC-25	50

9.5.3　流变性能分析

图 9-5 所示为纯 ABS 材料与 ABS/DPGDB 体系、纯 ABS 材料与 ABS/TEC 体系在 210 ℃下的复数黏度($\eta*$)与振荡角频率(ω)的关系曲线。$\eta*$ 是表征高分子材料动态黏弹性的主要参数之一,它可以反映出高分子链段的运动情况。从图中可以发现两种增塑剂的加入均可以显著降低 $\eta*$,其中 TEC 对其影响最为明显,并且随着增塑剂质量分数的增加,$\eta*$ 呈现下降趋势。这是因为增塑剂的加入很大程度上削弱了 ABS 分子链间的作用力,减弱了 ABS 分子链段的运动阻力,使其活动性增强。随着 ω 的增大,$\eta*$ 呈现下降趋势,与"剪切变稀"的现象很相似,属于假塑性流体行为。这主要是因为切应力的作用减少了 ABS 分子链间的链缠结,减小了分子链间阻力,且随着增塑剂的增加,材料分子间的黏结力在逐渐增强,符合成形材料黏结性好的要求。

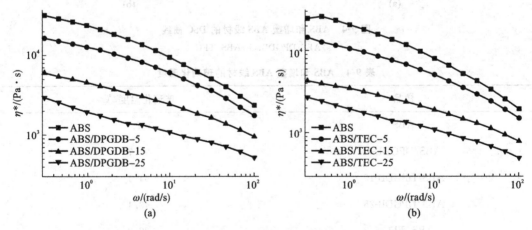

图 9-5　纯 ABS 与增塑 ABS 线材的复数黏度与振荡角频率的关系

(a)纯 ABS 材料与 ABS/DPGDB 体系;(b)纯 ABS 材料与 ABS/TEC 体系

图 9-6 所示是纯 ABS 材料与 ABS/DPGDB 体系、纯 ABS 材料与 ABS/TEC 体系在 200 ℃下的储能模量(G')、损耗模量(G'')与振动角频率(ω)的关系曲线。从图中可以发现,

起始时 G'' 大于 G',随着 ω 的增加 G' 和 G'' 均呈现上升趋势,G'-ω 的斜率大于 G''-ω 的。当 ω 增大到一定值时,G'-ω 和 G''-ω 的曲线相交,这说明随着振动角频率的增大,材料的弹性响应增加较快。从图中可以发现两种增塑剂的加入均可以降低 G' 和 G'',在相同的 ω 下,随着增塑剂质量分数的增加,G' 和 G'' 均呈现下降趋势,通过对比发现,TEC 对 G' 和 G'' 的影响最为明显。纯 ABS 材料的 G' 和 G'' 较高的原因是 ABS 分子链间的物理缠结点比较多,而增塑剂的加入导致 ABS 分子链中产生增塑剂-ABS 分子链间的联结,从而显著地减少 ABS 分子链间的联结,减少了 ABS 分子的缠结点。由于插入到 ABS 分子链间的增塑剂分子同样起到屏蔽作用,增强了 ABS 分子链的活动性,使原有的链缠结出现解缠结的现象,因此,结合 η^*-ω 曲线,可以发现两种增塑剂都能够有效地改善 ABS 材料的黏弹性,提高材料的加工性和黏结性。

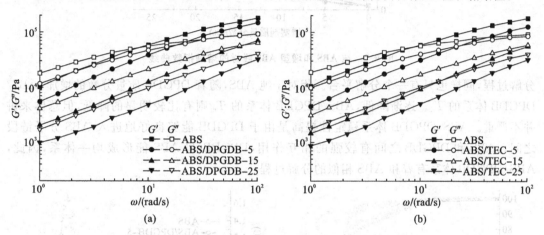

图 9-6　纯 ABS 与增塑 ABS 线材的储能模量与损耗模量
(a)纯 ABS 材料与 ABS/DPGDB 体系;(b)纯 ABC 材料与 ABS/TEC 体系

9.5.4　熔融指数分析

熔融指数(熔体流动速率)作为一种表示塑胶材料加工时的流动性的参数,可用来表征热塑性塑料在熔融状态下的黏流特性。一般而言,熔融指数的数值越大代表该材料黏度越小、相对分子质量越小,反之则代表该材料黏度越大、相对分子质量越大。从这一角度出发,该参数对保证热塑性塑料及其制件的质量,以及调整生产工艺参数即对熔融沉积成形工艺中打印温度的调整具有重要的指导意义。图 9-7 所示为不同增塑剂含量对熔融指数的影响。从图中可以看出,随着增塑剂含量的增加,增塑 ABS 线材的熔融指数呈逐渐增大的趋势,其中,在同增塑剂含量的水平上,ABS/TEC 增塑体系的熔融指数大于 ABS/DPGDB 增塑体系的熔融指数。这表明随着增塑剂含量的增加,材料的黏度在逐渐降低,这很符合成形材料黏度低的要求。

9.5.5　热失重分析

图 9-8 所示是纯 ABS 和 ABS/DPGDB 体系的热失重分析。图 9-8(a)是 TGA 曲线,图 9-8(b)是 DTG 曲线。纯 ABS 和 ABS/DPGDB 体系的起始降解温度(T_{di})和最大降解速率所对应的温度(T_{dmax})如表 9-6 所示。从图中可以发现,纯 ABS 只有一个分解平台,最大降解速率峰在 DTG 曲线中也只在 393.1 ℃处有一个。ABS/DPGDB 体系有着和 ABS 相似的

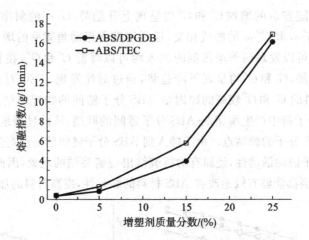

图 9-7　纯 ABS 和增塑 ABS 线材的熔融指数曲线

分解过程,同样也只有一个分解平台。相对于纯 ABS,随着 DPGDB 质量分数的增加,ABS/DPGDB 体系的 T_{dmax} 逐渐降低,ABS/DPGDB 体系的 T_{di} 则有比较明显的降低,但总体来讲并不严重。ABS/DPGDB 体系稳定性提高是由于 DPGDB 能够良好地进入 ABS 分子链段之间。ABS 和 DPGDB 之间有较强的相互作用,DPGDB 和 ABS 能形成均一体系,因此,ABS/DPGDB 体系有着和 ABS 相似的分解过程。

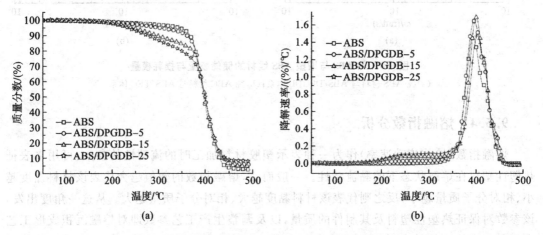

图 9-8　纯 ABS 和 ABS/DPGDB 体系的热失重分析

　　图 9-9 所示是纯 ABS 和 ABS/TEC 体系的热失重分析。图 9-9(a)是 TGA 曲线,图 9-9(b)是 DTG 曲线。纯 ABS 和 ABS/TEC 体系的起始降解温度(T_{di})和最大降解速率所对应的温度(T_{dmax})如表 9-6 所示。从图中可以发现,ABS/TEC 体系的热失重分析结论与 ABS/DPGDB 体系相似,也都出现一个降解平台,ABS/TEC 体系的 T_{dmax} 也随着 TEC 含量的增加而有轻微降低,ABS/DTEC 体系的 T_{di} 相较于 ABS 有明显的降低,这同样说明增塑剂 TEC 也能在 ABS 基质中形成均一的增塑体系。

　　由上述的数据分析和表 9-6 可知,增塑 ABS 体系的稳定性很好,ABS 线材在各自喷头温度下进行熔融沉积成形时均不用担心材料的分解等问题,能够较好地保证打印制件的品质。

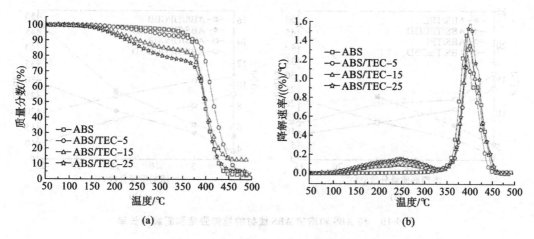

图 9-9　纯 ABS 和 ABS/TEC 体系的热失重分析

表 9-6　ABS 和增塑 ABS 体系的热稳定性参数

样品	T_{di}/℃	T_{dmax}/℃	质量损失 5%时对应的温度 T/℃
ABS	276.4	393.1	349.1
ABS/DPGDB-5	263.7	402.1	309.9
ABS/DPGDB-15	251.6	399.3	284.5
ABS/DPGDB-25	248.3	394.9	254.5
ABS/TEC-5	258.4	399.1	290.6
ABS/TEC-15	246.5	397.5	261.6
ABS/TEC-25	233.1	393.7	237.4

9.5.6　拉伸性能分析

图 9-10 所示为两种增塑剂增塑后的 ABS 线材注塑与 3D 打印样条的拉伸强度（δ）和断裂伸长率（ε）。由图可以发现无论是注塑还是 3D 打印，增塑 ABS 线材的拉伸强度均随着增塑剂质量分数的增加呈下降的趋势，而断裂伸长率刚好相反，随着增塑剂质量分数的增加呈逐渐上升的趋势。这说明增塑剂的加入可以降低 ABS 分子间的作用力，提高材料的柔性。同时，对比增塑 ABS 线材注塑与 3D 打印样条的拉伸强度和断裂伸长率可以发现，注塑样条的拉伸强度与断裂伸长率均比 3D 打印样条的要高。这说明熔融沉积成形 3D 打印对材料的拉伸性能有不良影响，原因可能是材料堆积不均匀或者黏结不好。

9.5.7　弯曲性能分析

图 9-11 所示为不同增塑 ABS 线材的弯曲强度受不同增塑剂质量分数的影响。从图中可以看出，随着增塑剂质量分数的增加，ABS 增塑线材的弯曲强度呈逐渐降低的趋势。在相同增塑剂质量分数水平下，ABS/DPGDB 增塑体系的弯曲强度比 ABS/TEC 增塑体系的要高。在相同的增塑剂与增塑剂质量分数的条件下，注塑样条的弯曲强度比 3D 打印样条的要高。这说明熔融沉积成形 3D 打印对材料的弯曲性能有不良影响，原因可能同样是材料堆积不均匀或者黏结不好。

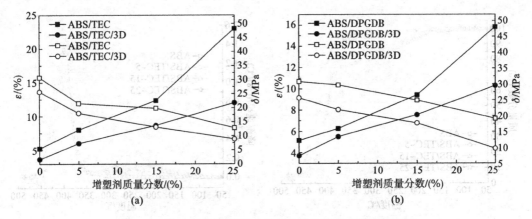

图 9-10　纯 ABS 和增塑 ABS 线材的拉伸强度和断裂伸长率

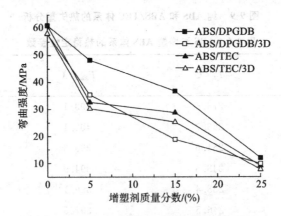

图 9-11　纯 ABS 和增塑 ABS 线材的弯曲强度

9.6　思　考　题

（扫描二维码可
查看参考答案）

1. 简述柔性 ABS 材料在熔融沉积成形中的制备意义。

2. 增塑 ABS 线材如何制备？

3. 为什么增塑剂增塑 ABS 材料的玻璃化温度是一个重要物性参数？

第 10 章
熔融沉积成形热塑性聚氨酯(TPU)弹性体实验

10.1 实验目的

本实验在现有打印硬质材料的 FDM 模式 3D 打印机基础上，进行了结构改进，尝试打印 TPU 弹性体材料，研究工艺参数打印样品成形情况及层间黏结强度的影响。热塑性聚氨酯(TPU)弹性体属于特种合成橡胶，是一种(AB)$_n$ 型的多嵌段共聚物，常温下处于玻璃态或结晶态，软段和硬段交替排列，构成重复结构单元，可根据需要调控软硬段比例。其中 A 部分为软段，一般由高分子多元醇柔性长链构成，常温下由小分子扩链剂构成。由于硬段与软段在一定程度上热力学不相容，形成硬段和软段微区，而产生微观相分离结构，使 TPU 既可保持一定硬度，又有较好的弹性、耐磨性等。同时聚氨基甲酸酯分子的强极性使其具有良好的黏结性，有望使 FDM 模式 3D 打印中存在的层与层之间强度不高的问题得到改善。

10.2 实验材料及仪器设备

10.2.1 实验材料

表 10-1 所示为实验使用的主要材料。

表 10-1 主要材料及生产厂家

材料名称	生产厂家	备注
聚己内酯二醇(PLC-2000,工业级)	济宁佰一化工品有限公司	使用前 110 ℃下减压蒸馏 4 h
4,4′-二苯基甲烷二异氰酸酯(MDI)	万华化学集团股份有限公司	—
1,4-丁二醇(BDO,AR 级)	国药集团化学试剂有限公司	使用前用 4Å 型分子筛干燥 24 h
抗氧剂 1010	瑞士 Ciba-Geigy	—

10.2.2 实验成形设备及主要测试设备

表 10-2 所示为实验使用的成形设备及主要测试设备。

表 10-2 实验使用的成形设备及主要测试设备

实验仪器及设备	生产厂家	型号或规格
双螺杆挤出机	英国	Prism TSE-16-TC
FDM 设备	Raise3D	N2
万能拉伸试验机	深圳新三思材料检测有限公司	CMT-4204
扫描电镜(SEM)	日本日立公司	S-4800
示差扫描量热仪	美国 TA 公司	DSC Q100
光学显微镜	日本 NiKon	ECLIPSE-LV100N
先进流变扩展系统	美国 TA 公司	ARES-G2
动态热机械分析仪	美国 TA 公司	DMA Q800
邵氏硬度计	中国	LX-A

10.3　TPU 制备及性能测试

10.3.1　TPU 的合成及 TPU 线材加工

1. TPU 的合成

TPU 的合成采用预聚体法,即先制备预聚体,再加入扩链剂进行扩链反应。先将经减压蒸馏除水的 PCL-2000 加入到反应釜中,保持温度为 80 ℃,将融化后的 4,4′-二苯基甲烷二异氰酸酯逐滴加至反应釜中,同时通入氮气,机械搅拌反应 3 h。然后将温度升至 110 ℃,加入计量 BDO(1,4-丁二醇)快速搅拌 5 min,将反应产物倒在聚四氟乙烯板上,置于 110 ℃的烘箱中,抽真空熟化 10 h。

2. TPU 线材加工

基于 FDM 的 3D 打印需用线形材料进料,本实验用双螺杆挤出机将 TPU 加工成线形材料。将熟化好的 TPU 加入双螺杆挤出机,控制挤出和牵引速度,使挤出线料的直径在 1.75~1.90 mm,经水槽冷却、真空干燥后缠绕在线板上用于 3D 打印,挤出线料时加入少量抗氧剂 1010 以防止 TPU 在高温加工过程中发生氧化。

10.3.2　性能测试

为使 TPU 弹性体软材料顺利打印,需在原 3D 打印机基础上进行改进。如在 3D 打印机进料管中加装聚四氟乙烯管,防止物料进入打印喷头之前熔融,黏附在管壁上而影响进料过程;将长程进料改为短程进料,即进料齿轮紧贴打印喷头的进料口以防止进料过程中软材料发生弯折。

使用万能拉伸试验机,根据 GB/T 528—2009 对打印后的 TPU 样条进行拉伸测试,每组样条测试 6 次,取平均值。使用扫描电镜观察打印样条的截面与表面微观形貌。采用差示扫描量热仪测试 TPU 的玻璃化温度,氮气气氛保护,样条从 -70 ℃升温至 220 ℃,升温速度均为 10 ℃/min,氮气流量为 50 mL/min。使用显微镜观察样条缺口处断裂面形貌。利用先进流变扩展系统,通过控制轴向力方式,测量样条的热膨胀率,测试温度为 25~145 ℃,升温速度为 1 ℃/min。采用动态热机械分析仪测试样条的动态力学行为,双悬臂模式,测试温度为 -80~100 ℃,升温速度为 2 ℃/min,频率为 1 Hz,应变为 0.1%。样条用平板硫化机模塑成形,尺寸为 80 mm×10 mm×5 mm。使用邵氏硬度计按 GB/T 531.1—2008 测试样条的硬度。

10.4 实验结果与分析

10.4.1 TPU 弹性体的性能表征

图 10-1 所示为不同硬段含量的 TPU 的断裂伸长率、弹性模量及邵氏硬度。由图可见,随着硬段含量的减少,TPU 的断裂伸长率增大,但当硬段含量减少至 25%时,断裂伸长率反而大幅度下降至 280%。这是由于 TPU 的力学性能依赖于硬段结晶形成的物理交联点,当硬段含量减少到难以形成完善的物理交联网络时,TPU 的力学性能大幅下降。

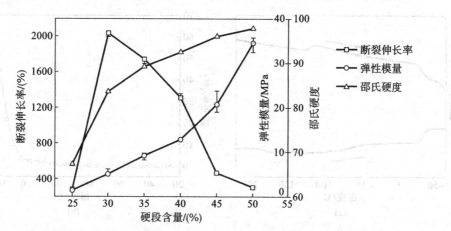

图 10-1 不同硬段含量的 TPU 的断裂伸长率、弹性模量和邵氏硬度

TPU 的硬度随硬段含量的增加而增大。市售的所谓柔性打印材料的硬度远大于 100,大大高于本实验所制备的 TPU。由图 10-1 可见,硬段含量为 30%时,TPU(TPU-30)弹性模量较低,只有 5.04 MPa,邵氏硬度为 85,较为柔软,而断裂伸长率高达 2000%,故拟以此为对象,验证打印参数对打印样条层间黏结强度、形状变形及回复的影响。

图 10-2 所示为 TPU-30 经不同拉伸倍数(伸长率)回复后的永久形变率。伸长率为 200%时,其永久形变率为 101.5%。随着伸长率的增加,拉伸回复后的永久形变率增大。当伸长率达到 2000%,接近断裂伸长率时,永久形变率为 189.5%,永久形变较大。这是由于过大的形变率使原来的硬段结晶受到破坏,造成分子链间滑移,形成了较大的不可逆形变。

TPU 硬段通常为可结晶链段,结晶会造成打印样条在冷却过程中产生收缩变形,这将大大影响层间的黏结及打印样条形状的保持。本实验考察了 TPU-30 的热行为及其膨胀率随温度的变化情况,如图 10-3 所示,降温过程中 TPU-30 在 120 ℃附近出现结晶峰。膨胀率数据显示,在 125 ℃以下时,样条的膨胀率基本不随温度变化;当温度升高到 125 ℃后,随着温度升高,膨胀率迅速增大。也就是说,打印过程中,由高温冷却到 125 ℃左右,TPU 样条会发生明显的收缩。

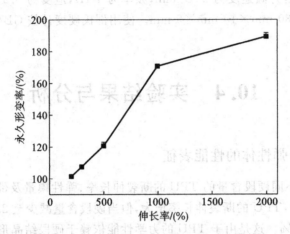

图 10-2　不同伸长率下 TPU-30 的永久形变率

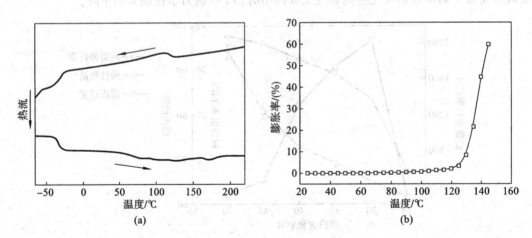

图 10-3　TPU-30 的 DSC 曲线及膨胀率

(a)DSC 曲线;(b)膨胀率

10.4.2　层高对打印试样成形性的影响

基于 FDM 原理的 3D 打印依靠后续进料施加作用力将高分子熔体从喷头中挤出,出料速度受进料齿轮控制,因而打印速度需与进料速度相一致。打印速度过快会使挤出线受到拉伸作用而变细,打印底层时可能因喷头的拉力而使挤出线难以着床;打印速度过慢又会导致出料囤积,造成打印物变形。在打印 PLA、ABS 等硬质弱结晶性材料时,只要打印速度和进料速度匹配,即可顺利完成打印。但当打印 TPU 弹性体软材料时,由于材料柔软,易弯折,用市售的 FDM 模式 3D 打印机很难实现连续进料,难以打印出形状完整的物体。为防止打印时进料线发生弯折,本实验在硬质材料 FDM 模式 3D 打印机的进料口加装了聚四氟乙烯管,并将长程进料方式改为短程进料方式,实现了 TPU 弹性体软材料的 3D 打印,并在此基础上研究层高对打印试样成形性的影响。

打印层高与喷头直径及打印速度需相互匹配,图 10-4 所示为不同打印层高对打印物形态及结构的影响。为了清楚展现打印物的结构,本实验选用镂空支架结构作为打印模型,所用喷头直径为 $d = (0.62 \pm 0.02)$ mm,打印层高分别设定为 $h = 0.40$ mm(小于喷头直径)及 $h = 0.65$ mm(稍大于喷头直径)。一般而言,高分子线条从喷头挤出,会发生挤出胀大情况,线条直径应略大于喷头直径,但从图 10-4 中可以看到,打印层高设为 0.40 mm 及 0.65 mm 时,打印线条的直径均小于喷头直径。这可能是由于实际打印过程中,已冷却固化的线条对打印出的软线条有较大的拉伸作用,而且 TPU 硬段的冷却结晶会导致一定的体积收缩。图 10-4 中(a)(b)(c)分别为支架结构模型的截面图;(d)(e)(f)分别为支架结构模型的平面图。在 FDM 模式 3D 打印中,层高设置常略小于喷头直径,便于喷头对打印物施加轻微的挤压作用以加强层与层之间的黏结。使用 TPU 软材料打印时,可以看到当层高设置为 0.40 mm(小于喷头直径)时,由于 TPU 本身的模量相对较小,在挤压作用下,变形量明显增大,虽然可以加强层与层之间的黏结,但从图 10-4(b)中可以发现,过大的变形量导致层与层挤压在一起,不能呈现设计模型中的镂空支架结构。当层高设置为 0.65 mm(略大于喷头直径)时,如图 10-4(c)所示,层与层之间彼此相互搭接,横截面呈现较完整的镂空支架结构,但平面扫描电镜图显示,拐角处的走线偏离模型设定的直角拐点,呈三角状,且该现象随打印层数增加而加剧。因为层高设置过大,打印喷头与基面存在间隙,当喷头在拐点处已改变运动方向时,从喷头中挤出的打印料还未到达基面,因而滞后于喷头,且层间黏结面积小,悬空的挤出线料受喷头拉伸力的作用,与基面的接触位置发生偏差进而形成三角形拐点样貌。因此,随着打印层数的增加,每一层的间隙不断叠加,进而使得打印物与设计模型偏差更大。

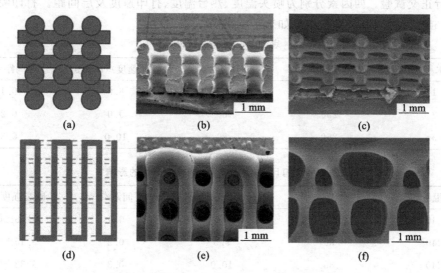

图 10-4 不同层高对打印物形态及结构的影响

(a)(b)(c)截面图,层高分别为 0.40 mm 和 0.65 mm;
(d)(e)(f)平面图,层高分别为 0.40 mm 和 0.65 mm

10.4.3 打印参数对打印样条层间黏结性能的影响

将 TPU-30 与 ABS 分别通过 FDM 打印(打印参数:层间距 0.20 mm,热台温度 80 ℃,打印速度 8 mm/s)与模压法制备成如图 10-5(a)所示的样条,并分别测试其断裂强度,如图 10-6(b)所示。可见,ABS 模压样条的断裂强度为 21.71 MPa,FDM 打印样条的断裂强度为 10.48 MPa,仅能达到模压样条的 48%。相同条件下,TPU-30 模压样条的断裂强度为 8.24 MPa,FDM 打印样条的断裂强度为 5.77 MPa,可达到模压样条的 70%,远优于 ABS。不管是 ABS 还是 TPU,模压样条和打印样条的弹性模量都几乎相同,也就是说 FDM 打印过程对材料的弹性模量无明显影响。

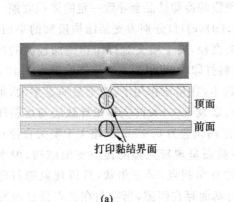

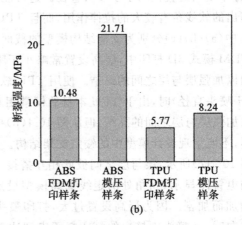

图 10-5 ABS 和 TPU-30 样条的断裂强度测试结果

(a)样条;(b)ABS 和 TPU-30 样条的断裂强度

为验证各因素对黏结强度的影响,本实验采取表 10-3 所示的三水平四因素的正交表 L9 (3⁴)进行正交试验。四因素分别为喷头温度、热台温度、打印速度及层间距。打印喷头直径均为(0.35±0.02)mm。实验结果如表 10-4 所示。

表 10-3 正交试验设计

水平	喷头温度/℃	热台温度/℃	打印速度/(mm/s)	层间距/mm
1	240	30	8.0	0.1
2	250	60	9.0	0.2
3	260	80	10.0	0.3

表 10-4 打印参数对打印样条断裂强度的影响

喷头温度/℃	热台温度/℃	打印速度/(mm/s)	层间距/mm	断裂强度/MPa
240	30	8.0	0.1	5.78±0.21
240	60	9.0	0.2	5.45±0.17
240	80	10.0	0.3	5.32±0.09
250	30	8.0	0.1	5.22±0.28
250	60	9.0	0.2	5.89±0.17
250	80	10.0	0.3	5.77±0.18

喷头温度/℃	热台温度/℃	打印速度/(mm/s)	层间距/mm	断裂强度/MPa
260	30	8.0	0.1	5.37±0.23
260	60	9.0	0.2	5.30±0.21
260	80	10.0	0.3	6.34±0.23

将打印样条进行拉伸测试得到缺口处断裂强度,计算四因素不同水平的综合平均值,如图 10-6 所示。可以发现,喷头温度(240～260 ℃)与打印速度(8～10 mm/s)在实验范围内对试样的断裂强度基本无影响;而热台温度和层间距对其影响较为显著。随着热台温度的升高,打印试样的断裂强度上升,表明热台温度的提高有助于黏结性能的提升,这是因为 TPU 软材料经喷头打印到热台表面后,较高的热台温度使 TPU 不会快速降温固化,同时分子链尚有一定的运动能力使层间相互浸润,接触面积增大,黏结强度提高。

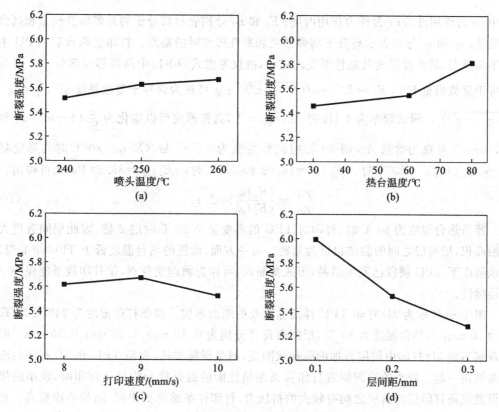

图 10-6 不同条件下打印样条的断裂强度
(a)喷头温度;(b)热台温度;(c)打印速度;(d)层间距

如图 10-7 所示为合成 TPU 的 DMA 曲线,玻璃化温度约为 0 ℃时,当温度处于 30 ℃时,TPU-30 的储能模量(E')为 37.8 Pa,损耗模量(E'')为 6.7 Pa;当温度升至 80 ℃时,E' 降为 17.8 Pa,E'' 降为 3.2 Pa。在力的作用下,高分子发生的总形变(γ)一般由三部分组成,分别为普弹形变、高弹形变和黏性形变,可表示为

$$\gamma = \frac{\sigma}{E_1} + \frac{\sigma}{E_2}(1 - e^{\frac{E_2}{\eta_2}t}) + \frac{\delta}{\eta_3}t \tag{10-1}$$

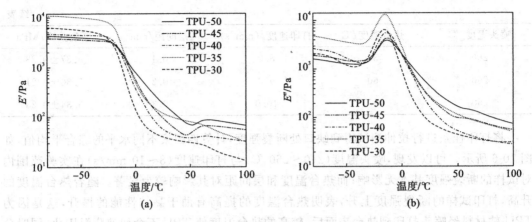

图 10-7 TPU-30 的 DMA 曲线

(a)储能模量 E'；(b)损耗模量 E''

式中：σ 为作用外力；t 为外力作用时间；E_1 和 E_2 分别表示高分子的普弹形变模量和高弹形变模量；η_2 和 η_3 分别表示高分子高弹形变和黏性形变时的黏度。打印至热台后，TPU 主要处于高弹态，其普弹形变及黏性形变均较小，故仅考虑式(10-1)中高弹形变部分。E_2 可视为约等于复数模量 E^*，$E_2 \approx E^* = \sqrt{(E'^2 + E''^2)}$；$\eta_2$ 可视为约等于复数黏度 η^*，$\eta_2 \approx \eta^* = \sqrt{(\eta'^2 + \eta''^2)}$。测试频率为 1 Hz 时，$E_2/\eta_2 = 1$，高弹形变可以简化为 $\frac{\sigma}{E_2}(1 - e^{-t})$。$t$ 相同时，$1 - e^{-t}$ 可视为常数 A，则 30 ℃时的形变量为 $\gamma_{30} \approx A\sigma/(E_2)_{30}$，80 ℃时的形变量为 $\gamma_{80} \approx A\sigma/(E_2)_{80}$。80 ℃时，$(E_2)_{80} = 18.09$ Pa，30 ℃时，$(E_2)_{30} = 38.39$ Pa，则可得出

$$\frac{\gamma_{80}}{\gamma_{30}} \approx \frac{(E_2)_{30}}{(E_2)_{80}} = 2.12 \tag{10-2}$$

即当热台温度为 80 ℃时，打印时 TPU 的形变量是 30 ℃时的 2 倍，因此层间有更大的接触面积，层与层之间的黏结也更为紧密。另一方面，设置的热台温度低于 TPU 结晶温度，即该温度下 TPU 硬段已发生结晶，形成微晶区，可作为物理交联点，使打印线条能保持一定的连续性。

图 10-8 所示为 3D 打印 TPU 样条黏结处的断面形貌。样条打印温度为 240 ℃，打印速度为 10 mm/s，热台温度为 80 ℃，层间距设置分别为 0.10 mm、0.20 mm、0.30 mm。断面中观察不到 3D 打印中层层叠加的阶梯状图案，而呈现撕裂状，表面 TPU 在 3D 打印后较好地黏结在一起。较小的层间距对打印样条黏结性能的提升较为明显。打印时，较小的层间距设置使新打印层与前层之间有较大的挤压力，打印样条黏结更牢固，断裂强度更高。根据上述分析可知，热台温度与层间距是影响 TPU 软材料打印层间黏结强度的主要因素。

10.4.4 打印误差

与硬质材料相比，弹性体软材料的力学强度相对较低，同时由于本实验使用的 TPU-30 具有一定的结晶行为，这可能导致打印件在形状及尺寸上与设计模型产生较大的误差。基于 FDM 原理的 3D 打印加工过程包括 CAD 建模、数控、选材、参数设置及后处理等多个环节，每个环节都有可能引起打印件与模型之间的偏差，如喷头在 X、Y 轴导轨运动时的定位精度和重复精度；CAD 模型的标准 STL 文件通过小三角形平面单元对三维实体表面进行

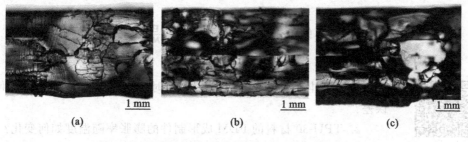

图 10-8 不同层间距下 3D 打印 TPU 样条的断面形貌

(a)0.10 mm;(b)0.20 mm;(c)0.30 mm

离散近似;切片导致的原理性误差使产品外观出现"阶梯"效应(这一效应可通过增加切片数量来控制,但不能消除);材料收缩导致的误差等方面。因此,难以判断单独某一因素导致的误差。本实验用打印件尺寸实测值与模型设计值进行比较,测算总尺寸偏差。图 10-9 所示为用 TPU-30 打印的几种标准几何体,其他复杂模型可通过这几种标准几何体拼接而成。打印喷头直径为 0.40 mm,打印速度为 10 mm/s,打印温度为 240 ℃,热台温度为 80 ℃,层间距为 0.20 mm。表 10-5 所示为几何体的模型设计尺寸与打印件实测尺寸。

图 10-9 用 TPU 打印的几种标准几何体

表 10-5 3D 打印试样尺寸

形状	模型设计尺寸/(mm×mm×mm)	打印件实测尺寸/(mm×mm×mm)
立方体 (L×L×H)	40×40×40	39.52×39.62×39.50 39.71×39.71×39.62 39.71×39.59×39.60
圆锥体 (D×H)	40×40	39.65×37.88 39.65×38.92 39.62×38.60
半球 (D×H)	40×20	39.76×19.67 39.92×19.77 39.71×19.63

可以发现,除圆锥体高度误差较大外,其他几何形状尺寸误差均小于 1.65%,圆锥体在外轮廓尺寸上与模型设计尺寸出现较大误差,达到 5.3%。这主要是因为顶点处的切片面积过小,导致高温喷头在 3D 打印后的后期移动范围较小,以致持续对该区域加热,顶点下层不能及时固化,出现一定程度的变形。增加风扇冷却后该情况有明显好转。总之,TPU 软材料的 3D 打印件在某种程度上也有较好的尺寸稳定性。

10.5　思　考　题

（扫描二维码可
查看参考答案）

1. 当实体零部件存在尖锐转折面时，在 FDM 成形过程中如何减小误差？

2. TPU-30 材料的 FDM 成形制件的膨胀率随温度如何变化？

3. 简要分析 FDM 成形 TPU 材料时层间距过大对制件成形性的影响。

第 11 章
激光选区烧结尼龙
12(PA12)医疗辅具实验

11.1 实 验 原 理

11.1.1 3D 打印医疗辅具

3D 打印的独特优势就是个性化定制,即通过扫描物体获取数字化的模型信息,建立其三维模型并进行打印,可实现完美复制或重构。由于人体的骨骼和器官存在着差异性,3D 打印在医疗修复领域将其定制化的特性更是发挥得淋漓尽致。人体再造基于组织工程的理念,采用适合的天然或合成材料,利用 3D 打印制造与患者缺损部位完全匹配的骨骼或器官,不仅能对患者身体缺陷处实现完美精准修复,而且还可在生物医用材料内通过纳入细胞和生长因子来模仿体内的微环境,从而提高移植和修复的效果,避免术后并发症和后遗症。

目前 3D 打印技术在医疗行业的应用主要有以下几个方面。

(1) 个性化永久植入物。使用超低碳奥氏体不锈钢、钛合金、钴铬钼合金、生物陶瓷和高分子等材料 3D 打印骨骼、牙齿、关节、软骨等产品,并通过手术植入人体。

(2) 生物 3D 打印。生物 3D 打印可以打印出含有细胞成分并具有生物学活性的产品。其核心技术是利用生物砖(biosynsphere),即一种新型、精准、具有仿生功能的干细胞培养体系,使用由种子细胞(干细胞、已分化细胞等)、生长因子和营养成分等组成的"生物墨水",结合其他材料层层打印出产品,经体外和体内培育,形成有生理功能的组织结构。

(3) 无须留在体内的医疗器械,包括医疗模型、诊疗器械、康复辅具、义肢、助听器、齿科、手术导板等。其中康复辅具、手术导板等即属于医疗辅具的范畴。

①康复辅具。康复辅具是改善、补偿、替代人体功能和实施辅助性治疗以及预防残疾的产品。康复辅具产业是包括产品制造、配置服务、研发设计等业态门类的新兴产业。

3D 打印技术可以在不增加成本、不降低供货速度的前提下,改变传统辅具制造的少品种、大批量生产的模式,使其转变为现代的多品种、小批量、个性化的生产模式。根据市场研究,3D 打印技术在矫形器与义肢、个人移动辅具、沟通和信息辅具、个人医疗辅具等康复辅具的细分领域均中有所应用。

图 11-1 所示为一种下肢矫形器。在设计支撑型矫形器时，通常受到个性化结构的束缚，因为形态、功能和材料厚度配置必须适合每位患者的需求。当需要采用复杂结构时，传统工艺通常已达到自身极限。此外，由于其生产成本较高而且非常耗时，因此无法为每位患者提供现货供应。3D 打印技术的个性化优势带来了全新的解决方案。如图所示，这种踝关节/足部矫形器上有很多透气孔，具有良好的透气性，能防止过多出汗，有利于患者的康复。

图 11-1　3D 打印的下肢矫形器

②手术导板。手术导板是使手术预规划方案准确地在手术中实施的辅助手术工具，在多个学科都有应用。手术导板有关节类导板、脊柱导板、口腔种植体导板，还有肿瘤内部内照射源粒子植入的导向定位导板等。

预先调整好手术体位，再拍摄 CT 获得影像数据，通过软件重建出病人骨骼和皮肤数据，同时医生确定好手术的位置角度、以此为基础，设计出贴合患者的手术导向器。设计好后，使用符合医用规范的打印机和打印材料，制作出来，并用于手术。实际应用下来，仅需 1 次透视来确认导板是否安装到位。3D 打印技术可以实现个性化定制，为每个患者量身定做；精准定位手术的位置角度、深度，实现精准化手术；保证种植体植入在正确的位点和方向。如图 11-2 所示为 3D 打印的手术导板。

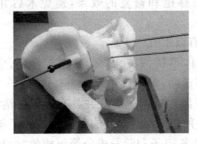

图 11-2　3D 打印的手术导板

11.1.2　激光选区烧结尼龙 12 粉末

1. 尼龙 12 粉末材料制备

尼龙与一般塑料相比，具有耐磨、强韧、轻量、耐寒、无毒、易染色的优点，可以通过激光选区烧结技术快捷制造出新产品的原型或功能件，但同时具有吸水率高、低温冲击性能较差以及耐热性能不佳等缺点。制备尼龙 12(PA12)粉末通常是先缩聚得到 PA12 颗粒，再将颗粒通过物理或化学方法制成粉末。制备粉末的方法包括溶剂沉淀法、机械粉碎法等。

机械粉碎法是指将已合成的 PA12 颗粒挤出、造粒、深冷处理后机械粉碎和球磨，从而制成粉末材料。该法工艺比较简单,但需深冷设备,生产过程中需要耗用大量深冷氮气,增加了制造成本,且得到的粉末形状不规整,含有的分散剂杂质较多。同时,尼龙的高分子链具有柔韧性,使得低温粉碎比较困难,得到的粉末粒径偏大。

溶剂沉淀法是一种应用非常广泛的物理方法。首先将高分子溶解在适当的溶剂中,然后采用改变温度或加入第二种非溶剂(这种溶剂不能溶解高分子,但可以和前一种溶剂互溶)等方法使高分子以粉末状沉淀出来。溶剂沉淀法可以得到球形度好、粒径容易控制的粉末,但是工业化生产时,溶液沉淀法需要的溶剂量很多,大多数反应都需要高温高压条件,对设备耐压、耐高温要求也很高。

2. 尼龙 12 粉末材料的热稳定性

在 PA12 粉末 SLS 成形过程中,为了防止烧结件翘曲变形,通常会在机台上对粉末进行预热处理,预热温度要控制在低于 PA12 的熔融温度,因为较高的预热温度会导致 PA12 粉末材料热氧老化十分严重,其现象为烧结件和工作缸内的粉末发黄。并且烧结件越大,其在高的预热温度下的时间越长,粉末老化越严重。这样,不仅会影响烧结件的外观,而且会影响力学性能。工作缸内老化发黄的粉末难以回收利用,增大了材料成本。因此,我们必须在 PA12 粉末材料中加入抗氧剂来提高其热稳定性。

当前广泛采用的效果较好的热稳定剂有 $CuCl_2$ 和 KI 组成的复合铜盐稳定体系,受阻酚 1098/亚磷酸酯 168 以及受阻酚 1010/亚磷酸酯 168 复合稳定剂等。有研究指出,1098/168 复合体系的抗氧化效果最佳,烧结件的力学性能最高,其次是 1010/168 复合体系,铜盐复合体系最差,其烧结件偏红,力学性能最低。这可能是由于溶剂沉淀法制备的粉末加入复合铜盐体系后,在溶液状态下生成 CuI_2,使其失去了抗氧化效果,而且此助剂的颜色使粉末变色。

此外,传统尼龙粉末材料直接烧结功能件,在烧结过程中烧结件会发生很严重的收缩和翘曲变形。为了改善纯尼龙成形时的翘曲和收缩变形,传统的方法是在纯尼龙粉末中添加无机非金属粉末材料,常用的有碳酸钙、滑石粉、炭黑、高岭土、硅灰石、云母、玻璃微珠、氢氧化铝、二氧化钛等。然而,这些无机非金属粉末材料与尼龙的界面黏结较差,增强改性效果很有限。因此,采用金属粉末来代替传统的无机非金属粉末来制备尼龙复合粉末成为研究的新方向,而且已经成为先进制造技术和材料科学领域交叉的前沿课题。

3. 尼龙 12 材料特性对烧结性能的影响

1) 流动性

尼龙粉末的流动性直接影响铺粉以后粉层的密度和表面质量,从而影响尼龙烧结件的精度和力学性能。SLS 成形过程中铺粉原理如图 11-3 所示。

铺粉时,铺粉辊筒一边向前平移,一边自转。辊筒对粉末作用力 F 可分解为 F_x 及 F_y, F_x 推动粉末向前移动, F_y 向下挤压粉末,粉末在上述作

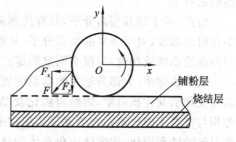

图 11-3 铺粉原理示意图

用力的作用下,克服粉末颗粒间微弱的吸附力(结合力和摩擦力),滚动或滑动而变得致密。在辊筒所施外力作用下,松散粉末的颗粒位置发生变化,颗粒间隙变小,小颗粒向间隙处填充,使整个粉末层形成较致密的堆积。如果尼龙粉末流动性好, F_x 及 F_y 极易克服粉末颗粒间的吸附力从而使整个铺粉层变得更加密实,提高铺粉密度,烧结件的密度相应提高,力学性能也提高;同时粉末的流动性好,粉层表面比较平整,不易出现缺陷,烧结件的表面光洁度和尺寸精度也会较好。反之,如果尼龙粉末流动性差,就会导致铺粉密度低,烧结件的密度

相应就低,力学性能差;同时粉末流动性差,粉层表面极易出现褶皱、凹陷等缺陷,并且随着层数的增加,这些缺陷会累加最终导致烧结件的表面质量和尺寸精度很差。

2) 粒径分布和颗粒形貌

在激光选区烧结工艺中,粉末粒径直接影响烧结件的质量。首先粉末颗粒的最大直径必须小于铺粉厚度,否则无法铺粉。理论上讲,粉末颗粒越小,比表面积越大,烧结越彻底,成形质量越高。实际上,随着颗粒尺寸的减小,颗粒之间由于静电的作用容易团聚在一起,增加铺粉难度。粉末的颗粒尺寸影响粉床的初始空隙率以及烧结件的表面光洁度和特征精度。粉床的初始空隙率对成形的影响较大,当空隙率比较大时,成形前后的体积变化很大,融化的粉末甚至不能填满粉体的空隙,成形的质量就不好。SLS 工艺中使用的粉末具有不同的尺寸,不同粒径尺寸的粉末混合在一起,铺粉时小尺寸的微粒填充到大颗粒之间,就可以减小空隙率。粉末粒径分布的范围取 $1\sim100~\mu m$,呈正态分布较好,并要求大部分的粉末粒径都接近粉末的平均粒径。粉末的颗粒尺寸还影响相邻颗粒之间的烧结率。Frenkel 模型表明:烧结率与烧结时间、表面张力成正比,与材料的黏度、颗粒尺寸成反比。因此,随着粉末颗粒尺寸的减小,烧结率增加。

3) 热学性能

粉末材料的热学性能对粉末的激光选区烧结过程有直接的影响。从外部加热材料时,热能在材料中传递需要时间,离加热面越远,材料的温度上升越慢,上升的速度由材料的比热容和导热系数决定。因此粉末材料的热学性能影响加热的效果,并决定了材料的熔化、凝固特性,最终影响成形性能。

比热容:材料的比热容随温度的升高而升高。一般来说,如果材料的比热容较低,则加热流动和冷却固化的速度快,有利于 SLS 烧结成形。

导热系数:尼龙的导热系数随温度升高而降低,这是由于尼龙是半结晶高分子,其结晶区的导热系数比无定形部分大,当温度升高时其结晶区部分会破裂并减少,使尼龙的导热系数降低。粉末材料在烧结过程中,经历了从固态到液态,又从液态回到固态的过程,导热系数的变化是比较复杂的。对于粉末系统来说,传热情况就更为复杂,它不仅与粉末材料的导热系数有关,而且与颗粒空隙间气体的导热系数、粉末系统的空隙率以及空隙间的热对流和热辐射有关。

熔点:对于结晶型高分子,只有达到能级以后,晶体才边熔化边升温,T_m 正是晶体全部熔化时的温度;对于非结晶型高分子,从温度达到玻璃化温度(T_g)开始软化,但从高弹态转变为黏流态的液相时,却没有明显的熔点,而是有向黏流态转变的温度范围 T_f。

成形收缩率:大部分尼龙的结晶度较高,由于结晶的存在,高分子从熔融状态冷却时,因温度变化引起体积收缩,熔融与固化及结晶化之间存在较大的比容积变化。熔融状态的比容积与常温下的比容积之差就是体积收缩,这种体积收缩由两部分组成:一部分是由温度变化引起的体积变化,即熔体固化产生的体积收缩;另一部分是结晶化过程产生的体积收缩,高分子熔融时,大分子链排列是无序的,结晶过程中,大分子链部分形成有序排列,链间的空隙减少,结晶化程度越高,这种空隙的减少就越大,即成形收缩率越大。

吸水性:尼龙制件常常因吸水而引起尺寸变化和力学性能降低。如用作尺寸要求精度较高的零件,必须考虑这一影响。在各种尼龙材料中,尼龙 12 的吸水率相对较低。潮湿的尼龙粉末对其激光烧结过程也有很大的影响,激光能量有很大一部分用来蒸发水分,而且自由水的存在使颗粒之间的连接强度非常低,导致成形件的强度也非常低,所以尼龙粉末的存放要注意密封防潮。

4. 尼龙 12 粉末激光选区烧结工艺

1) 激光功率

如图 11-4 所示,在激光功率较低时,烧结件的拉伸强度和冲击强度均随激光功率的增加而增加,当激光功率增大到 15 W 后,继续增加激光功率,烧结件的强度反而会降低。这是因为激光功率决定了输送给粉末材料的能量,输入的能量太低,粉末不能充分熔化,烧结件的空隙率大,密度低,强度也低。激光功率增加到 15 W 时,输入的能量恰好使粉末充分熔融,烧结件的拉伸强度和冲击强度达到最大值。激光功率再增加时,烧结过程中出现冒烟、烧结层颜色变成深褐色的现象,这表明输入的能量太大,导致粉末表面的温度过高,引起高分子材料的氧化降解,从而降低了烧结件的强度。激光功率过大还会使烧结层的粉末粒子完全熔化,并流动到烧结层区域外,和未烧结的粉末黏附在一起,这样就导致烧结件尺寸扩大、变形,烧结完成时周围的支撑粉末黏结在烧结件上,清粉困难。

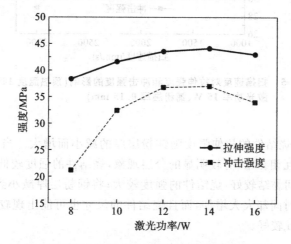

图 11-4　激光功率对拉伸强度和冲击强度的影响(预热温度 143 ℃ 、
扫描速度 2000 mm/s、铺粉层厚 0.15 mm)

2) 扫描速度

如图 11-5 所示,当扫描速度为 2000 mm/s 时,烧结件的拉伸强度和冲击强度最高。扫描速度决定了激光束对粉末的加热时间,在激光功率相同的情况下,扫描速度越低,激光对粉末的加热时间越长,传输的热量多,粉末熔化较好,烧结件的强度高。但过低的扫描速度容易导致粉末完全熔化,不仅不能提高烧结件的强度,还会影响成形精度和速度。

理论上讲,在输入能量密度相同的情况下,提高激光功率可使扫描速度提高。由尼龙 12 熔融的 DSC 曲线可以发现尼龙 12 的晶区熔融一般是落后于非晶区熔融的,而在实际的 SLS 过程中,激光扫描速度较快的时候,一般是非晶区先熔化吸收能量,当非晶区完全熔化的时候,尼龙粉末的温度才逐渐升到晶区可以熔化的温度,这个时候才会发生晶区的熔化。在 SLS 过程中,尼龙的收缩主要是由晶区的熔融-结晶过程引起的,若能避免晶区的熔融结晶过程,只使非晶区产生结晶,则不仅能控制收缩翘曲,而且能提高结晶度,使尼龙烧结件的力学性能有所改进。

在烧结过程中,激光照射过的尼龙 12 粉末颜色变深,与未烧结的粉末有明显区别。实验中发现当扫描速度超过 2000 mm/s 时,烧结粉末颜色变化速度滞后于激光扫描速度,这表明激光对粉末的加热时间较短,熔融结晶过程是粉末内部的热传递的结果,而不是激光对粉末持续加热的结果。当激光扫描速度为 1500 mm/s 时,粉末被完全熔化,烧结件尺寸精度不高,不但清粉困难而且烧结效率降低。过高的激光扫描速度相应地要求较高的激光功率,对长时间工作的激光器寿命有很大影响,此外扫描速度过高导致烧结不完全,也会影响烧结件的力学性能。因此激光扫描速度适宜在 2000 mm/s。

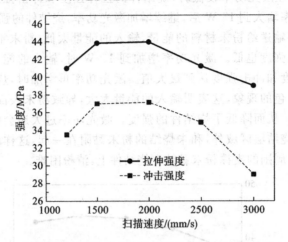

图 11-5 扫描速度对拉伸强度和冲击强度的影响(预热温度 143 ℃、激光功率 15 W、铺粉层厚 0.15 mm)

3)铺粉层厚

如图 11-6 所示,烧结件的拉伸强度随铺粉层厚的减小而增大。当铺粉层厚为 0.2 mm 时,层与层之间难以互相黏结,有较明显的分层现象,烧结件的强度较低;将铺粉层厚减小到 0.15 mm,层与层之间黏结较好,烧结件的强度较大;将铺粉层厚减小到 0.1 mm,烧结件的强度提高不大,制造时间却大大增加,而且烧结件的尺寸也可能出现较大的正偏差。因此,铺粉层厚取 0.15 mm 较好。

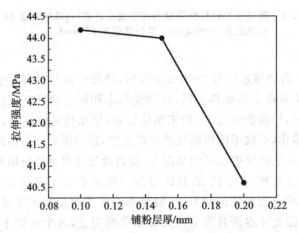

图 11-6 铺粉层厚对拉伸强度的影响(预热温度 143 ℃、激光功率 15 W、扫描速度 2000 mm/s)

铺粉层厚还与烧结粉末的粒径有关。两种不同平均粒径粉末的对比实验表明,粒径为 40 μm 的尼龙 12 粉末,用 0.20 mm 的层厚制作烧结件时,容易产生分层现象,烧结件的拉伸强度明显低于层厚为 0.1 mm 的烧结件;而粒径为 58 μm 的尼龙 12 粉末用 0.15 mm 的层厚与 0.1 mm 的层厚制作的烧结件力学性能非常相近。因此,粉末粒径小,宜选用较小的层厚;粉末粒径大,则选用较大的层厚。铺粉层厚可取粉末平均粒径的 2~3 倍。

11.2 实 验 目 的

(1) 深入了解激光选区烧结技术的工作原理及其应用。

(2) 熟悉激光选区烧结设备及软件的操作方法。

(3) 掌握 PA12 粉末的激光选区烧结工艺参数对其性能的影响规律。

(4) 了解激光选区烧结件的生产及后处理工艺流程。

11.3 实验材料与设备

11.3.1 实验材料

实验材料选用 PA12 粉末。

11.3.2 实验成形设备

成形设备可以采用武汉华科三维科技有限公司的 HK P420 型激光选区烧结设备(见图 11-7);辅助设备有冷却系统等。

图 11-7 HK P420 型激光选区烧结设备

11.4 实 验 步 骤

1. 前处理

(1) 模型的构建:由于 AM 系统由三维 CAD 模型直接驱动,因此首先要构建三维 CAD 模型。

(2) 三维模型的近似处理:用一系列相连的小三角平面来逼近曲面,得到模型的 STL 文件。

(3) 三维模型的切片处理:根据被加工模型的特征选择合适的加工方向,在成形高度方向上用一系列一定间隔的平面切割近似后的模型,以便提取截面的轮廓信息。

此阶段主要完成模型的三维 CAD 造型,经 STL 数据转换后输入到激光选区烧结系统中。

2. 成形加工

(1) 设置工艺参数,包括预热温度、激光功率、扫描速度、扫描间距、铺粉层厚等。

(2) 粉层激光烧结叠加:设备根据原型的结构特点,在设定的 SLS 参数下,自动完成原型的逐层烧结叠加过程。当所有层自动烧结叠加完成后,需要将烧结件在成形缸中缓慢冷却至 40 ℃以下。

3. 后处理

成形完后取出烧结件并清除浮粉。

11.5 性 能 测 试

(1) 拉伸强度测试。
(2) 冲击强度测试。

11.6 实验报告内容

(1) 简述实验目的、内容和原理。
(2) 简述实验步骤和过程。
(3) 整理实验结果,得出工艺参数对 PA12 粉末激光选区烧结件性能的影响规律。

11.7 思 考 题

(扫描二维码可
查看参考答案)

1. 简述实验目的、内容和原理。
2. 简述实验步骤和过程。
3. 整理实验结果,得出工艺参数对 PA12 粉末激光选区烧结件性能的影响规律。

第 12 章
激光选区烧结成形铸造砂型(芯)实验

12.1 实 验 原 理

在铸造行业领域内,最普遍实用的零件制造方法就是砂型(芯)铸造,在砂型(芯)铸造中,最重要的就是砂型(芯)的制造。砂型(芯)质量的好坏直接影响铸件质量的好坏。在砂型制备(特别是制备具有内腔的砂型)过程中,芯盒和模型的制备是至关重要的。传统的制备方法工艺复杂,成本高,周期长。特别是大型复杂薄壁铸件用砂型(芯)常常由多个砂型(芯)组合而成,其相互间嵌套尺寸稍有差错就会导致铸件无法精密成形,需要大量的后期切削加工,这不仅会浪费大量原材料,而且会增加制造周期和成本。因此,提高砂型(芯)的成形质量,以最短的工期、最低的成本投入生产出优质的铸造零件,成为科研工作亟须解决的课题。

由于具有分层叠加的特性,激光选区烧结特别适合于成形复杂铸造用砂型(芯)。激光选区烧结技术与大型复杂件的覆膜砂铸造技术结合,可以大大体现快速制造技术在制造业领域的优势,尤其是在复杂零件精密成形方面,大大缩减了制造周期和经济成本,对于新型材料在工业制造和航空航天领域能够快速应用有着里程碑式的意义,为新型制造材料进入人们的日常生活提供了广阔的前景。

12.1.1 激光选区烧结用覆膜砂的制备原理

以覆膜砂为原材料制造砂型(芯)用于铸造的工艺始于 20 世纪中叶,此法自发明后就被大量应用于制造砂型(芯)。由于覆膜砂有着比较良好的流动性和稳定性,用覆膜砂制作的砂型(芯)具有强度高、尺寸精度高、能够长时间保存的特点,至今还是砂型(芯)铸造的重要方法。制备覆膜砂的原材料包括原砂、黏结材料、固化剂、润滑剂和其他添加剂,其制备技术路线如图 12-1 所示。

(1) 原砂。覆膜砂原砂主要分三类:硅砂、锆英砂和陶粒砂(即宝珠砂)。覆膜砂质量很大程度上受原砂的颗粒特性和成分影响。硅砂的表面不规整,角形系数大,热膨胀系数大,流动性较差,一般覆膜时需要加入较多的树脂,导致砂型发气量及发气性相对其他两种原砂

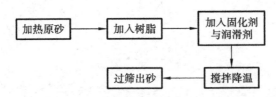

图 12-1　覆膜砂制备技术路线示意图

要大而且溃散性较差,激光烧结完的初始强度较低。锆英砂的导热性好,热膨胀量小,但是由于产量稀少,经济成本相对其他两种原砂比较高,一般铸造精密零部件时才会用到。宝珠砂是以优质铝矾土为原料,经煅烧、电熔、造粒、分筛等工艺而制成的。它具备热膨胀系数小、流动性好、耐火度高、易溃散的特点。据统计,铸造行业中所用的原砂一直是天然硅砂占绝对优势,所占的比例为 97% 以上。

（2）黏结材料。黏结材料一般为热塑性酚醛树脂,是生产覆膜砂的关键材料。树脂的性能,如内聚强度、附着强度、流动性（或黏度）、聚合速度、软化点、发气性等,都对覆膜砂的应用性能具有非常重要的影响。为了获得成形较好的覆膜砂壳型铸件,要求使用的树脂固化速度快、固化强度高、稳定性好,使成形尺寸精确而且发气量低。

（3）固化剂。覆膜用的酚醛树脂只在有固化剂和加热条件下才能固化,形成一种不熔不溶物,铸造行业上正是利用酚醛树脂的这一特性制造覆膜砂的。因此,固化剂也就成为生产覆膜砂的重要材料之一。固化剂的质量与加入量会直接影响覆膜砂的强度、固化速度、发气量等相关性能。一般热法制备覆膜砂采用乌洛托品即六亚甲基四胺,在高温条件下,酚醛树脂与之发生固化反应,树脂固化程度会随着乌洛托品的加入量增大而增大,但同时溶液中的水分也会增加,这会加快砂粒的降温速度,进而影响树脂的流动性,影响覆膜效果。综合各方面因素考虑,其加入量一般为树脂质量的 10%～12% 为宜。

（4）润滑剂。在覆膜砂的覆膜过程中需要添加润滑剂,主要目的在于:改善覆膜砂的流动性,降低树脂覆膜过程中混砂机的搅拌阻力,加强覆膜效果;使砂型铸件时易于脱模;可以提高型芯表面的致密度。代表性润滑剂有硬脂酸钙和硬脂酸酰胺等。其加入量一般为树脂质量的 2%～6%。

（5）附加剂。如果使用常规制造方法制备的覆膜砂不能满足使用要求或达不到某种技术要求,那么需要在制备过程中添加具有某些功能的辅助材料,以使覆膜砂具有所要求的特殊性能。一般主要的附加剂有增强剂、增塑剂、阻燃剂、耐高温添加剂、溃散剂等。

12.1.2　激光选区烧结成形覆膜砂

1. 激光功率

激光作为固化反应的主要热源,直接照射在覆膜砂上,它为覆膜砂的固化反应提供大量的直接热量,直接影响砂型的成形效果。激光功率过大会使砂层表面温度过高,容易让树脂反应过后焦化,致使砂粒间的固化效果变差;激光功率过小会导致固化反应无法彻底进行,砂粒间的黏结不够充分。而且激光的扫描路径上的受热区域分布是不均匀的,树脂的固化程度也是不同的。在扫描路径上,光斑中心区的热量最为集中,温度最高,树脂的固化程度最高;距离光斑中心位置越远,激光强度越弱,激光束光斑的边缘地带依靠从中心区域间接传递的能量使树脂软化;未被扫描到的区域,温度较低,树脂没有软化。

砂粒表面受激光直接照射发生固化,表层下的砂粒靠表层的热传导吸收热量发生固化,而且激光在砂层表面还要发生反射,流失一部分热量,表层下砂粒吸收的这部分热量是激光输出的总能量减去反射流失的热量后余下的能量。合理的激光输出总能量既要避免光斑中心处的树脂受热温度过高而分解,又要保证受到间接传热的树脂能够软化起到黏结作用。

由实验数据可得,激光功率对砂型拉伸强度的影响如图 12-2 所示。在其他条件不变、没有过烧(激光功率小于 18 W)的情况下,砂型的拉伸强度随着激光功率的增大而增大。

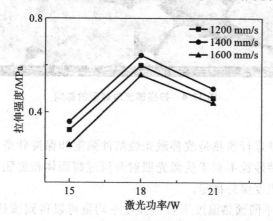

图 12-2 激光功率对砂型拉伸强度的影响

2. 扫描速度

扫描速度与激光功率共同影响覆膜砂激光烧结件的强度,扫描速度与激光功率决定了单位时间内、一定扫描范围内覆膜砂吸收的热量,进而决定了该范围内砂粒间固化反应的进行程度。

由实验数据可得,扫描速度对砂型拉伸强度的影响如图 12-3 所示。在其他条件不变的情况下,拉伸强度随扫描速度的增大而先增大后减小。

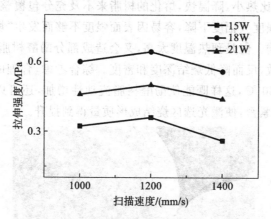

图 12-3 扫描速度对砂型拉伸强度的影响

当扫描速度过小时,激光束在砂粒表层停留时间过长,砂粒表面树脂吸收过多热量,易焦化,砂型黏砂严重,清砂困难,如图 12-4 所示。当扫描速度过大时,砂粒表面树脂吸收不到足够的热量让固化反应充分进行,致使砂粒间黏结不牢固,砂型强度降低。

合适的激光功率与扫描速度搭配既可以保障扫描区域内砂粒间树脂的固化反应正常进行,又能避免树脂吸收过多热量而影响砂型强度,尤为重要。

图 12-4　扫描速度对砂型的影响

3. 预热温度

对工作台的覆膜砂进行预热是改善激光烧结件强度和保持砂型尺寸精度的有效措施，合理的预热温度可以使砂粒不至于受激光照射升温过高而体积膨胀，还可以保持树脂的流动性使砂型内的致密程度保持稳定。

由表 12-1 所示的不同预热温度下拉伸强度平均值可以得到预热温度对烧结件拉伸强度的影响规律，随着预热温度的升高，拉伸强度先增大后减小。

表 12-1　不同预热温度下拉伸强度平均值

预热温度/℃	55	60	65	70	75
拉伸强度/MPa	0.48	0.56	0.60	0.64	0.62

总体上高预热温度要比低预热温度烧结件的拉伸强度高，实验中预热温度为 70 ℃时烧结效果是最好的。因为预热温度可以影响砂型的激光选区烧结密度，如果预热温度太低，烧结后温差较大，覆膜砂比热小，降温快，熔化的树脂来不及充分包覆整个砂型，砂粒间不能充分黏结导致烧结件的强度大幅度下降，容易因表面强度不够而发生"坍塌"现象，从而使烧结件质量受到很大的影响。但是预热温度太高，又会造成部分酚醛树脂炭化，如图 12-5 所示，致使砂粒间的黏结失效，反而降低烧结深度和密度。综合考虑，合理的预热温度应设定在低于成形材料熔点 10~50 ℃，这样既能使酚醛树脂流动性增加，还可以使砂型得到更好的烧结效果，砂粒间黏结更紧密，使激光选区烧结成形质量得到提升。

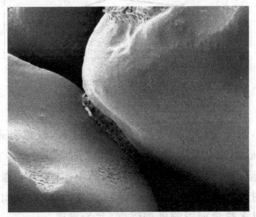

图 12-5　酚醛树脂炭化

4. 铺粉层厚

在激光烧结过程中,表层的覆膜砂吸收激光能量并转化为热能,热能通过热传导作用传递给下一层覆膜砂。但是表层和下一层覆膜砂存在温度差,因此不同层之间的覆膜砂的固化程度就会产生区别,所以铺粉层厚在很大程度上也影响了覆膜砂激光选区烧结程度。

由表 12-2 所示的不同铺粉层厚下拉伸强度平均值可以得到铺粉层厚对烧结件拉伸强度的影响,随着铺粉层厚的增加,拉伸强度逐渐减小。

表 12-2 不同铺粉层厚下拉伸强度平均值

铺粉层厚/mm	0.15	0.2	0.25	0.3
拉伸强度/MPa	0.6	0.64	0.58	0.52

一般为了得到力学性能和成形精度都比较好的砂型,应选择较小的铺粉层厚,因为较小的铺粉层厚烧结深度相对而言比较大。但是铺粉层厚过小,有时高热量有可能使树脂炭化,反而降低了砂型的强度及成形精度,而且砂型的烧结时间也会变长。

铺粉层厚是影响砂型的成形精度和表面粗糙度的重要因素。理论上,铺粉层厚越小,成形精度越高,砂型的表面越光洁,这在烧结斜面、曲面等形状的零件时尤为明显。但是当铺粉层太薄时,层与层之间容易因吸收相对较多的热量而发生翘曲变形的现象,而且在铺粉过程中极易发生砂型直接被铺粉辊推移而产生推粉现象,如图 12-6 所示,直接影响砂型的成形。而且铺粉层厚越小,烧结成形时间越长。

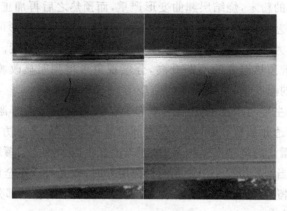

图 12-6 推粉现象

5. 扫描间距

在覆膜砂的激光选区烧结过程中,表层砂粒吸收的激光能量与激光功率的大小成正比,与扫描速度的大小和铺粉层厚的大小成反比,但是激光能量并不是均匀分布的,能量的分布是从光斑中心到边缘逐渐减小的。虽然光斑直径大小是一定的,但逐行扫描时扫描间距的大小将会影响砂粒表面的能量累积与吸收。当扫描间距大于激光光斑半径时,激光能量的叠加情况不一致,同一层砂粒的能量吸收情况也不一样,只有当扫描间距小于激光光斑半径时,扫描线的激光能量才会叠加,砂粒才会均匀受热,这样可以使砂粒的强度和致密度等性能更稳定。但扫描间距也不能够过小,过小的扫描间距会使同一区域的砂粒重复受到扫描,叠加吸收能量,致使树脂过度烧结,使砂型产生翘曲与变形,影响砂型的成形尺寸与力学性能。

12.1.3 覆膜砂激光选区烧结件成形精度

烧结件的强度和精度是衡量激光选区烧结件合格与否的标准。只有强度而没有精度的烧结件不能应用在后续的铸造工艺中,因为如果烧结件的精度不高,通过铸造所得的金属零件肯定是不合格的零件。成形精度是评价成形质量最主要的指标,它是快速成形技术发展的基石。目前国内外各种快速成形系统制造商提供的技术指标中,所给出的精度值一般是指机器的精度,即使给出烧结件的精度也是制作专门设计的标准件的精度,而并非意味着制作任何烧结件都能达到相同的精度。

影响成形精度的因素有很多,其中包括数据的处理精度、激光选区烧结设备的机械控制精度、覆膜砂材料受温度变化影响而产生的误差和不同选区烧结工艺产生的误差等。

1. 成形工艺参数的影响

激光功率与扫描速度决定了单位面积内覆膜砂吸收热量的总和,激光的照射使砂粒温度瞬间升高,会使砂型尺寸增大。激光功率越大,覆膜砂瞬间吸收热量越多,砂粒表层温度越高,其热影响区域增大,使得烧结件成形尺寸越大。这种影响随着激光功率的增大变得更加明显。

激光功率对成形平面 X-Y 精度的影响规律与 Z 轴方向存在较大差异。一般情况下,砂型的成形效果与原型的设计尺寸是存在偏差的,成形尺寸小于设计尺寸我们称其为存在负偏差,反之则称为存在正偏差;而对于高度方向 Z,一般的成形尺寸都会比设计尺寸大,即所谓的"Z 轴盈余"现象。前人的研究发现,激光功率越小,Z 轴盈余现象越不明显。但是从激光扫描速度对成形精度的影响研究得出,扫描速度对成形精度的影响与激光功率的影响是正好相反的,即扫描速度越大,砂粒吸收热量越小,对成形尺寸偏差的影响就会越小。

直接加工未预热的粉末,烧结层翘曲变形严重,而预热之后再加工,翘曲变形明显减小。烧结层上下表面的温差必然导致烧结层收缩不均匀,这正是翘曲变形的根本原因,也说明预热对烧结件精度有很大的影响。翘曲变形严重影响着烧结件的精度。预热温度很低时,烧结分层现象严重,随着预热温度的不断升高,分层现象可得到明显改善。因此,可通过增加预热温度,降低表面的温度差,从而降低翘曲变形。

铺粉层厚的影响主要与激光的烧结层厚有关。当铺粉层厚大于激光的烧结层厚时,激光扫描时无法完全穿透此层覆膜砂,层与层之间没有明显黏结,Z 轴方向会出现明显的分层痕迹;当铺粉层厚与激光的烧结层厚相等时,激光刚好可以加热此层覆膜砂,层与层之间有黏结部分,但强度不大;当铺粉层厚小于激光的扫描层厚时,激光可以完全加热熔化此层覆膜砂,并将上一层已固化的覆膜砂再次熔化,层与层之间会产生明显的黏结部分,此时精度最高。

2. 材料特性的影响

覆膜砂的激光选区烧结成形主要依靠热塑性酚醛树脂与固化剂发生固化反应,故树脂的特性也会影响烧结件的成形精度。热塑性酚醛树脂发生固化反应时,其分子由线型分子变为大型的体型分子,这样的化学反应使砂粒间的间距变大,整个砂型的实际尺寸会比设计尺寸大,这样的误差可以通过对树脂的改性或调整使用量来改善。

12.1.4　覆膜砂激光选区烧结件后处理

1. 后处理工艺对拉伸强度的影响

用激光烧结覆膜砂铸型时,由于激光扫描烧结后烧结件的初始强度较低,不能直接用于浇铸铸件,因此必须对激光选区烧结的砂型再进行加热保温后处理。覆膜砂受热硬化的温度范围为 180～300 ℃,最佳硬化温度为 245～275 ℃。当砂粒间树脂的温度达到 150～180 ℃时,树脂能够充分发生固化反应并将砂粒黏结在一起。所以当激光照射在砂粒表层时,能够达到这个温度的区域越多,砂粒黏结越紧密,即砂型的强度越高。但超过 300 ℃后,树脂会因温度过高而炭化,使砂型失去强度。表 12-3 所示为后处理工艺参数对烧结件性能的影响。

表 12-3 后处理工艺参数对烧结件性能的影响

保温温度/℃	230	230	230	240	240	240	250	250	250
保温时间/min	10	20	30	10	20	30	10	20	30
拉伸强度/MPa	0.94	1.22	2.42	1.02	1.98	2.89	1.14	2.32	3.86

由表 12-3 中的数据可以看出,保温温度 250 ℃、保温时间 30 min 是较为合适的保温后处理工艺参数组合。较长的保温时间对砂型力学性能提升影响更大,较高的保温温度也可以提升砂型的力学性能,总体来讲,在不超过树脂的过烧温度前提下,持续的加热可以让固化反应进行得更充分,让砂粒间树脂的黏结度更高,砂型的力学性能更好。

一般来讲,初始强度较低的烧结件经过固化后强度会有较大提升,因为在烧结过程中,激光照射过的部分可分为固化区、半固化区和未固化区。在铸型时,固化区和半固化区的范围越大,砂型的强度越大,铸件的力学性能就越好;经过保温固化后,半固化和未固化区域的砂粒间发生固化反应,使得覆膜砂激光烧结件的强度变大,半固化和未固化的区域越大,经过保温固化后力学性能的提升就越大。激光照射的时间较短,砂粒的导热系数较小,在短时间内不能完全达到树脂的硬化温度,而且在采用较高的激光扫描速度或较低的激光功率时,烧结后砂型吸收的热量较少,硬化的砂粒量较少,因此砂型烧结件的拉伸强度较低。而在保温加热后,砂粒间未硬化的树脂因发生固化反应而硬化,使得烧结件的强度反而上升。

2. 后处理工艺对溃散性的影响

覆膜砂的溃散性是指铸件冷凝后,作为模型的覆膜砂砂型落砂的难易程度。溃散性的好坏衡量标准是溃散率,是由砂型烧结后的残留强度决定的。溃散率大,说明砂型烧结后的残留强度小,落砂容易;反之,溃散率低,则落砂困难,容易出现黏砂现象。

对覆膜砂激光选区烧结件进行相应的后处理后备用。将其分为三组,测量其质量,然后分别放入已经预热到 500 ℃、700 ℃、900 ℃的鼓风干燥箱中恒温保温 5 min,随炉冷却后取出,然后将其放在振动筛上振动,用天平称取被筛下砂粒的质量,并代入溃散率的计算公式进行计算。

$$溃散率(\%)=\frac{实验后筛下的砂的质量}{实验前砂的质量}\times100\% \tag{12-1}$$

结果如表 12-4 所示,可以看出,溃散率的大小与覆膜砂激光选区烧结件后处理后的树脂残留量有关,残留量越多,溃散率越小,越难落砂。

表 12-4 后处理工艺参数对溃散率的影响

	后处理温度/℃	500	600	700	800	900
	1	10.5	32.5	71.9	89.7	100
	2	9.8	33.9	69.9	88.5	100
溃散率/(%)	3	10.9	33.4	72.1	87.6	100
	平均值	10.4	33.3	71.3	88.6	100

3. 后处理工艺对发气性的影响

覆膜砂的发气性是指覆膜砂材料在铸件浇铸以及凝固过程中的发气性能。覆膜砂烧结件依靠包覆在原砂表面软化的有机树脂黏结在一起,所以浇铸过程中必然会产生大量的气体,这些气体会使覆膜砂的铸造过程产生气孔等缺陷。而气孔不仅会使铸件组织疏松,应力集中,力学性能降低,还往往是裂纹的源头,容易引发零件的断裂、失效。

先把放置砂粒的小瓷盅放入发气性测定仪加热管内,预热待用。使用 250 ℃保温处理的试样,在断口处摩擦少许颗粒,用天平称取(1 ± 0.01) g,迅速放入小瓷盅内并关闭加热管,设定温度 900 ℃,开始读取数据,在记录仪上的数据升高到一定值后开始下降时停止,该峰值即为覆膜砂发气量。测得发气量为 19 mL/g。

一般只有在相同气体状态下的测量结果才有可比性。不同压力、温度下的发气性测定结果需要进行换算。经常校准仪器、仔细标定测量仪都有利于提高发气量的测量结果精度。

12.2 实 验 目 的

(1) 深入了解激光选区烧结技术的工作原理及其应用。
(2) 熟悉激光选区烧结设备及软件的操作方法。
(3) 掌握覆膜砂的激光选区烧结工艺参数对其性能的影响规律。
(4) 了解激光选区烧结件的生产及后处理工艺流程。

12.3 实验材料与设备

12.3.1 实验材料

实验材料选用覆膜砂。

12.3.2 实验成形设备

成形设备可以采用武汉华科三维科技有限公司的 HK S500 型激光选区烧结设备(见图 12-7);辅助设备有冷却系统等。

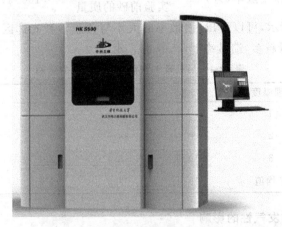

图 12-7 HK S500 型激光选区烧结设备

12.4 实 验 步 骤

1. 前处理

（1）模型的构建：由于 AM 系统由三维 CAD 模型直接驱动，因此首先要构建三维 CAD 模型。

（2）三维模型的近似处理：用一系列相连的小三角平面来逼近曲面，得到模型的 STL 文件。

（3）三维模型的切片处理：根据被加工模型的特征选择合适的加工方向，在成形高度方向上用一系列一定间隔的平面切割近似后的模型，以便提取截面的轮廓信息。

此阶段主要完成模型的三维 CAD 造型，经 STL 数据转换后输入到激光选区烧结系统中。

2. 成形加工

（1）设置工艺参数，包括预热温度、激光功率、扫描速度、扫描间距、铺粉层厚等。

（2）粉层激光烧结叠加：设备根据原型的结构特点，在设定的 SLS 参数下，自动完成原型的逐层烧结叠加过程。当所有层自动烧结叠加完成后，需要将烧结件在成形缸中缓慢冷却至 40 ℃以下。

3. 后处理

成形完后取出烧结件并清除浮粉。

12.5 性 能 测 试

（1）拉伸强度测试。

（2）发气量测试。

12.6 实 验 报 告 内 容

（1）简述实验目的、内容和原理。

（2）简述实验步骤和过程。

（3）整理实验结果，得出工艺参数对覆膜砂激光选区烧结件性能的影响规律。

12.7 思 考 题

1. 简述实验目的、内容和原理。

2. 简述实验步骤和过程。

3. 整理实验结果，得出工艺参数对覆膜砂激光选区烧结件性能的影响规律。

（扫描二维码可
查看参考答案）

第 13 章
激光选区烧结成形聚苯乙烯(PS)精密铸造熔模实验

13.1　实验基本理论

13.1.1　熔模激光选区烧结原理

传统的熔模铸造所用蜡模多采用压型制造,而用 SLS 技术可以根据用户提供的二维、三维图形获得熔模,不需要制备压蜡的模具,在几天或几周内迅速精确地制造出原型件——首板模(或称手板),大大缩短了新产品投入市场的周期,满足快速占领市场的需要;并且可制造几乎任意复杂零件的熔模。因此它一出现就受到了高度的关注,已在熔模铸造领域得到了广泛应用。

SLS 制作熔模的工艺过程为:对零件三维图形补偿收缩率后,将其输入 SLS 快速成形设备中,SLS 快速成形设备按照三维图形自动成形,成形完后清除浮粉,再渗入低熔点蜡,并进行表面抛光,就可得到表面光滑、达到尺寸精度要求的熔模。

但是 SLS 制作熔模的模料性质不同于一般熔模精密铸造的蜡料,它具有如下特性。

(1) SLS 模料属于聚合物,相对分子质量较大,不仅熔化温度高、无固定的熔点,而且熔程长。

(2) SLS 模料的熔体黏度大,需要在较高的温度下才能达到脱模所需的黏度,一般的利用热水脱蜡或蒸气脱蜡等方法不适用。

(3) 当 SLS 模料整体被包裹在模壳中,在缺氧条件下进行焙烧时,不能完全被烧失,结果在模壳内形成残渣,使铸件产生夹渣等铸造缺陷。

13.1.2　SLS 模料的选择

虽然多种聚合物粉末都可进行 SLS 成形,如尼龙(PA)、聚碳酸酯(PC)、聚苯乙烯(PS)、高抗冲聚苯乙烯(HIPS)、ABS、蜡等,但在选择作为熔模铸造的 SLS 模料时不仅要考虑 SLS 模料的成本、原型件的强度和精度,更要考虑结壳或石膏型的脱蜡工艺。所用的 SLS 模料必须能够在脱蜡过程中完全脱除或烧失,残留物很少(满足精密铸造的要求)。蜡是熔模铸造中用得最多的一种优良模料,虽然国内外都对蜡的 SLS 成形过程进行了大量的研究,但 SLS 制作熔模的变形问题一直没有得到很好的解决。PC 材料具有激光烧结性能好、原型件的强度较高等多种优良的性能,是最早用于铸造熔模和塑料功能件的聚合物材料。但 PC 的熔点很高,流动性不佳,需要较高的熔烧温度,因而现已被 PS 所取代。虽然对于大多数情况而言,PS 是成功的,但 PS 的强度较低、原型件易断,不适合制备具有精细结构的复杂薄壁大型铸件的熔模。HIPS 是经改性的 PS,在大幅提高 PS 冲击强度的同时对其他性能的影响较小,因此本实验同时选取了 PS 和 HIPS 进行研究。

13.1.3 SLS 原型件的渗蜡后处理

SLS 成形的 PS 或 HIPS 的原型件,其空隙率均超过 50%,不仅强度较低而且表面粗糙,容易掉粉,不能满足熔模铸造的需要,因此必须对其进行后处理。与制造塑料功能件不同的是,SLS 熔模所采用的后处理方法是在多孔的 SLS 原型件中渗入低温蜡料,以提高其强度并利于后续的打磨抛光。

因 PS 和 HIPS 的软化点均在 80 ℃左右,为防止渗蜡过程中 SLS 原型件的变形,蜡的熔点必须低于 70 ℃,根据以往的研究,蜡的黏度在 1.5～2.5 Pa·s 较为合适。

当把 SLS 原型件浸入蜡液后,蜡在毛细管的作用下渗入 SLS 原型件的空隙,经后处理后,大部分空隙已被蜡所填充,所得 SLS 熔模的空隙率降到 10%以下。从 PS 和 HIPS 熔模的冲击断面(见图 13-1 和图 13-2)来看,大部分的粉末颗粒已被蜡所包裹,说明蜡与 PS 或 HIPS 有较好的相容性。表 13-1 所示为渗蜡后熔模的力学性能。

(a) (b)

图 13-1 PS 的 SLS 原型件和渗蜡后 PS 的 SLS 熔模的 SEM 照片

(a)PS 的 SLS 原型件;(b)渗蜡后 PS 的 SLS 熔模

表 13-1 SLS 原型件和渗蜡后 SLS 熔模的的力学性能

力学性能	拉伸强度 /MPa	伸长率 /(%)	杨氏模量 /MPa	弯曲强度 /MPa	冲击强度 /(kJ/m²)
PS	1.57	5.03	9.42	1.87	1.82
PS(渗蜡)	4.34	5.73	23.46	6.89	3.56
HIPS	4.59	5.79	62.25	18.93	3.30
HIPS(渗蜡)	7.54	5.98	65.34	20.48	6.50

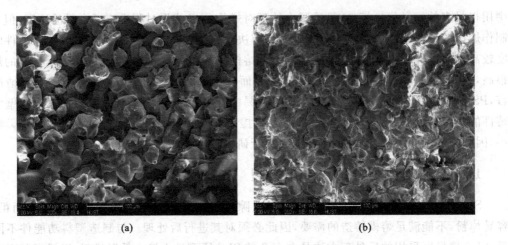

(a)   (b)

图 13-2 HIPS 的 SLS 原型件和渗蜡后 HIPS 的 SLS 熔模的 SEM 照片

(a)HIPS 的 SLS 原型件;(b)渗蜡后 HIPS 的 SLS 熔模

由表 13-1 可知,渗蜡后 SLS 熔模的力学性能得以大幅提高,PS 熔模的力学性能提高幅度大于 HIPS 熔模,可能是 PS 原型件的强度较低的缘故,但其强度仍远低于 HIPS 熔模。

13.1.4 SLS 模料的热性能

1. SLS 模料的熔融与熔体的黏流性能

SLS 模料的熔融与黏流性能是确定脱蜡工艺的直接依据,在科学研究和实际生产中有多种测定模料熔化温度和黏流性能的方法,如测定熔融指数、熔体黏度等,但这些在有压力或剪切应力的情况下得出的数据不能准确反映脱蜡温度,为此本实验模拟脱蜡工艺条件,采用了以下两种直观的方法来测定模料的熔化温度和黏流特性。

①b 形管测定法。b 形管测定法是化学实验中测定熔点的方法之一。其步骤如下:取少量 PS 模料粉末试样,置于 b 形管中,用酒精灯进行均匀加热,观察管中粉末的变化,160 ℃时开始熔融,至 180 ℃时熔物增加,有气泡逸出,到 182 ℃后变化不大。

②加温测定法。由于 b 形管测定法存在试样数量及加热装置的局限,该法所测得的模料熔化温度尚不能直接用于生产。因此选取 φ10×10 圆柱形 PS 的 SLS 试样,置于玻璃皿中,然后一起送入恒温电热鼓风干燥箱中,从室温开始加热升温,并观察烘箱中试样的变化情况,如图 13-3 所示。160 ℃时试样表面开始熔融;160~182 ℃(2 h)试样渐渐塌平;202~230 ℃(4 h)试样完全坍塌成水平面,用棒从玻璃皿中挑取熔融的物质,发现其非常黏稠,其中夹杂大量气体,见空气后立即凝固,呈玻璃状易碎物;230~242 ℃(3 h)模料逐渐排出其中气体,体积逐渐减小;随后断电,试样随炉冷却到室温 10 h,玻璃皿中剩余物质呈现薄层棕色透明状。

2. SLS 模料的熔体黏度与温度之间的关系

PS 的 SLS 模料熔体黏度与温度的关系曲线如图 13-4 所示,可以看出,随着温度的升高,熔体黏度直线下降。虽然模料在 160 ℃时开始熔化,但是当温度达到 230 ℃时,熔体黏度才接近 100 Pa·s。这说明模料不仅黏度高、流动困难,而且对温度敏感,这是模料脱出工艺中必须考虑的因素。

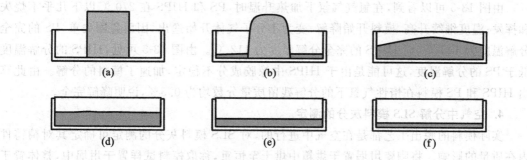

图 13-3   PS 试样在烘箱加热状态下的变化
(a)室温模料试样;(b)160 ℃试样开始熔融流动;(c)160~182 ℃(2 h)试样渐渐塌平;(d)202~230 ℃(4 h)试样完全坍塌成水平面;(e)230~242 ℃(3 h)试样流平并排出气体;(f)断电随炉冷却,试样凝固,呈半透明状

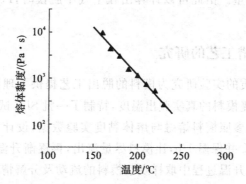

图 13-4   PS 模料熔体黏度与温度的关系

3. SLS 模料的热失重(TG)分析

普通的蜡模所使用的模料多为低温蜡或中温蜡,可通过热水或蒸气脱除。而 PS 或 HIPS 为聚合物,熔点高,熔体黏度大,不能通过热水或蒸气脱除,所以必须考虑高温焙烧,使其分解或燃烧。因此测定了 PS 和 HIPS 的 TG 曲线,以确定模料分解与温度之间的关系,如图 13-5 所示。

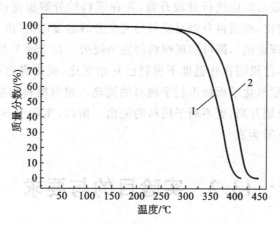

图 13-5   PS 和 HIPS 的 TG 曲线
1—HIPS;2—PS

由图 13-5 可以看到,在氩气气氛下加热升温时,PS 和 HIPS 在 270 ℃以下几乎不烧失和挥发;温度继续升高,模料开始降解,变为小分子气体开始逸出,因而急剧失重,PS 的完全分解温度为 446 ℃,而 HIPS 的完全分解温度为 412 ℃。由图 13-5 可见,HIPS 的分解温度低于 PS 的分解温度,这可能是由于 HIPS 中橡胶成分不稳定,加速了模料的分解。由此算出 HIPS 和 PS 模料在惰性气氛下的分解残留质量分数均为 0.5%,说明降解完全。

4. 空气中分解 SLS 模料灰分的测定

实际模料的脱出工艺都是在空气中进行的,对 SLS 模料灰分的测定可确定其对精铸件内在质量的影响。将陶瓷坩埚置于烘箱中烘干至恒重,称取模料试样置于坩埚中,整体置于马弗炉中进行焙烧。当马弗炉内温度升至 400 ℃时,可见模料明显分解(约 1.5 h);500 ℃时有大量浓烟,在此温度下持续约 2 h,待坩埚中的模料基本分解,随后断电,炉内自然冷却至室温,然后取出坩埚称重。由此可以计算出在空气中脱模时,PS 和 HIPS 两种模料的灰分均为 0.3%。

13.1.5　结壳脱蜡工艺的研究

以上对模料基本性质的实验研究为模料的脱出工艺提供了理论基础,为进一步验证在一定厚度熔模壳中被包裹模料的真实脱出温度,特制了一批 SLS 试样,用硅溶胶熔模精密铸造的生产工艺进行结壳,参照模料熔融与熔体黏度实验数据,设计了以下脱蜡工艺:将模壳置于电炉中升温至 250 ℃并保温 1 h,让模料尽量流出,再逐渐升温,直到 700 ℃,然后关闭电炉自然冷却到室温,在升温过程中取样观察模料的流动及分解情况。

当模壳于电炉中升温至 180～200 ℃时,取出模壳进行观察,发现模料表面已开始熔融,但由于黏度大,还不能流动;当升温至 250 ℃并保温 1 h 后,断电让模壳随炉冷却至室温,取出模壳进行观察,发现此时模壳内的模料已基本流出,但模壳内壁上还留有深棕色沉积物质;当升温至 520 ℃并保温 1 h 后,取出模壳进行观察,发现模壳内表面已被焙烧成灰白色;当升温至 700 ℃,然后自然冷却至室温后,取出模壳进行观察,发现模壳内表面已被焙烧成白色,即得到了合格的模壳。

本实验说明模料脱出时应进行分段升温,先在模料的分解温度(300 ℃)以下保温一段时间,让大部分模料流出,而后再升温至模料的完全分解温度以上(由于热传导等原因,实际完全分解温度要高于理论值),即可实现模料的完全烧失。在 250 ℃恒温 1 h 后发现模壳内壁有深棕色沉积物质,这说明在此温度下模料已开始氧化,氧化将增加聚合物熔体的黏度,特别是在表面形成一层氧化层而极不利于模料的流动。根据模料的黏度-温度曲线可知,如果降低温度,黏度将急剧升高,更不利于模料的流出。所以,实际上 SLS 模料的保温流出温度应控制在 230～250 ℃为宜。

13.2　实验目的与要求

(1) 了解 SLS 模料的性能;

(2) 了解 SLS 工艺原理、成形设备及其操作方法;

(3) 了解 SLS 原型件的渗蜡后处理的原理及过程;

(4) 了解 SLS 模料的热性能及其测定方法；

(5) 了解模料的脱出工艺过程。

13.3 实验材料、成形及测试设备

(1) 实验材料：PS 粉末、HIPS 粉末、蜡料。

(2) 本实验可以选用的成形设备为：武汉华科三维科技有限公司研制的 HK S800 大台面粉末烧结快速成形系统。该设备如图 13-6 所示，采用 100 W CO_2 激光器，成形台面尺寸为 800 mm(长)×800 mm(宽)×500 mm(高)，采用双缸双向铺粉，预热温度高达 400 ℃。

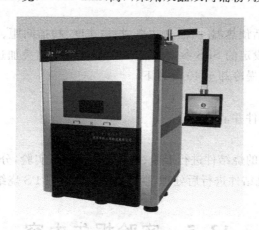

图 13-6　HK S800 大台面粉末烧结快速成形系统

(3) 测试设备：扫描电镜、烘箱、热重分析仪；拉伸强度、弯曲强度在深圳产 WDW-50 型微机控制电子万能试验机上测试；冲击强度在承德产 XJJ-5J 冲击试验机上测试。

13.4 实验内容及步骤

1. 成形前制备

在进行 SLS 成形前，要对整个粉床进行加热，即预热，以减小烧结部分与环境的温度差，减少变形。粉床的温度有一个范围，在这个温度范围内，烧结部分周围的粉末不因熔融而相互黏接，烧结体也不会翘曲变形，这个温度范围称为预热温度窗口。预热温度和预热温度窗口是衡量 SLS 材料成形性能的重要指标。

2. 工艺参数选择

PS 和 HIPS 粉末的激光烧结在 HK S800 大台面粉末烧结快速成形系统上进行。SLS 工艺参数主要有激光功率、光斑大小、扫描间距、扫描速度、单层厚度、粉床温度等。对于特定的 SLS 成形设备，激光的光斑大小是一定的。激光扫描间距影响输送给粉末的能量分布，为了使激光能量分布均匀，扫描间距应小于光斑半径，但过小的扫描间距将影响成形速度，因此实验中将扫描间距定为 0.1 mm。单层厚度指铺粉层厚，即工作缸每次下降的高度。采

用较大的单层厚度,所需制造的总层数少,制造时间短。但由于激光在粉末中的透射强度随厚度的增加而急剧下降,单层厚度过大,会导致层与层之间黏结不好,甚至出现分层,严重影响烧结件的强度,实验中单层厚度取 0.15 mm。扫描速度决定激光对粉末材料的加热时间,扫描速度低则成形速度低,实验中取 1500 mm/s。PS 的玻璃化温度为 80~100 ℃,粉床预热温度控制在 75~78 ℃,当预热温度超过 78 ℃时,中间工作缸的粉末严重结块,铺粉困难。实验中上述工艺参数均保持不变,只改变激光功率,重点考察激光功率对烧结件的影响。

3. 构建打印模型

建立打印测试件的 CAD 模型,导入计算机,计算机自动进行三维模型的切片处理。根据被加工模型的特征选择合适的加工方向,在成形高度方向上用一系列一定间隔的平面切割近似后的模型,以便提取截面的轮廓信息。

4. 成形加工

设置工艺参数,包括预热温度、激光功率、扫描速度、扫描间距、单层厚度等。设备根据原型件的结构特点,在设定的 SLS 参数下,自动完成逐层烧结叠加过程。烧结完成后,需要将烧结件在成形缸中缓慢冷却至 40 ℃以下。

5. 后处理

成形完后取出烧结件并清除浮粉。

6. 实验结果分析

对不同激光功率下的烧结件进行形貌、力学性能等测试实验,分析激光功率对成形性能的影响。之后对 SLS 烧结件进行后处理,探究后处理工艺对 PS 烧结件性能的影响。

13.5　实验报告内容

(1) 原材料牌号、生产厂家和日期。

(2) 实验设备型号、生产厂家和主要性能参数。

(3) 实验操作步骤及工艺调节过程。

(4) 实验数据的记录与处理。

(5) 相关曲线绘制及分析。

(6) 对实验的改进意见。

13.6　思　考　题

（扫描二维码可
查看参考答案）

1. 简述实验目的、内容和原理。

2. 简述实验步骤和过程。

3. 通过实验研究,结壳脱蜡的最佳工艺应该是什么?

第 14 章
激光选区烧结成形
高性能高分子零件实验

14.1 实验基本理论

激光选区烧结(SLS)是快速成形(rapid prototyping,RP)的一个重要分支,是一项集CAD/CAM、数控技术、激光加工技术及材料科学等领域的最新成果于一体的高新技术。它采用软件离散化和材料堆积的原理,将所设计物体的 CAD 模型转化为具有一定结构和功能的原型或零件实物样件,从而对产品进行快速评价、修改,缩短开发周期,提高竞争能力。

快速成形都是按照分层叠加的原理将三维图形转化为二维图形,再对每层切片进行加工的,但因所采用的工艺不同,都有各自的特点。SLS 工艺具有成形材料广泛、应用范围广、材料利用率高、无须支撑、可制造形状十分复杂的零件等特点。

基于以上原因,SLS 技术自诞生以来迅速发展,在塑料功能件、铸造熔模、铸造用砂型(芯)的制造,以及直接和间接法制造金属件等方面都有应用。

1. 尼龙

尼龙是一种半结晶高分子,直接烧结尼龙粉末可以制造致密的、高强度的制件,可以直接用作塑料功能件,因此受到广泛关注。其中尼龙 6(PA6)的酰胺基团浓度较高,酰胺基团是一个带极性的基团,这个基团上的氢能与另一个酰胺基团链段上的给电子的羰基结合成牢固的化学键,使尼龙 6 具有优良的力学性能,比强度高于铸铁、铜等金属材料。另外,尼龙还具有优良的耐磨性和自润滑性,良好的耐热性和电绝缘性能,优良的自熄性和耐油性,因此得到广泛的应用。在多年发展的基础上,尼龙材料是目前用 SLS 技术制备塑料零部件的最佳材料,约占当前 SLS 材料市场的 95%。

1) 尼龙复合粉末的制备

尼龙 6 粉末虽然具有优良的力学性能,耐磨、耐腐蚀,有加工流动性好、热稳定性好等优点,但激光选区烧结过程是激光光斑的局部加热熔融和快速冷却过程,烧结过程中存在较大的热收缩率,即便在一个平面内温度场也非常不均匀,导致烧结过程中应力大而变形。为了解决尼龙粉末在烧结过程中存在的热收缩问题,本实验从激光选区烧结材料的角度出发,改变尼龙材料的固有属性,主要探讨尼龙 6 粉末材料的改性方法和具体改性工艺,从而制备改性尼龙 6 粉末,减小其在烧结过程中产生的变形,完成多层烧结。

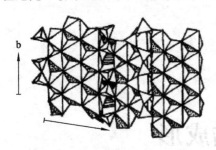

图 14-1　硅灰石晶体结构示意图

2)硅灰石

硅灰石一般呈白色,是天然的偏硅酸钙($CaSiO_3$)矿物质,理论上含有 CaO(48.3%)和 SiO_2(51.7%),因为 Fe^{2+}、Mg^{2+}、Mn^{2+}、Ti^{2+}、Sr^{2+} 等离子和 Ca^{2+} 离子的半径相差不大,而且化合价相同,所以矿物中的钙经常被 Fe、Mg、Mn、Ti、Sr 等杂质置换成类质同象体。在常温下,其吸油性和水溶性都很低,熔点高,绝缘性好,线膨胀系数较小,热稳定性较好,耐老化和耐腐蚀性好,力学性能优良,加热前不需要脱水。硅灰石晶体结构特殊,一个单四面体[SiO_4]单链和一个双四面体[SiO_4]单链与 b 轴相互平行排列,并随着 b 轴延伸,Ca 填充链与链间空隙,得到八面体[SiO_6]以及八面体[SiO_6]共棱链接成与 b 轴平行的链,如图 14-1 所示。

3)润滑剂

为了减小粉末与铺粉辊间的摩擦力,确保铺粉顺利,尽量减小烧结件在烧结过程中的位移,可以采用润滑剂。通过对各种润滑剂的研究,选用硬脂酸锂作润滑剂。

4)其他材料

因为硅灰石与尼龙 6 的相容性很差,为了增加硅灰石和尼龙 6 的界面结合力,使得硅灰石在尼龙 6 基体中尽量均匀分散,提高烧结件的性能,需要对硅灰石进行改性。另外光吸收剂、表面活性剂和抗氧剂对烧结实验也是至关重要的。

2. 硅灰石对烧结件尺寸精度的影响

尼龙 6 的成形收缩是 SLS 烧结最难克服的问题,通过添加硅灰石可以降低制件的收缩,采用粒径为 800 目的硅灰石,不同的添加比例对收缩的降低效果不同。在扫描速度 1200 mm/s、激光功率 20 W、单层厚度 0.1 mm、烧结间距 0.1 mm、预热温度 160 ℃的工艺参数条件下,烧结 100 mm×100 mm×10 mm 的试样,分析其平均尺寸及收缩率与硅灰石质量分数的关系,结果如图 14-2 和图 14-3 所示。

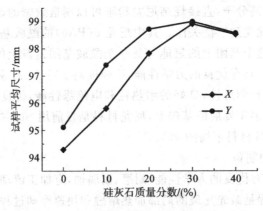

图 14-2　试样平均尺寸与硅灰石质量分数的关系

由图 14-2 得知,试样平均尺寸随着硅灰石质量分数的增加,呈现增加的趋势,在硅灰石

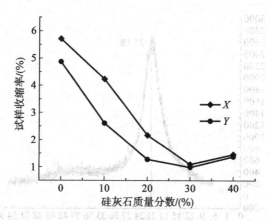

图 14-3 制件收缩率与硅灰石质量分数的关系

质量分数为 30% 时,试样 X、Y 两方向的平均尺寸分别为 98.931 mm 和 99.003 mm,相对未添加硅灰石都有大幅提升。

如图 14-3 所示,随着硅灰石质量分数的增加,试样的收缩率呈减小的趋势,即收缩量呈减小的趋势,在 30% 时达到最小,X、Y 两方向的收缩率分别为 1.069% 和 0.997%。在同样的烧结条件下,纯尼龙 6 试样 X、Y 两方向的收缩率为 5.714% 和 4.875%,可见硅灰石能有效地提高尼龙 6 激光选区烧结的成形精度。但是硅灰石质量分数继续增加导致收缩量又增大。随着硅灰石质量分数的不同,试样收缩率的变化趋势是三种收缩(烧结、温致和结晶收缩)共同作用的结果。在同样的烧结环境中,硅灰石的加入可以降低粉末的空隙率,提高粉末的装粉密度,从而减小粉末在烧结过程中因空隙率降低而产生的烧结收缩;并且硅灰石的填充能改变混合粉末的结晶度,从而影响结晶收缩。

以上反映的硅灰石质量分数对试样收缩率的影响是一个综合的结果,它由硅灰石对混合粉末密度、试样结晶度的影响和硅灰石在尼龙 6 基体中分散程度的影响结果共同构成。

3. 硅灰石对烧结件结晶度的影响

尼龙 6 属于半结晶高分子,硅灰石属于无机结晶物质,结晶在烧结过程中瞬间完成,通过 X 射线衍射实验(XRD)分析混合粉末烧结件的结晶度。

如图 14-4 所示,纯尼龙 6 烧结件有结晶峰与非结晶峰,通过相关软件得到结晶峰面积为 2919.511,非结晶峰的面积为 2092.822,由于结晶度为结晶峰面积与全部面积的比值,所以计算得到纯尼龙 6 烧结件的结晶度为 58.247%。

如图 14-5 所示,当添加质量分数为 10% 的硅灰石时,混合粉末烧结件的结晶峰数量增多,这是因为硅灰石也是一种结晶性物质。分析可知结晶峰面积为 1016.651,非结晶峰面积为 1051.100,混合粉末烧结件的结晶度为 49.167%。

如图 14-6 所示,当添加质量分数为 20% 的硅灰石时,混合粉末烧结件的结晶峰数量继续增多。结晶峰面积为 625.182,非结晶峰面积为 711.318,混合粉末烧结件的结晶度为 46.778%。

如图 14-7 所示,当添加质量分数为 30% 的硅灰石时,混合粉末烧结件结晶峰面积为 1066.783,非结晶峰面积为 1593.246,混合粉末烧结件的结晶度为 40.104%。

如图 14-8 所示,当添加质量分数为 40% 的硅灰石时,混合粉末烧结件的结晶峰面积为 634.584,非结晶峰面积为 1068.224,混合粉末烧结件的结晶度为 37.267%。

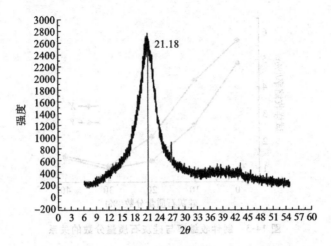

图 14-4　纯尼龙 6 烧结件的 XRD 分析图

阶段性吸收减小；同时，由于 X 射线沿垂直于入射面的方向，因此约 在 21.18°，即在入射角的晶面衍射作用下，使得晶面衍射衍射强度增强。

由此分析可见，随着石磁灰石晶型分角分布衍射增强，这与减小的衍射时间接强现象，对此减减的影响区域了减小时，即前衍 X，随约烧结造成了衍射后烧约束衍约 8，17.18，即约相增强，衍约衍约造成。造成引减，随着以减弱石形衍强衍衍衍衍衍衍衍衍衍衍。X，随着减烧结的分衍的不同，其衍结结作用约衍强衍。衍结衍成，即约与衍结烧的衍衍衍衍衍衍衍衍衍。衍约衍造强约，随衍衍。衍约衍造强约约约衍衍衍衍衍衍衍衍衍衍衍。衍约衍造强约约约约约约约约约衍衍衍衍。

由以上分析可见，其可以及衍约衍强约约衍约衍约衍衍衍衍结果，衍约衍衍衍衍衍约约约约约约约约约衍衍衍约约约衍衍衍衍约约约衍约约约约衍衍衍约约约，约约约约约约约约衍约约约。

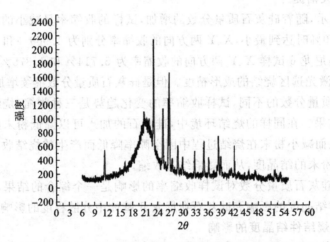

图 14-5　含 10％硅灰石的烧结件的 XRD 分析图

由图 14-7 可见，约衍结的衍约衍约约衍约约约约约约约约约约约约约约约约约约约约约约约约约约，约约约。

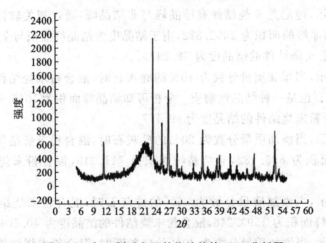

图 14-6　含 20％硅灰石的烧结件的 XRD 分析图

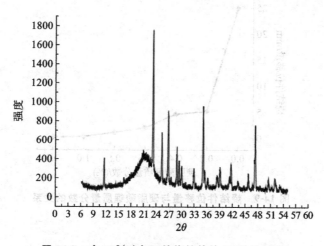

图 14-7　含 30％硅灰石的烧结件的 XRD 分析图

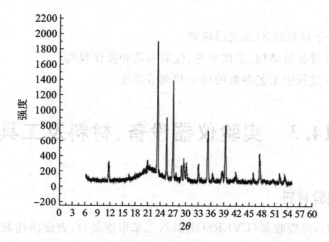

图 14-8　含 40％硅灰石的烧结件的 XRD 分析图

　　以上数据显示随着硅灰石质量分数的增加,烧结件结晶度减小,所以因结晶引起的收缩减小。

4. 润滑剂对烧结件尺寸精度的影响

　　铺粉性能大致包括铺粉的连续性、平整性和烧结件是否有位移现象,在激光选区烧结过程中对烧结件成形有着巨大的影响。通过良好的除杂质、研磨手段和选择最佳的预热温度可以保证铺粉的连续性和平整性,而烧结件在铺粉过程中发生移动是必然的,并且这种位移直接影响烧结的整个进程和烧结件的精度,所以必须尽量减小位移量。在前述烧结工艺参数条件下,使用含 30％硅灰石的混合粉末烧结,考察硬脂酸锂润滑剂对烧结件位移的影响,如图14-9所示。

　　从图 14-9 可以看出,加入硬脂酸锂之后烧结件的位移量明显地减小,随着加入量的增大,位移减小幅度降低。硬脂酸锂作为一种润滑剂,可以减小粉末与铺粉辊之间的摩擦力,进而减小当前铺粉层与已烧结成形部分之间的摩擦力,从而减小在整个烧结过程中烧结件的移动量。

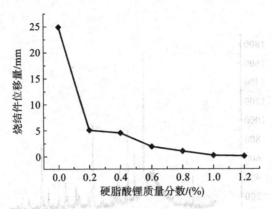

图 14-9   烧结件位移量与硬脂酸锂质量分数的关系

14.2   实验目的与要求

（1）了解高分子材料的 SLS 成形机理。

（2）了解 SLS 设备的结构、工作原理、性能参数和操作规程。

（3）掌握 SLS 过程中工艺参数的确定和调节方法。

14.3   实验仪器设备、材料及工具

14.3.1   实验材料

尼龙 6，硅灰石，光吸收剂（EVERSORB12（二苯甲酮类）），表面活性剂（十二烷基苯磺酸钠），硅烷偶联剂 KH550，抗氧剂 1010，润滑剂（硬脂酸锂）。

14.3.2   实验成形设备

采用武汉华科三维科技有限公司的 HK S500 粉末烧结快速成形系统，设备如图 14-10 所示。

图 14-10   HK S500 粉末烧结快速成形系统

HK S500 设备采用激光烧结技术,以树脂砂、可消失熔模为成形材料,再通过与铸造技术结合,可快速铸造出发动机缸体、缸盖、涡轮、叶轮等结构复杂的零部件。该装备采用 55 W CO_2 激光器,成形台面尺寸为 500 mm(长)×500 mm(宽)×400 mm(高),采用双缸双向铺粉,预热温度高达 400 ℃。

14.4　实验内容及步骤

1. 混合粉末制备

首先需将硅灰石进行初步清洗和除杂质操作。考虑到硅灰石属于亲水性物质,与尼龙 6 的相容性差,如果直接将硅灰石和尼龙 6 混合,二者的界面结合力很差,而且硅灰石在尼龙 6 中的分散不均匀,SLS 烧结的实体性能很差,因此使用硅烷偶联剂对硅灰石进行表面处理。硅烷偶联剂表现出两性,分子中部分基团能与尼龙 6 分子链缠绕,部分基团能与硅灰石所含的羟基发生反应,所以硅烷偶联剂在尼龙 6 和硅灰石之间就像桥梁一样,使得二者黏结紧密,降低发生团聚的可能。实验选用的是硅烷偶联剂 KH550(γ 氨丙基三乙氧基硅烷),其理论用量为

$$w = \frac{w_0 \times S_1}{S_2} \tag{14-1}$$

式中:w_0 是指待改性硅灰石的质量(g);S_1 是指待改性硅灰石的比表面积(m^2/g);S_2 是指硅烷偶联剂的比表面积(m^2/g)。硅烷偶联剂的比表面积为 353 m^2/g,但是硅灰石的比表面积数据无法得到,所以硅烷偶联剂的用量无法精确计算。一般在实际操作中取经验值 1% 的用量,具体操作步骤如下:5%(质量分数)的水和 95% 的乙醇配成醇水混合液,一边搅拌一边加入硅烷偶联剂 KH550,直到其浓度达到 2%,5 min 之后,混合液含有 Si—OH 类物质。此时加入硅灰石,充分搅拌,之后让其在室内自然干燥 1~2 d,接着使其在 60 ℃ 的烘箱中烘烤 2 h,最后进行碾磨和过筛操作。

本实验采用简单的机械共混方法,把处理过的硅灰石、尼龙 6 粉末、光吸收剂和抗氧剂一同放入球磨设备,大概球磨 30 min 后,经过干燥和过筛,得到待烧结的混合粉末。

2. 构建打印模型

建立打印测试件的 CAD 模型,导入计算机,计算机自动进行三维模型的切片处理。根据被加工模型的特征选择合适的加工方向,在成形高度方向上用一系列一定间隔的平面切割近似后的模型,以便提取截面的轮廓信息。

3. 成形加工

在扫描速度 1200 mm/s、激光功率 20 W、单层厚度 0.1 mm,烧结间距 0.1 mm,预热温度 160 ℃ 的工艺参数条件下,烧结 100 mm×100 mm×10 mm 的试样。当烧结完成后,需要将烧结件在成形缸中缓慢冷却至 40 ℃ 以下。

4. 后处理

成形完成后取出烧结件并清除浮粉。

14.5 实验报告内容

（1）原材料牌号、生产厂家和日期。
（2）实验设备型号、生产厂家和主要性能参数。
（3）实验操作步骤及工艺调节过程。
（4）实验数据的记录与处理。
（5）相关曲线绘制及分析。
（6）对实验的改进意见。

14.6 思 考 题

（扫描二维码可
查看参考答案）

1. 简述实验目的、内容和原理。
2. 简述实验步骤和过程。
3. 整理实验结果，简述润滑剂对制件尺寸的影响。

参考文献

[1] 杨占尧,赵敬云.增材制造与3D打印技术及应用[M].北京:清华大学出版社,2017.

[2] 唐黎明,庹新林.高分子化学[M].北京:清华大学出版社,2016.

[3] ZHANG H,XU L,HU Z. Research progress of photosensitive resin for UV-curable 3D printing[J]. China Synthetic Resin & Plastics,2015.

[4] 孔甜甜,阚鑫禹,薛平,等.FDM技术制备高分子复合材料研究进展[J].塑料工业,2017(03):45-49+69.

[5] 许向宏.FDM 3D打印机及其适用材料分析[J].广东印刷,2015(01):46-48.

[6] 赵毅.激光快速成形中光敏树脂特性的实验研究[J].高分子材料科学与工程,2004,20(1):184-186.

[7] 左继成,谷亚新.高分子材料成型加工基本原理及工艺[M].北京:北京理工大学出版社,2017.

[8] 翟缓平,侯丽雅,贾红兵.快速成形工艺所用光敏树脂[J].化学世界,2002,8:437-440.

[9] 文世峰,季宪泰,周燕,等.激光选区熔化成形模具钢的发展现状及前景[J].激光与光电子学进展,2018,55(1):41-51.

[10] 刘海涛,黄树槐,莫健华,等.光敏树脂对快速原型件表面质量的影响[J].高分子材料科学与工程,2007,23(5):170-173.

[11] 王广春,袁圆,刘东旭.光固化快速成型技术的应用及其进展[J].航空制造技术,2011(6):26-29.

[12] 莫健华.液态树脂光固化3D打印技术[M].西安:西安电子科技大学出版社,2016.

[13] 莫健华,史玉升.液态树脂光固化增材制造技术[M].武汉:华中科技大学出版社,2013.

[14] 刘海涛,莫建华,黄兵.一种光固化3DP实体材料树脂[J].高分子材料科学与工程,2009,25(07):148-151.

[15] 董得超.基于405 nm SLA光固化快速成型用特性光敏树脂材料的研究与制备[D].武汉:华中科技大学,2016.

[16] HEO J C,KIM K S,KIM K W. A simple and novel method for the evaluation of adhesion properties between UV curable resin and stamp in UV-nanoimprint lithography(UV-NIL)[J]. Microelectronic Engineering,2012,98.

[17] 吴丽珍,邓昌云,傅兵,等.3D打印用光敏树脂的制备及改性研究进展[J].塑料科技,2017,45(07):112-119.

[18] 刘海涛.光固化三维打印成形材料的研究与应用[D].武汉:华中科技大学,2009.

[19] 黄笔武,黄伯芬,谌伟庆,等.光固化快速成形光敏树脂临界曝光量和透射深度的测试研究[J].信息记录材料,2007(01):59-62.

[20] 刘博,李勇,肖军,等.双酚A型环氧树脂紫外光固化工艺及其力学性能[J].航空学报,2014,35(05):1424-1432.

[21] 何岷洪,宋坤,莫宏斌,等.3D 打印光敏树脂的研究进展[J].功能高分子学报,2015,28(01):102-108.

[22] JIANG Y,CHEN L H,MENG Q H,et al.Preparation of a Photosensitive Resin and the Application in 3D Printing and Removal of the Formaldehyde[J].Information Recording Materials,2015.

[23] 邢丽英.先进树脂基复合材料自动化制造技术[M].北京:航空工业出版社,2014.

[24] 陈平,刘胜平,王德中.环氧树脂及其应用[M].北京:化学工业出版社,2011.

[25] 闫福安.水性树脂与水性涂料[M].北京:化学工业出版社,2010.

[26] 韩霞,杨恩源.快速成型技术与应用[M].北京:机械工业出版社,2012.

[27] 史玉升,刘锦辉,闫春泽,等.粉末材料选择性激光快速成形技术及应用[M].北京:科学出版社,2012.

[28] 史玉升.激光制造技术[M].北京:机械工业出版社,2012.

[29] 闫春泽,史玉升.粉末激光烧结增材制造技术[M].武汉:华中科技大学出版社,2013.

[30] 魏青松,史玉升.增材制造技术原理及应用[M].北京:科学出版社,2017.

[31] 刘厚才.光固化三维打印快速成形关键技术研究[D].武汉:华中科技大学,2009.

[32] 蒙文武,朱光喜,胡修林,等.OFDM 系统中低峰均功率比的 SLM 算法[J].华中科技大学学报(自然科学版),2008(06):63-65+72.

[33] 史玉升,张李超,白宇,等.3D 打印技术的发展及其软件实现[J].中国科学:信息科学,2015,45(02):197-203.

[34] 史玉升,闫春泽,魏青松,等.选择性激光烧结 3D 打印用高分子复合材料[J].中国科学:信息科学,2015,45(02):204-211.

[35] 王远伟.FDM 快速成型进给系统的研究与设计[D].武汉:华中科技大学,2015.

[36] 贾永臻,廖敦明,陈涛,等.基于 Fluent 的 3D 打印 ABS 熔体热流模拟分析[J].塑料,2017,46(01):61-64.

[37] 王荣伟,杨为民,辛敏琦.ABS 树脂及其应用[M].北京:化学工业出版社,2011.

[38] 金祖铨,吴念.聚碳酸酯树脂及应用[M].北京:化学工业出版社,2009.

[39] 王煦漫,王琛,张彩宁.高分子纳米复合材料[M].西安:西北工业大学出版社,2017.

[40] 孙春福,陆书来,宋振彪,等.ABS 树脂现状与发展趋势[J].塑料工业,2018(2):1-5.

[41] 周运宏,夏新曙,杨松伟,等.PBS/PLA/滑石粉 3D 打印线材制备及熔融沉积成型工艺研究[J].中国塑料,2018(3).

[42] 倪荣华.熔融沉积快速成型精度研究及其成型过程数值模拟[D].济南:山东大学,2013.

[43] 唐通鸣,张政,邓佳文,等.基于 FDM 的 3D 打印技术研究现状与发展趋势[J].化工新型材料,2015(6):228-230.

[44] 余东满,李晓静,王笛.熔融沉积快速成型工艺过程分析及应用[J].机械设计与制造,2011(8):65-67.

[45] 韩霞,杨恩源.快速成型技术与应用[M].北京:机械工业出版社,2012.

[46] 李强.PLA 熔融沉积成型工艺的优化研究[D].合肥:合肥工业大学,2017.

[47] 李复生,殷金柱,魏东炜,等.聚碳酸酯应用与合成工艺进展[J].化工进展,2002(06):

395-398.

[48] 李振.适用于 FDM 的聚碳酸酯材料研究[D].上海:上海材料研究所,2017.

[49] 吴涛,倪荣华,王广春.熔融沉积快速成型技术研究进展[J].科技视界,2013(34):94-95.

[50] 乔雯钰,徐欢,马超,等.3D 打印用 ABS 丝材性能研究[J].工程塑料应用,2016,44(3):18-23.

[51] 熊金标.熔融沉积成型 ABS 线材的制备与性能研究[D].天津:天津科技大学,2016.

[52] 张兰波,王喆.用于 3D 打印的热塑性聚氨酯弹性体[J].世界橡胶工业,2017(11):37-39.

[53] 朱彦博,陆超华,尹俊.3D 打印 TPU 软材料工艺参数对层间粘接的影响[J].高分子学报,2018(4).

[54] SKOWYRA J, PIETRZAK K, ALHNAN M A. Fabrication of extended-release patient-tailored prednisolone tablets via fused deposition modelling (FDM) 3D printing[J]. European Journal of Pharmaceutical Sciences Official Journal of the European Federation for Pharmaceutical Sciences,2015,68:11-7.

[55] WENG Z, WANG J, SENTHIL T, et al. Mechanical and thermal properties of ABS/montmorillonite nanocomposites for fused deposition modeling 3D printing[J]. Materials & Design,2016,102:276-283.

[56] MELNIKOVA R, EHRMANN A, FINSTERBUSCH K. 3D printing of textile-based structures by fused deposition modelling(FDM)with different polymer materials [C]//IOP Conference Series Materials Science and Engineering. 2018.

[57] 梁晓静,于晓燕.3D 打印用高分子材料及其复合材料的研究进展[J].高分子通报,2018(4).

[58] COMPTON B G, LEWIS J A. 3D-printing of lightweight cellular composites. [J]. Advanced Materials,2015,26(34):5930-5935.

[59] WANG X, JIANG M, ZHOU Z, et al. 3D printing of polymer matrix composites:A review and prospective[J]. Composites Part B Engineering,2016,110:442-458.

[60] SAVALANI M M, HAO L, ZHANG Y, et al. Fabrication of porous bioactive structures using the selective laser sintering technique[J]. Proceedings of the Institution of Mechanical Engineers Part H Journal of Engineering in Medicine,2007,221(8):873.

[61] SHI Y, LI Z, SUN H, et al. Development of a polymer alloy of polystyrene(PS)and polyamide(PA)for building functional part based on selective laser sintering(SLS) [J]. Proceedings of the Institution of Mechanical Engineers Part L Journal of Materials Design & Applications,2004,218(4):299-306.

[62] SHI Y, WANG Y, CHEN J, et al. Experimental investigation into the selective laser sintering of high-impact polystyrene[J]. Journal of Applied Polymer Science,2010,108(1):535-540.

[63] 潘腾,朱伟,闫春泽,等.激光选区烧结 3D 打印成形生物高分子材料研究进展[J].高

分子材料科学与工程,2016,32(03):178-183.

[64] 魏青松,唐萍,吴甲民,等.激光选区烧结多孔堇青石陶瓷微观结构及性能[J].华中科技大学学报(自然科学版),2016,44(06):46-51.

[65] 李湘生,黄树槐,黎建军,等.激光选区烧结中铺粉过程分析[J].现代制造工程,2008(02):99-101.

[66] 易健宏.粉末冶金材料[M].长沙:中南大学出版社,2016.

[67] 陈文革,王发展.粉末冶金工艺及材料[M].北京:冶金工业出版社,2011.

[68] 陈鹤鸣,赵新彦,汪静丽.激光原理及应用[M].北京:电子工业出版社,2017.

[69] 张梅,文静华,杨滋荣.复杂曲面物体多视角激光点云 3D 建模关键技术研究[M].北京:科学出版社,2016.

[70] 闫春泽,史玉升,杨劲松,等.高分子材料 SLS 中次级烧结实验[J].华中科技大学学报(自然科学版),2008,36(5):86-89.

[71] 温彤,朱军,吴江艳.高分子粉末 SLS 过程的温度场与热变形分析[J].高分子材料科学与工程,2012,28(10):174-178.

[72] 樊仁轩.激光选区烧结高分子材料的加工工艺改善及相应技术研究[D].广州:华南理工大学,2015.

[73] 王延庆,沈竞兴,吴海全.3D 打印材料应用和研究现状[J].航空材料学报,2016,36(4):89-98.

[74] 闫春泽,史玉升,杨劲松,等.选择性激光烧结用尼龙 12 覆膜 Cu 粉的制备[J].高分子材料科学与工程,2008,24(10):167-170.

[75] 李志超,甘鑫鹏,费国霞,等.选择性激光烧结 3D 打印高分子及其复合材料的研究进展[J].高分子材料科学与工程,2017,33(10):170-174.

[76] 徐林.碳纤维/尼龙 12 复合粉末的制备与选择性激光烧结成形[D].武汉:华中科技大学,2009.

[77] YANG J,SHI Y,SHEN Q,et al. Selective laser sintering of HIPS and investment casting technology[J]. Journal of Materials Processing Technology,2009,209(4):1901-1908.

[78] SHI Y,YAN C,WEI Q,et al. Polymer based composites for selective laser sintering 3D printing technology[J]. Scientia Sinica Informationis,2015,45(2):204.

[79] 姜乐涛,白培康,赵娜,等.PS 粉末 SLS 快速成型收缩率实验研究[J].工程塑料应用,2015(4):41-45.

[80] 孔双祥,胥光申,巨孔亮,等.基于多指标正交试验设计的 SLS 快速成型工艺参数优化[J].轻工机械,2017,35(1):30-35.

[81] 文世峰,季宪泰.激光选区烧结技术的研究现状及应用进展[J].苏州市职业大学学报,2018(1):26-31.

[82] 李杰,沈其文,余立华,等.选择性激光烧结宝珠覆膜砂的固化特性研究[J].热加工工艺,2013,42(11):21-23+27.

[83] 李远才.覆膜砂及制型(芯)技术[M].北京:机械工业出版社,2008.

[84] 田乐.复杂铸造砂型(芯)3D 打印关键工艺参数及材料的应用研究[C]//中国机械工

程学会.2015 中国铸造活动周论文集,2015:7.

[85] FINA F, MADLA C M, GOPANES A, et al. Fabricating 3D printed orally disintegrating printlets using selective laser sintering.[J]. International Journal of Pharmaceutics,2018,541(1-2).

[86] SUBRAMANIAN K, VAIL N, BARLOW J, et al. Selective laser sintering of alumina with polymer binders[J]. Rapid Prototyping Journal,2017,1(2):24-35.

[87] MAZZOLI A. Selective laser sintering in biomedical engineering.[J]. Medical & Biological Engineering & Computing,2013,51(3):245-256.

[88] 闫春泽,史玉升,杨劲松,等.纳米二氧化硅增强尼龙 12 选择性激光烧结成形件[J].材料研究学报,2009,23(01):103-107.

[89] YAN C Z, SHI Y S, YANG J S, et al. Properties of the selective laser sintered specimens of nylon12-coated aluminum powders [J]. Materials Science & Technology,2009,17(5):608-611.

[90] 孟晓.3D 打印在医疗器械领域的应用现状及展望[J].临床医药文献电子杂志,2017(88).

[91] 于千.复合尼龙粉末选择性激光烧结成型工艺的研究[D].太原:中北大学,2006.

[92] 郑立,汪艳.抗氧剂对选择性激光烧结尼龙 12 热稳定性的研究[J].合成材料老化与应用,2015,44(3):20-22.

[93] 郑立.选择性激光烧结尼龙 12 复合粉末的制备及中试化[D].武汉:武汉工程大学,2016.

[94] 袁春霞,汪艳.选择性激光烧结用尼龙 12 粉末的回收利用[J].工程塑料应用,2017,45(10):108-112.

[95] 罗艳.复合尼龙粉末激光烧结性能的实验研究[D].镇江:江苏大学,2010.

[96] 郑潇剑.激光选区烧结设备改进及人工胫骨垫片设计与制造研究[D].广州:华南理工大学,2015.

[97] 郑军辉.尼龙粉末选择性激光烧结铺粉工艺数值模拟研究[D].湘潭:湘潭大学,2016.

[98] 余冬梅,张建斌.3D 打印:定制化医疗修复[J].金属世界,2016(1):2-28.

[99] 洪琴.选择性激光烧结用新型复合尼龙粉末的研究[D].太原:中北大学,2009.

[100] 王龙呈.应用于选择性激光烧结的尼龙粉末的研究[D].武汉:华中科技大学,2007.

[101] 汪艳,史玉升,黄树槐.激光烧结尼龙 12/累托石复合材料的结构与性能[J].复合材料学报,2005,22(2):52-56.

[102] 汪艳,史玉升,黄树槐.激光烧结制备尼龙 12/累托石纳米复合材料[J].高分子学报,2005(5):683-686.

[103] 汪艳,史玉升.滑石粉填充尼龙 12 的选择性激光烧结成型[J].现代塑料加工应用,2009,21(05):23-25.

[104] 汪艳.选择性激光烧结高分子材料及其制件性能研究[D].武汉:华中科技大学,2005.

[105] 闫春泽.高分子及其复合粉末的制备与选择性激光烧结成形研究[D].武汉:华中科技大学,2009.

[106] 章文献,闫春泽,史玉升,等. 聚苯乙烯/聚酰胺-12 合金的选择性激光烧结成形[J]. 高分子材料科学与工程,2009,25(07):108-110.

[107] 杨劲松. 塑料功能件与复杂铸件用选择性激光烧结材料的研究[D]. 武汉:华中科技大学,2008.

[108] 杨家懿,朱伟,史云松,等. 激光选区烧结高分子纳米复合材料研究进展[J]. 高分子材料科学与工程,2017,33(06):184-190.

[109] 林柳兰,史玉升,曾繁涤,等. 高分子粉末烧结件的增强后处理的研究[J]. 功能材料,2003,34(1):67-72.

[110] ZHANG Y, HAO L, SAVALANI M M, et al. Characterization and dynamic mechanical analysis of selective laser sintered hydroxyapatite-filled polymeric composites[J]. Journal of Biomedical Materials Research Part A,2008,86A(3):607-616.

[111] ZHOU Z,YONG X,CAO C. Research of the selective laser sintering of nylon12/polystyrene composite powder[J]. Chinese Journal of Materials Research,2016.

[112] 张俊. 多层 PA6 粉末选区激光烧结的翘曲与应力变形研究[D]. 合肥:中国科学技术大学,2016.

[113] 武帅. PA6 粉末选区激光烧结应力和力学性能的研究[D]. 合肥:中国科学技术大学,2015.

[114] 王联凤,刘延辉,朱小刚,等. 选择性激光烧结 PA6 样品的力学性能研究[J]. 应用激光,2016(2):136-140.

[115] 郑玉婴,林卓. 凯芙拉纤维增强尼龙 6 复合材料的制备及性能[M]. 北京:科学出版社,2017.

[116] 韩东太. 金属氧化物/尼龙 1010 复合材料热力学性能与摩擦热行为研究[M]. 徐州:中国矿业大学出版社,2013.

[117] 殷宗莲,杨万均,肖敏,等. 高低温条件下碳纤维增强尼龙复合材料的老化特征分析[J]. 装备环境工程,2015,12(3):106-110.

[118] 孙芳,张伟,郝喜东,等. 高导热绝缘尼龙复合材料的制备和性能[J]. 塑料工业,2015,43(1):117-120.

[119] 彭梦飞,汪艳. 尼龙 12/OMMT 纳米复合粉末的制备及性能[J]. 工程塑料应用,2017,45(3):50-53.

[120] 王从军,李湘生,黄树槐. SLS 成型件的精度分析[J]. 华中科技大学学报,2001,29(6):77-79.

[121] 王龙呈. 应用于选择性激光烧结的尼龙粉末的研究[D]. 武汉:华中科技大学,2007.

[122] KIM S H,JANG S H,BYUN S W,et al. Electrical properties and EMI shielding characteristics of polypyrrole – nylon 6 composite fabrics[J]. Journal of Applied Polymer Science,2010,87(12):1969-1974.

[123] 温彤,朱军. 基于 SLS 的石膏型熔模铸造成形工艺及质量控制[J]. 铸造,2011,60(10):972-974.

[124] 王雅先,朱福顺. 激光选区烧结快速成型在熔模铸造中的应用[J]. 热加工工艺,

2009,38(13):65-66.

[125] 韦春,桑晓明.有机高分子材料实验教程[M].长沙:中南大学出版社,2009.

[126] 陈泉水,罗太安,刘晓东.高分子材料实验技术[M].北京:化学工业出版社,2006.

[127] 陈金身.高分子材料与工程专业实验[M].郑州:郑州大学出版社,2017.

[128] 陈志民.高分子材料性能测试手册[M].北京:机械工业出版社,2015.

[129] 王正熙.高分子材料剖析实用手册[M].北京:化学工业出版社,2016.

[130] 金养智.光固化材料性能及应用手册[M].北京:化学工业出版社,2010.

[131] 于东明,刘学超.合成树脂与塑料性能手册[M].北京:机械工业出版社,2011.

[132] 唐杰.材料现代分析测试方法实验[M].北京:化学工业出版社,2017.